双色版

U0280108

Office 2016
三合一职场办公
效率手册

互联网＋计算机教育研究院 编著

人民邮电出版社
北 京

图书在版编目（ＣＩＰ）数据

Office 2016三合一职场办公效率手册 / 互联网+计
算机教育研究院编著. -- 北京 ：人民邮电出版社，
2019.6
ISBN 978-7-115-50106-6

Ⅰ．①O… Ⅱ．①互… Ⅲ．①办公自动化－应用软件
－手册 Ⅳ．①TP317.1-62

中国版本图书馆CIP数据核字(2019)第010088号

内 容 提 要

本书从办公人员的视角讲解 Office 2016 的 3 个主要组件 Word、Excel 和 PowerPoint 的使用，共 4 部分 12 章。其中，Word 部分包括制作简单 Word 文档、Word 图文混排及美化、在 Word 中应用表格与图表、文档的高级排版与审校；Excel 部分包括制作简单 Excel 表格、数据计算与管理、Excel 常用函数、分析 Excel 数据；PowerPoint 部分包括制作 PowerPoint 演示文稿、PowerPoint 中对象的使用、设置多媒体与动画；综合应用部分讲解了使用 Word、Excel 和 PowerPoint 协同办公的方法，并分别使用这 3 个软件完成了 3 个办公中常用的案例，以帮助读者对软件有一个整体的认识。

本书可作为职场人员学习技能的参考用书，也可作为各类社会培训班的辅导用书。

◆ 编　　著　互联网+计算机教育研究院
　　责任编辑　刘海溧
　　责任印制　焦志炜

◆ 人民邮电出版社出版发行　北京市丰台区成寿寺路 11 号
　　邮编　100164　电子邮件　315@ptpress.com.cn
　　网址　http://www.ptpress.com.cn
　　三河市祥达印刷包装有限公司印刷

◆ 开本：700×1000　1/16
　　印张：19　　　　　　　　　2019 年 6 月第 1 版
　　字数：468 千字　　　　　　2019 年 6 月河北第 1 次印刷

定价：49.80 元
读者服务热线：(010)81055256　印装质量热线：(010)81055316
反盗版热线：(010)81055315
广告经营许可证：京东工商广登字 20170147 号

前言
PREFACE

Microsoft Office 系列软件在办公领域的应用十分广泛，通过它可以快速、有效地完成办公中几乎所有文件的制作，实现无纸化办公，提高工作效率。Microsoft Office 系列软件中，Word、Excel、PowerPoint（即PPT）的应用最为频繁，Office 经历了多个版本的升级，其功能越来越完善，也得到了越来越多办公人员的肯定与喜爱。熟练使用 Office 软件是进入职场的基本要求；精通 Office 软件操作、实现高效办公是提升职场竞争力的关键。为了帮助更多的人学习并精通 Office 软件，并能将其快速应用于实际工作中，我们专门编写了本书。

■ 本书特点

本书实用性强，将理论知识与操作技能结合起来，在了解知识原理的同时，还可学习职场案例的制作方法；每个操作步骤均配图进行讲解，且操作与图中的标注一一对应，条理清晰；文中穿插"操作解谜"和"技巧秒杀"小栏目，补充介绍相关操作提示和技巧；另外，每章结尾还设有"高手竞技场"，读者根据要求完成相关操作，可以锻炼实际动手能力。

■ 配套资源

本书配有丰富的学习资源，以使读者学习更加方便、快捷。配套资源具体内容如下。

视频演示： 本书所有的实例操作均提供了教学视频，读者可通过扫描二维码进行在线学习，也可将练习软件和资源下载到计算机中学习。读者在计算机中学习时可选择交互模式，不仅可以"看"视频，还可以互动操作。

素材、效果文件： 本书提供了所有实例需要的素材和效果文件，素材和效果文件均以案例名称命名，便于读者查找。例如，如果读者需要查看第 1 章中的"简历"效果文件，按"效果 \ 第 1 章"路径打开文件夹，即可找到该案例对应的效果文件。

海量相关资料： 本书配套提供 Office 高手之路（电子书）、Excel 公式与常用函数速查手册（电子书）及 Office 办公高手常用技巧详解（电子书）等有助于进一步提高 Word、Excel、PPT 应用水平的相关资料。

为了更好地使用这些资源，保证学习过程中不丢失这些资料，读者可登录 box.ptpress.com.cn / y / 50106，将资源下载到本地计算机硬盘中。

■ 鸣谢

本书由互联网＋计算机教育研究院编著，参与资料收集、视频录制及书稿校对、排版等工作的人员有张健、连伟、肖庆、李秋菊、黄晓宇、蔡长兵、赵莉、牟春花、李凤、熊春、李星、罗勤、蔡飓、曾勤、廖宵、何晓琴、蔡雪梅、杨楠、蒲加爽、陈美瑶、韩璐等，在此一并致谢！

编者

2019 年 2 月

CONTENTS 目录

第 **2** 部分
Excel 应用

第5章

制作简单 Excel 表格.....102

—— 第 **6** 章 ——

数据计算与管理 130

第 **3** 部分
PowerPoint 应用

第 4 部分
综合应用

第 12 章

Office 三 大 组 件 综 合 应 用
.... 271

第1部分

第1章

制作简单 Word 文档

/ 本章导读

Word 2016 是一款用于制作和编辑办公文档的软件，使用 Word 2016 制作文档可以提高日常学习和工作的效率。如何使用 Word 2016 来制作文档，在高效的同时又不失美观，是每个办公人员需要初步掌握的技能。本章将对文档的新建、保存、加密等基本操作，输入文本与编辑文本操作，以及设置文档格式、设置页面、打印文本等方法分别进行介绍。

1.1 Word 文档的基本操作

学习使用 Word 2016，了解 Word 文档的新建、保存、打开和加密等制作文档的基本操作十分重要，通过对基本操作的认识和熟悉，可以提高文档的制作效率。本节将详细介绍新建文档、文档的保存与另存为、文档的自动保存、文档的打开与关闭、加密与解密文档的操作方法。

1.1.1 新建空白文档

空白文档是不包含任何内容的文档，用户可自定义文档格式和内容，新建空白文档可以从桌面或文件窗口新建，启动软件时新建，或者在"文件"菜单中新建、快捷键新建以及快捷访问工具栏新建。下面介绍在 Word 2016 中使用不同方法新建一个空白文档的操作方法。

● 通过桌面或文件窗口新建：❶在桌面或文件夹窗口任意空白位置单击鼠标右键，在打开的快捷菜单中选择"新建"选项；❷再在打开的子菜单下选择"Microsoft Word 文档"选项，完成空白文档的新建。

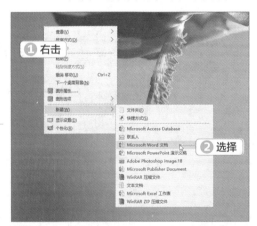

● 通过启动软件新建：在桌面或开始菜单中找到"Word 2016"快捷方式，单击打开；在打开的界面中选择"空白文档"选项，完成"文档 1.docx"空白文档的新建。

● 通过"文件"菜单新建：❶在 Word 2016 工作界面中，选择【文件】/【新建】菜单选项；❷在打开的"新建"界面中选择"空白文档"选项，完成空白文档的新建。

● 通过快捷键新建：在 Word 2016 工作界面中，按【Ctrl+N】组合键，可快速完成空白文档的新建。

● 通过快速访问工具栏新建：在快速访问工具栏中单击"自定义快速访问工具栏"按钮，在打开的下拉列表中选择"新建"选项，在快速访问工具栏中出现"新建"按钮，单击"新建"按钮，新建空白文档。

1.1.2　新建模板文档——新建"新闻稿"文档

为了方便制作文档，Word 2016 为不同行业提供了许多不同种类、不同风格的模板样式，如明信片、简历、信函等。这些模板文档已经设置好了内容和格式，根据模板文档添加需要编辑的内容，即可快速完成 Word 文档的制作。下面介绍下载联机模板，新建一个基于"新闻稿"的模板文档的方法，操作步骤如下。

新建模板文档

STEP 1　选择模板文档

❶启动 Word 2016，选择【文件】/【新建】选项；❷在打开的界面右侧的搜索文本框中输入"新闻稿"，按【Enter】键搜索"新闻稿"模板文档；❸在搜索出的所有选项中选择第一个模板文档。

STEP 2　创建"新闻稿"文档

在打开的界面中查看"新闻稿"说明信息，然后单击"创建"按钮。

STEP 3　完成模板创建

开始从网络下载"新闻稿"联机模板。经过一段时间完成下载后将自动打开"新闻稿"模板文档。

技巧秒杀

启动时新建模板文档

启动 Word 2016 时，除了可以新建空白文档，还可以在打开的界面的右侧新建模板文档，选择模板将新建其对应的文档。

1.1.3　文档的保存和另存为——保存和另存"新闻稿"文档

文档的保存是对文档进行更新存储的过程，而文档的另存为是在原文档的基础上对文档进行备份。在文档的制作过程中，为防止发生意外导致编辑文档丢失，需要经常对 Word 文档进行保存和另存为设置。下面介绍对新建的"新闻稿"文档进行保存和另存为的操作，操作步骤如下。

文档的保存和另存为

素材：无
效果：效果\第1章\新闻稿.docx、新闻稿（备份）.docx

STEP 1　浏览保存位置

按【Ctrl+S】组合键，在打开的"另存为"界面中双击"这台电脑"选项。

STEP 2　设置保存名称和位置

❶打开"另存为"对话框，在左侧的列表框中选择要保存的路径；❷在"文件名"文本框中输入文件名称"新闻稿"；❸单击"保存"按钮。

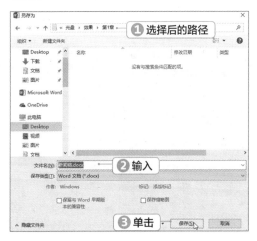

STEP 3　完成文档保存

返回文档后，在标题栏中可看到"新闻稿.docx"字样的保存名称，还可在之前的存储位置查看到文档，即完成文档的保存操作。

STEP 4　浏览另存位置

在"新闻稿"文档工作界面中选择【文件】/【另存为】菜单命令，在打开的"另存为"界面中双击"这台电脑"选项。

第1部分

STEP 5 设置另存为位置和名称

❶打开"另存为"对话框，保持默认的存储位置；❷在"文件名"文本框中重新输入文件名称"新闻稿（备份）"；❸单击"保存"按钮。

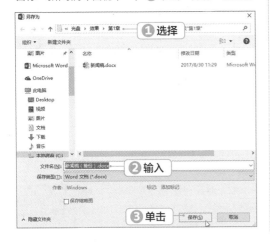

STEP 6 完成文档另存为

返回文档，标题栏名称变为"新闻稿（备份）"，并在文档存储位置增加了一个"新闻稿（备份）.docx"文档，即完成 文档的另存为操作。

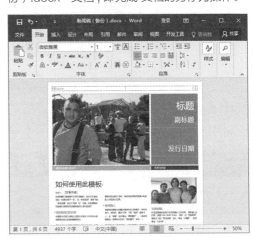

1.1.4 文档的自动保存——自动保存"新闻稿"文档

通过设置自动保存，可在一段时间内自动保存文档，减少用户手动操作的次数，避免意外关机造成文档丢失。下面介绍在"新闻稿.docx"文档中设置文档的自动保存，操作步骤如下。

文档的自动保存

素材：素材＼第1章＼新闻稿.docx

效果：无

STEP 1 选择"选项"命令

选择【文件】/【选项】菜单命令。

STEP 2 设置自动保存时间

❶打开"Word 选项"对话框，在对话框左侧的列表中选择"保存"选项；❷在右侧窗口中单击选中"保存自动恢复信息时间间隔"复选框；❸在其后面的数值框中输入自动保存的时间，这里输入"10"；❹单击"确定"按钮完成设置。

技巧秒杀

设置自动恢复文件

在设置自动保存时，不仅可以设置自动保存时间间隔，还可单击"浏览"按钮，设置文档自动保存的位置；还可设置文档保存的格式。

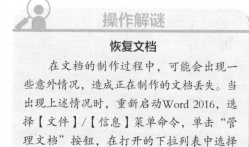

操作解谜

恢复文档

在文档的制作过程中，可能会出现一些意外情况，造成正在制作的文档丢失。当出现上述情况时，重新启动Word 2016，选择【文件】/【信息】菜单命令，单击"管理文档"按钮，在打开的下拉列表中选择"恢复未保存的文档"选项，在打开的"打开"对话框中选择要恢复的文档。

1.1.5 打开文档——打开"日历"文档

打开文档

打开文档是指将已经保存或另存过的文档使用 Word 2016 再次打开，文档打开后才能进行再编辑操作。下面将打开"日历 .docx"文档，操作步骤如下。

> 素材：素材 \ 第1章 \ 日历 .docx
>
> 效果：无

STEP 1 浏览打开位置

选择【文件】/【打开】菜单命令，在打开的"打开"界面中双击"这台电脑"选项。

STEP 2 选择"日历"文档

❶打开"打开"对话框，在地址栏中选择文档保存的位置；❷在中间的文件列表中选择要打开的文件，这里选择"日历 .docx"文档；❸单击"打开"按钮。

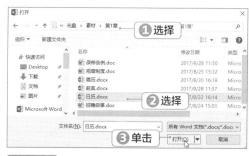

STEP 3 打开"日历"文档

返回文档后，文档内容变成了日历，即完成文档的打开。

1.1.6　关闭文档

当完成一个 Word 文档的制作后，需要及时关闭文档，以免对文档进行误操作。Word 2016 可以打开或新建多个文档，并打开多个对应窗口，而关闭文档关闭的仅仅是当前文档，不会影响其他 Word 文档，也不会造成程序退出。关闭文档有两种方法，下面介绍具体内容。

- 通过快捷键关闭：在 Word 2016 工作界面中直接按【Ctrl+W】组合键。
- 通过菜单命令关闭文档：选择【文件】/【关闭】菜单命令。

操作解谜

关闭文档与退出程序

关闭文档是指关闭当前文档，不影响其他文档且不退出 Word 2016；退出程序是退出当前文档打开的窗口程序，不影响其他文档窗口打开的程序。

退出程序的方法为：单击界面右上角控制按钮中的"关闭"按钮。将鼠标指针移动到标题栏上，单击鼠标右键，在打开的快捷菜单中执行"关闭"命令。

1.1.7　加密文档——加密"简历"文档

在 Word 文档的制作中，如果涉及个人隐私以及一些商业机密，就需要对文档进行加密保护，防止他人窃取或修改。下面将在"简历 .docx"文档中设置密码，操作步骤如下。

加密文档

素材：素材 \ 第 1 章 \ 简历 .docx

效果：效果 \ 第 1 章 \ 简历 .docx

STEP 1　选择加密选项

打开"简历 .docx"文档，选择【文件】/【信息】菜单命令，在右侧信息界面单击"保护文档"按钮，在打开的下拉列表中选择"用密码进行加密"选项。

技巧秒杀

"保护文档"中的其他选项

在"保护文档"下拉列表中，除了可以进行加密外，还有限制访问、限制编辑和标记最终状态、设置只读等保护措施。

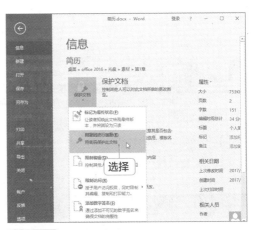

STEP 2　设置加密密码

打开"加密文档"对话框，在"密码"文本框中输入密码，这里输入"123456"，单击"确定"按钮。将打开"确认密码"对话框，输入相同的密码，单击"确定"按钮，完成密码的设定。

STEP 3 打开加密文档

❶双击打开"简历.docx"文档，在打开的"密码"对话框的文本框中输入设置的密码；❷单击"确定"按钮。

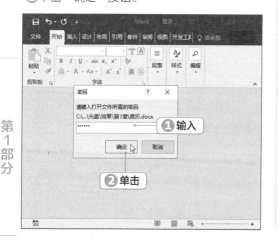

操作解谜

文档的解密

在文档的使用过程中，当文档信息可以公布，不需要对其进行加密保护时，就需要进行解密操作。

解密文档的方法如下：选择【文件】/【信息】菜单命令，在界面右侧单击"保护文档"按钮，在打开的下拉列表中选择"用密码进行加密"选项，打开"加密文档"对话框，删除"密码"文本框中的文本内容，单击"确定"按钮，即完成文档的解密。

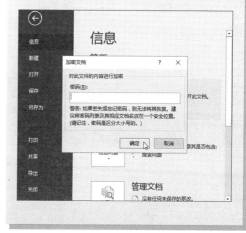

1.2 输入与编辑文本内容

作为一款文字处理软件，在新建一个文档之后，Word 的主要功能就是对文档进行文本输入和编辑。在 Word 文档的制作过程中，首先要输入文本，接着对输入有误的文本进行修改和删除等操作，完善文本内容。本节将主要介绍输入与编辑文本的几种方法，掌握使用技巧。

1.2.1 输入文本内容

文本作为 Word 文档的基础组成，在文档的制作过程中非常重要。通常在新建一个 Word 文档之后，就需要进行输入文本的操作。文本的输入方法除了输入普通文本外，还有插入公式符号、日期和时间等。下面介绍具体内容。

1. 输入普通文本

普通文本的输入方法很简单，在文档编辑区中，单击鼠标将插入点定位到相应位置，当定位插入点不断闪烁时，通过键盘即可直接输入汉字、英文和数字等文本内容，如下图所示。在界面第一行左侧双击鼠标，当插入点在正对文字边界符号下闪烁时，即可键入文本内容。当输入文本满一行时，Word 将自动换行，未满一行需要换行时，可按【Enter】键进行换行。

2. 插入符号和公式

在输入文本时，有些文本需要输入特殊的字符，虽然一些常见的标点符号可以通过按键盘上相应的键位直接输入，但是一些特殊的符号和数学公式用键盘无法输入，这时就需要使用 Word 2016 的【插入】/【符号】组来输入相应的内容。

● 插入符号：❶ 选择【插入】/【符号】组，单击"符号"按钮，在打开的下拉列表中选择"其他符号"选项。在打开的"符号"对话框中单击"符号"选项卡，在"字体"和"子集"下拉列表框中选择符号字体和符号分类，其中常用的符号字体有"Wingdings""Wingdings2""Wingdings3"等；子

集是对字体中的符号再次进行分类选择。然后在中间的列表框中选择所需的符号；❷单击"插入"按钮插入该符号。

● 插入公式：文档中除了应用符号外，在一些习题和论文中还可能会插入一些公式。选择【插入】/【符号】组，单击"公式"按钮，在打开的下拉列表框中选择内置公式，也可以选择 Office.com 中的其他公式或自己插入新公式，接着用鼠标定位并选择公式中的内容，再将其修改为正确的公式。

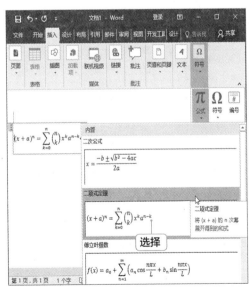

3. 插入日期和时间

在 Word 文档中，日期和时间经常用于文件、信函和合同等文档中。如果要输入日期和时间，可以直接手动输入，也可以在 Word 2016 中选择【插入】/【文本】组。❶单击"日期和时间"按钮，打开"日期和时间"对话框，在"语言"下拉列表框中选择"中文（中国）"选项；❷在"可用格式"列表中选择不同格式的日期与时间，插入的日期和时间都是当前的时间；❸单击"确定"按钮，完成插入。

1.2.2 编辑文本内容

手动输入或从网上下载的文档，通常都需要对文本内容进行编辑，以保证文档的正确性。常见的编辑文本内容的方法有选择文本、修改与删除文本、剪切与复制文本、查找和替换文本等，这些都是 Word 的基本操作，使用频率较高。下面介绍具体内容。

1. 选择文本

选择文本是最简单也是最基础的操作，在编辑文本的过程中，首先需要选择文本。选择文本需要结合鼠标，拖动鼠标指针选择需要的文本内容，也可以结合功能键选择文本。

● 选择连续的文本：要选择连续的文本内容，可将光标定位到目标文本的开始位置，单击鼠标左键的同时拖动鼠标指针，将鼠标指针拖动到目标文本的末尾，释放鼠标。也可以在需要选择的文本前单击鼠标，然后按住【Shift】键不放，在需要选择的文本末再次单击鼠标，即可选中两次单击之间的文本。

● 选择不连续的文本：拖动鼠标，选择需要的第一处文本内容，按住【Ctrl】键，然后依次选择其他需要选择的文本内容。

2. 修改与删除文本

在文本的创作过程中，为了保证文档的完整和正确性，需要将错误的文本修改为正确的文本，将多余或重复的文本删除。下面介绍具体内容。

（1）修改文本

在文本编辑过程中，如果某处文本错误，一般有两种方法修改文本，一是删除错误的文本后再添加正确的文本，二是选择错误的文本，然后直接输入正确的文本。

（2）删除文本

在校对过程中，若发现输入了多余的文本，需要将其删除。删除文本的方法如下。

● 在需要删除的字符后单击鼠标定位插入

第1部分

点，按【Backspace】键可删除定位插入点前的字符。

- 在需要删除的字符前单击定位插入点，按【Delete】键可删除定位插入点后的字符。

- 选择多余的文本，按【Backspace】键或【Delete】键可将其删除。

3. 剪切与复制文本

剪切与复制文本在日常办公中是使用较多的两项操作。剪切文本是调整文本的先后顺序，而复制文本则是保留原文本，并把复制的副本运用到其他文本处。下面介绍具体内容。

（1）剪切文本

剪切文本就是将一段文本移动到另一个位置，改变文本的先后顺序，且原来位置的文本不再保留。剪切文本的方法如下。

- 选择要剪切的文本，按住鼠标不放，直接将其移动到目标位置后释放鼠标即可。

- 选择要剪切的文本，在【开始】/【剪贴板】组中单击"剪切"按钮，将文本插入点移动到目标位置，在【开始】/【剪贴板】组中单击"粘贴"按钮。

- 选择要剪切的文本，按【Ctrl+X】组合键剪切文本，将文本插入点定位在目标位置后按【Ctrl+V】组合键粘贴。

- 选择要剪切的文本，在选择的文本上单击鼠标右键，在打开的快捷菜单中执行"剪切"命令，将文本插入点定位到目标位置，单击鼠标右键，在打开的快捷菜单中执行"粘贴"命令。

（2）复制文本

复制文本将保留原文本，并复制出一个副本，再将副本应用到其他需要输入相同文本内容的位置，减少输入量，实现文本的快速输入。复制文本的方法如下。

- 使用鼠标选择要复制的文本，按【Ctrl】键的同时按住鼠标左键不放，拖动鼠标指针到目标位置释放鼠标即可。

- 选择要复制的文本，在【开始】/【剪贴板】组中单击"复制"按钮，将文本插入点定位到目标位置，在【开始】/【剪贴板】组中单击"粘贴"按钮即可。

- 选择要复制的文本，按【Ctrl+C】组合键复制文本，将文本插入点定位到目标位置后按【Ctrl+V】组合键进行粘贴。

- 使用鼠标选择要复制的文本，单击鼠标右键，在打开的快捷菜单中执行"复制"命令，将文本插入点定位到目标位置，单击鼠标右键，在打开的快捷菜单中执行"粘贴"命令。

4. 查找和替换文本

Word 文档有长有短，如果在较长的文档中使用了一类错误的词汇，造成一篇文章中有大量相同的错误，而逐个修改文本会花费大量时间，且容易出错，这时就可以使用查找与替换文本，实现快速准确地修改。下面介绍具体内容。

（1）查找文本

Word 文档中文字众多，当需要寻找某个特定的词汇时往往很难找到，这时就可以使用查找文本功能，使用查找功能可以在文本中查找任意字符，如中文、英文、数字、标点符号等，甚至是空格都可以查找到。

❶选择【开始】/【编辑】组，单击"查找"下拉按钮，在打开的下拉列表中有"查找""高级查找""转到"3 个选项，选择"高级查找"选项，打开"查找和替换"对话框，在"查找内容"文本框中输入需要查找的内容；❷单击"查找下一处"按钮。

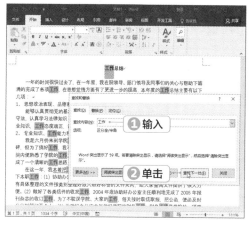

找的内容；②在"替换为"文本框中输入替换的内容；③替换前可以查找确定后再替换，确定后可以单击"全部替换"按钮。

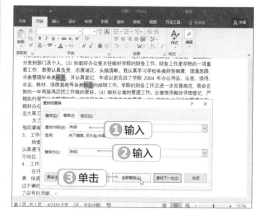

（2）替换文本

文档中包含许多重复的字符或词汇，在检查过程中发现文本中有许多同类的字或词有错误，需要进行修改，这时就可以使用替换文本功能找到文本内容，并修改为另一个字词，替换文本可以逐个替换，也可以全部替换。

❶选择【开始】/【编辑】组，单击"替换"按钮，打开"查找和替换"对话框，在"替换"选项卡中的"查找内容"文本框中输入需要查

操作解谜

使用快捷键查找与替换

按【Ctrl+H】组合键可以打开"查找和替换"对话框的"替换"选项卡，而"查找"选项卡则需按【Ctrl+F】组合键。

1.2.3　综合案例——制作与编辑招聘启事

招聘启事是用人单位面向社会公开招聘有关人员时使用的一种应用类文书。招聘启事撰写质量的好坏，会影响面试者的第一印像，进而直接影响招聘的效果和招聘单位的形象。下面介绍运用输入文本、符号、时间与选择、修改、复制、替换等编辑文本内容的相关知识，制作"招聘启事.docx"文档，操作步骤如下。

综合案例

素材：素材\第1章\招聘启事.docx

效果：效果\第1章\招聘启事.docx

STEP 1　**新建文档**

启动 Word 2016，在打开的界面的右侧选择"空白文档"选项，新建一个名为"文档1.docx"的空白文档。

STEP 2　保存文档

❶选择【文件】/【保存】菜单命令，在打开的"另存为"界面中双击"这台电脑"选项。打开"另存为"对话框，在地址栏中选择保存位置；❷在"文件名"文本框中输入"招聘启事"；❸单击"保存"按钮。

STEP 3　输入文本内容

❶在新建文档的文本编辑区中间位置双击鼠标，定位文本为居中，输入"招聘启事"文本内容；❷按【Enter】键换行，在第二行最左侧双击鼠标，定位文本为左对齐，输入正文内容（具体内容参考素材文档"招聘启事.docx"）；❸在文本末尾按【Enter】键换行，接着在该行最右侧双击鼠标，定位文本为右对齐，输入署名"xx公司"，完成文本内容的输入，效果如下图所示。

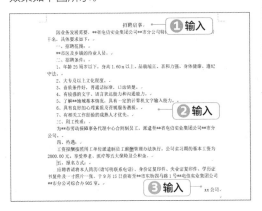

操作解谜

文本输入的常规方法

输入文本时一般都不讲究格式，如不用计较标题的字体是否美观、正文首行是否缩进、署名是否右对齐等。待所有文本输入完成后，再通过相应的格式设置来完成。

STEP 4　单击"符号"按钮

❶将光标定位到"四、待遇："中的"2000.00元"文本前；❷选择【插入】/【符号】组，单击"符号"按钮，在打开的下拉列表中选择"其他符号"选项。

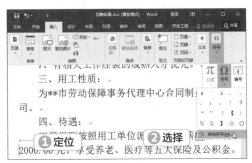

STEP 5　插入符号

❶打开"符号"对话框，在"符号"选项卡的列表框中选择所需的符号，这里选择"¥"选项；❷单击"插入"按钮插入符号到文档中，效果如下图所示。

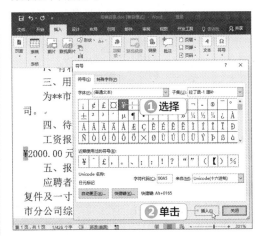

STEP 6 单击"日期和时间"按钮

❶在署名下一行的右侧末尾双击鼠标左键定位插入点；❷选择【插入】/【文本】组，单击"日期和时间"按钮。

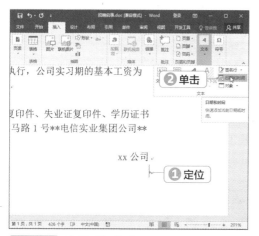

STEP 7 选择时间格式

❶打开"日期和时间"对话框，在"语言（国家/地区）"下拉列表框中选择"中文（中国）"选项；❷在"可用格式"列表框中选择日期和时间样式，这里选择"2017年8月31日"选项；❸完成后单击"确定"按钮，完成设置。

STEP 8 修改文本

❶检查文档的内容，找到文本中存在的错误。在"五、报名方式："下方的文本中拖动

鼠标选择"复件"文本；❷使用输入法重新输入正确的"复印件"文本。

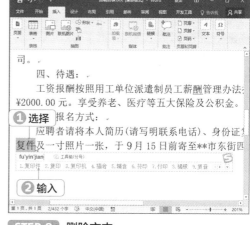

STEP 9 删除文本

在"二、招聘条件："中选择需要删除的第7条文本，按【Delete】键或【BackSpace】键删除。

> 二、招聘条件：
> 1、年龄25周岁以下，身高1.60 m以上。 品貌端守法。
> 2、大专及以上文化程度。
> 3、音质条件好，普通话标准，口齿清楚。
> 4、有较强的文字、语言表达能力和沟通能力。
> 5、了解**地域基本情况，具有一定的计算机文字
> 6、具有良好的心理素质及营销服务潜质。
> ~~7、有相关工作经验的成熟人才优先。~~

> 二、招聘条件：
> 1、年龄25周岁以下，身高1.60 m以上。 品貌端守法。
> 2、大专及以上文化程度。
> 3、音质条件好，普通话标准，口齿清楚。
> 4、有较强的文字、语言表达能力和沟通能力。
> 5、了解**地域基本情况，具有一定的计算机文字
> 6、具有良好的心理素质及营销服务潜质。

STEP 10 剪切文本

❶选择"二、招聘条件"第1条中的"品貌端正、亲和力强、身体健康、遵纪守法。"文本；❷在【开始】/【剪贴板】组中单击"剪切"按钮，剪切文本。

第1部分

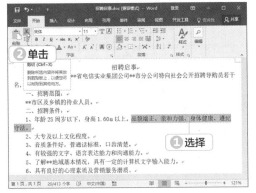

STEP 11 粘贴文本

❶将光标定位到"年龄 25 周岁以下"文本前；❷选择【开始】/【剪贴板】组，单击"粘贴"按钮。

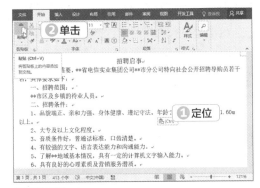

STEP 12 复制文本

❶选择"××电信实业集团公司××市分公司"文本；❷在【开始】/【剪贴板】组中单击"复制"按钮。

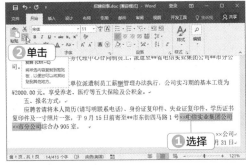

STEP 13 粘贴文本

❶选择署名"××公司"文本内容；❷在【开

始】/【剪贴板】组中单击"粘贴"按钮。

STEP 14 打开"查找和替换"对话框

❶将文本插入点定位到文档的开头位置；❷选择【开始】/【编辑】组，单击"查找"右侧的下拉按钮，在打开的下拉列表中选择"高级查找"选项。

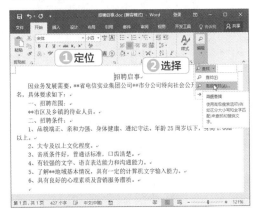

STEP 15 查找文本

❶打开"查找和替换"对话框，单击"查找"选项卡，在"查找内容"文本框中输入查找内容，这里输入"集团"；❷单击"查找下一处"按钮，系统将自动查找并以选择的状态显示出查找到的文本。

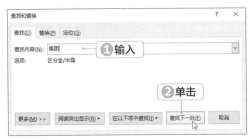

STEP 16 替换文本

①单击"替换"选项卡,在"替换为"文本框中输入"有限";②单击"替换"按钮替换第一处文本,再单击"全部替换"按钮;③在打开的提示对话框中显示替换的数目,单击"确定"按钮。

STEP 17 查看效果

关闭"查找和替换"对话框,查看完成后的效果。

1.3 设置文档格式

第1部分

文档在经过新建、输入和编辑后,还要具备一定的格式,才能成为一篇完整的文档,如标题居中、首行缩进等。对文档进行格式化编辑的方法有很多,如设置字体格式、段落格式、底纹等,使文档更美观并且突出重点。本节将介绍设置文档格式的基础知识、字符格式、段落格式、项目符号和编号以及文档排版的操作步骤及方法。

1.3.1 设置字符格式——设置规章制度的字体

设置字符格式主要是对 Word 文档中的文本内容进行字体、字形、字号和颜色等文本外观的设置,通过这些设置使文档更加美观整洁。设置字符格式的方法主要通过"字体"对话框、【开始】/【字体】组和浮动工具栏来实现。下面介绍设置"规章制度.docx"文档的字符格式的方法,操作步骤如下。

设置字符格式

| 素材:素材\第1章\规章制度.docx |
| 效果:效果\第1章\规章制度.docx |

STEP 1 设置标题字体字号

①打开"规章制度.docx"文档,在"规章制度"文本前单击鼠标,拖动鼠标选择标题文本"规章制度";②在【开始】/【字体】组中单击"对话框启动器"按钮,打开"字体"对话框,单击"字体"选项卡,再在"中文字体"下拉列表框中选择"黑体"选项,在"字号"列表框中选择"二号"选项;③单击"确定"按钮。

操作解谜

"字体"对话框的功能

"字体"对话框中除了常用的一些字符功能外,还可以设置西文字体、字体效果和opentype功能,并可以实现预览。

STEP 2 设置标题字符间距

①在"字体"对话框中单击"高级"选项卡;②在"字符间距"栏里的"间距"下拉列表中选择"加宽"选项,磅值设置为默认的"1";③单击"确定"按钮。

设置正文

❶拖动鼠标选择正文所有文本；❷在【开始】/【字体】组中的"字体"下拉列表框中选择"宋体"选项，再在"字号"下拉列表框中选择"五号"选项。

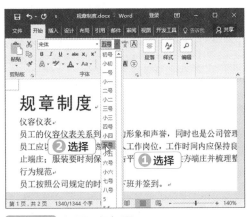

设置一级标题

❶拖动鼠标选择文档内容的第一个小标题"仪容仪表"文本；❷在打开的浮动工具栏中单击"加粗"按钮。为其他的"行为规范""考勤规定""假期待遇""假期及请假制度"一级标题设置相同的效果。

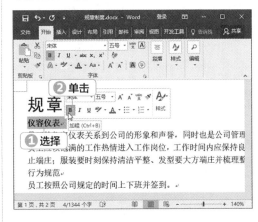

1.3.2 设置段落格式——设置规章制度的段落

文档通常会分为多个段落，而段落是文字、图形和其他对象的集合，在文档的制作过程中，为了让文档结构更清晰，层次更分明，可以设置段落格式，常用的设置包括缩进、行间距和段间距以及对齐方式等。下面将运用上述方法来设置"规章制度 1.docx"文档的段落格式，操作步骤如下。

设置段落格式

素材：素材 \ 第 1 章 \ 规章制度 1.docx

效果：效果 \ 第 1 章 \ 规章制度 1.docx

STEP 1 设置标题对齐方式

❶选择标题文本"规章制度"；❷在【开始】/【段落】组中单击"居中"按钮。

STEP 2 设置段落缩进

❶使用【Ctrl】键选择除标题和小标题文本以外的文本内容；在【开始】/【段落】组中单击"对话框启动器"按钮，再在打开的"段落"对话框中单击"缩进和间距"选项卡，接着在"缩进"栏的"特殊格式"下拉列表中选择"首行缩进"选项，缩进值保持默认；❷单击"确定"按钮。

STEP 3 设置小标题行间距

❶使用【Ctrl】键选择"仪容仪表"等 5 个一级标题，在【开始】/【段落】组中单击"对话框启动器"按钮；打开"段落"对话框，单击"缩进和间距"选项卡，在"间距"栏的"行距"下拉列表中选择"1.5 倍行距"选项；❷单击"确定"按钮。

熟练使用快捷键设置段落格式

在设置段落的对齐方式时，使用快捷键可以提高制作文档的效率。它们的快捷键分别为：左对齐【Ctrl+L】、居中【Ctrl+E】、右对齐【Ctrl+R】、两端对齐【Ctrl+J】、分散对齐【Ctrl+Shift+J】。

第 1 部分

1.3.3　设置项目符号和编号——分类规章制度的内容

项目符号和编号用于组织文档，使文档层次分明、条理清晰。项目符号因其统一性，主要用于并列的各项内容；而编号有顺序性，主要用于有前后次序的内容。下面将运用上述方法来设置"规章制度 2.docx"文档的段落格式，操作步骤如下。

设置项目符号和编号

素材：素材 \ 第 1 章 \ 规章制度 2.docx

效果：效果 \ 第 1 章 \ 规章制度 2.docx

STEP 1　设置项目符号

❶打开"规章制度 2.docx"文档，拖动鼠标选择"产假"到"42 天产假"之间的文本内容；❷在【开始】/【段落】组中单击"项目符号"按钮，再在打开的下拉列表的"项目符号库"栏中选择"◆"项目符号样式。

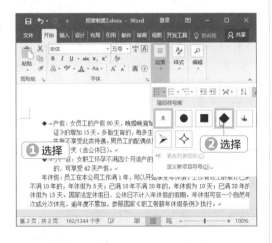

STEP 2　设置编号

❶按【Ctrl】键的同时使用鼠标选择所有一级标题；❷在【开始】/【段落】组中单击"编号"右侧的下拉按钮，再在打开的下拉列表的"编号库"栏中选择"一、二、三、"编号样式；❸用相同的方法为文档的二级标题设置"（一）（二）（三）"编号样式。

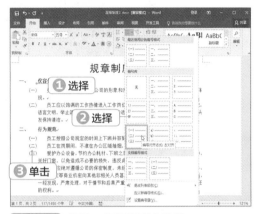

STEP 3　调整一级标题列表缩进

❶单击一级标题段落前的编号，在其上单击鼠标右键，再在打开的快捷菜单中选择"调整列表缩进"选项；❷打开"调整列表缩进量"对话框，在"编号之后"下拉列表中选择"空格"选项，设置"编号位置"的值为"0"，"文本缩进"值为"0"，单击"确定"按钮。

STEP 4　调整二级标题列表缩进

单击二级标题段落前的编号，使用与步骤 3 相同的方法打开"调整列表缩进量"对话框，在"编号之后"下拉列表中选择"空格"选项，设置"编号位置"值为"0.5"，"文本缩进"值为"0"，单击"确定"按钮，为所有二级标题设置缩进量。

STEP 5 完成项目符号和编号的设置

返回 Word 2016 工作界面，完成项目符号和编号的设置，效果如下图所示。

1.3.4 设置边框和底纹——美化寓言故事

一些文档中往往需要突出显示重点内容或重点条款，使用边框与底纹，不仅可以达到提示、标注重点的目的，还可以为文本进行美化设置，添加更漂亮的边框与底纹。下面将运用边框与底纹来设置"寓言故事.docx"文档，操作步骤如下。

设置边框和底纹

素材：素材 \ 第1章 \ 寓言故事 .docx

效果：效果 \ 第1章 \ 寓言故事 .docx

STEP 1 设置字符边框与底纹

打开"寓言故事.docx"文档，拖动鼠标选择故事"野驴和家驴"正文文本内容。在【开始】/【字体】组中单击"字符底纹"按钮 A 设置字符底纹，再在"字体"组中单击"字符边框"按钮设置字符边框，效果如下图所示。

STEP 2 打开"边框和底纹"对话框

❶ 拖动鼠标选择第二页故事"值得骄傲的

鹿角"文本内容；❷ 在【开始】/【段落】组中单击"边框"按钮；❸ 在打开的下拉列表中选择"边框和底纹"选项。

STEP 3 设置段落边框

❶ 打开"边框和底纹"对话框，单击"边框"选项卡；❷ 在"设置"栏中选择"方框"选项，在"样式"列表框中选择第5个样式，在"颜

色"下拉列表中选择"绿色"选项,在"宽度"下拉列表中选择"1.5 磅"选项。

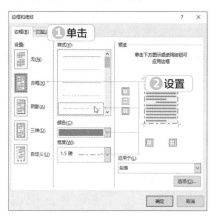

设置段落底纹

单击"底纹"选项卡,在"填充"栏中单击"无颜色"下拉按钮,再在打开的下拉列表中选择"金色,个性色 4,淡色 80%"选项,单击"确定"按钮,完成段落边框和底纹的设置。

1.4 文档页面设置和打印

不同的 Word 文档可以有不同的页面要求,以满足不同的使用场合。一般情况下可在新建文档后进行设置,也可在完成文档内容后进行设置。本节将主要介绍文档的页面设置,以及对制作好的文档进行打印的方法。

1.4.1 设置页面大小与方向——设置试卷的纸张大小与方向

新建的 Word 文档默认为 A4 纸的大小,方向为纵向,当需要制作试卷、信件和册子等非常规纸张大小和方向的文档时,就需要对页面的大小和方向进行设置。下面将在新建的"试卷 .docx"文档中设置页面大小和方向,操作步骤如下。

设置页面大小与方向

设置纸张大小

❶新建"试卷 .docx"文档,在【布局】/【页面设置】组中单击"纸张大小"按钮;❷在打开的下拉列表框中选择"A3"选项。

设置纸张方向

❶选择【布局】/【页面设置】组,单击"纸张方向"按钮;❷在打开的下拉列表中选择"横向"选项。

自定义纸张大小

在"纸张大小"下拉列表框中，除了 Word 2016提供的纸张大小外，还可以自定义纸张大小。

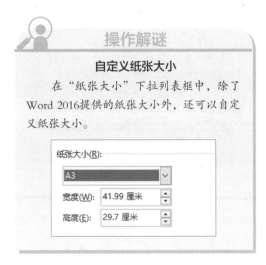

技巧秒杀

多页设置

在"页面设置"对话框中的"页码范围"栏的"多页"下拉列表框中，也可以进行页面设置。

1.4.2 设置页边距——设置试卷的页边距

在 Word 文档中，页面的四角都有一个◢类型的符号，它代表的是文字的边界，所以页边距就是文本内容到页面四边的距离，在制作文档时可以根据不同的需求，设置不同的页边距。下面将设置"试卷.docx"文档的页边距，并设置页面分栏显示，操作步骤如下。

设置页边距

STEP 1 **打开"页面设置"对话框**

❶选择【布局】/【页面设置】组，单击"页边距"按钮；❷在打开的下拉列表中选择"自定义页边距"选项。

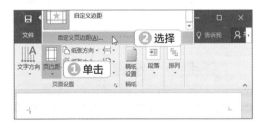

STEP 2 **设置页边距**

❶打开"页面设置"对话框，在"页边距"选项卡的"页边距"栏的上、下、左、右数值框中均输入"2"；❷在"纸张方向"栏中选择"横向"选项，其他选项保持默认设置；❸单击"确定"按钮。

STEP 3 **完成页边距设置**

返回"试卷.docx"文档工作界面，查看文件编辑区的效果。

不同文档类型的不同页边距

在Word 2016中提供了固定的几种页边距，包括常规、窄、中等、宽和对称。不同的文档类型因其版式的需要，都有相应的页边距，如公文页边距一般为上：3.7厘米、下：3.5厘米、左：2.8厘米、右：2.6厘米，在制作文档时需注意。

1.4.3 打印文档——打印试卷文档

文档经过页面设置和编辑文本内容后，大多都要打印到纸张上。在打印一份文档的过程中，可以对打印的参数进行设置，还可以对文档的打印内容进行预览，及时发现并纠正文档的错误。下面将预览并打印"试卷 .docx"文档，操作步骤如下。

打印文档

素材：素材 \ 第1章 \ 试卷 .docx	
效果：无	

STEP 1 预览打印文档

打开"试卷 .docx"素材文档，选择【文件】/【打印】菜单命令，在打开的"打印"界面的右侧查看预览效果。

STEP 2 设置纸张方向

❶预览无误后，在窗口中间"打印"栏里的"份数"数值框中输入需要的份数，这里设置为"1"。

❷单击"打印"按钮，开始打印文档。

打印文档部分页面的方法

在"设置"栏的第一个下拉列表框中默认选择"打印所有页"选项，若选择"打印当前页"，可只打印当前光标定位的页码；若在"页数"文本框中输入具体的页码，中间用","连接，将打印这些页码对应的页面；若输入的页码中间用"-"连接，将打印两个页码之间的所有页面。

高手竞技场 ——制作简单 Word 文档

1. 制作"保修条例"文档

新建"保修条例 .docx"文档，输入文本内容，并进行格式设置，要求如下。

- 新建并保存"保修条例 .docx"文档，输入文本内容。
- 为"保修条例 .docx"设置加密。
- 设置标题为"宋体、一号"；正文为"宋体、五号"。
- 设置标题文本居中，并设置段落缩进 2 字符，行距 1.5 倍。
- 为"条例"添加一级和二级编号，如下图所示。

2. 编辑"活动简介"文档

美化"活动简介 .docx"文档，编辑并设置文档格式，然后打印输出，要求如下。

- 打开"活动简介 .docx"文档，拖动鼠标选择标题"活动简介"，设置字体格式为"黑体、小初"；选择副标题，设置字体格式为"黑体、小四"；正文为"等线、五号"。
- 为副标题添加字符底纹和边框。
- 设置正文段落缩进 2 字符，行距 1.5 倍；署名段前距为 0.5 行。
- 将"摘要"文本内容设置为"等线、13、橙色，个性色 2"突出显示。
- 将文本插入点定位到署名后，设置为右对齐，按【Enter】键换行，并插入时间。
- 按【Ctrl+H】组合键，打开"查找和替换"对话框，将"物质"替换为"元素"。
- 复制"废旧电池去哪儿了"文本，粘贴到段尾引号之中。

第1部分

第1部分

第2章

Word 图文混排及美化

/本章导读

随着现代社会多元化的发展趋势，Word 文档的应用范围越来越广，要求也越来越高，除了文本的撰写和编辑，还可以插入图片、调整形状、插入表格和图表等内容来丰富文本，并运用一些特殊效果和排版样式，达到美化文档的目的。本章将对插入与编辑图片、形状、文本框、艺术字、SmartArt 图形以及图文混排等操作分别进行介绍。

2.1 插入与编辑图片

图片是传递信息的媒介，与文字描述相比，通过图片能更加直观地表达出需要表达的内容。在 Word 2016 中，运用文字描述的同时插入并编辑图片，实现图文结合，既可以美化文档页面，提高视觉上的吸引力，又可以更清楚地表达作者的意图。本节将主要介绍插入图片、编辑图片和设置图片样式的操作方法。

2.1.1 插入图片

通过"插入"命令实现图片的插入，可以对文档内容进行说明或效果展示，也可以美化文档和丰富文档内容，插入图片的常用方法有从计算机中插入图片、联机插入图片和插入屏幕截图。下面介绍具体内容。

1. 插入计算机中的图片

插入计算机中的图片是指插入计算机中已存储的图片素材，而这些图片素材一般通过自行设计或网络渠道下载等方式获得，因为计算机中的图片来源广泛，所以使用这种方法可以更好地找到所需的图片素材。具体方法如下：❶选择【插入】/【插图】组，单击"图片"按钮；❷打开"插入图片"对话框，选择图片存储的位置；❸选择所需的图片文件；❹单击"插入"按钮，将图片插入到文本插入点处。

2. 插入联机图片

插入联机图片顾名思义是指通过网络搜索插入需要的图片；相比于插入计算机中的图片，插入联机图片需要通过"必应"图像搜索，插入需要的图片。具体方法如下：❶选择【插入】/【插图】组，单击"联机图片"按钮；❷在"插入图片"界面"必应图像搜索"栏的文本框中输入要搜索的内容；❸单击右侧的"搜索"按钮；❹在打开的插入联机图片的窗口中选择需要的联机图片；❺单击"插入"按钮，插入联机图片。

3. 插入屏幕截图

屏幕截图主要是展示一种效果或者步骤，经常用于讲解、教育类文档的制作中。相对于其他两种插图方法，插入屏幕截图不需要收集和寻找图片，只需在计算机桌面上截取需要的窗口内容，Word 2016 会自动实现截取图片的快速插入。具体方法为：选择【插入】/【插图】组，单击"屏幕截图"按钮，在打开的下拉列表中提供了两种屏幕截图方法。

● 截取可用的视窗：单击"屏幕截图"按钮，在打开的下拉列表的"可用的视窗"栏下显示了当前打开的窗口，选择一个选项，可将窗口以图片形式插入。

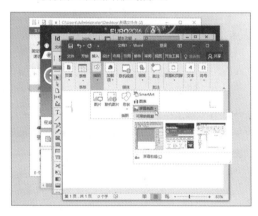

● 屏幕剪辑：单击"屏幕截图"按钮，在打开的下拉列表中选择"屏幕剪辑"选项，此时跳转到整个桌面显示区，将鼠标指针移至需要截屏区域的左上方，按住鼠标左键不放向右下角拖动，选择需要截屏的区域，然后释放鼠标，完成屏幕剪辑。

技巧秒杀

链接图片

图片较大会导致文档过大，在插入图片时可单击"插入图片"对话框中的"插入"下拉按钮，再在打开的下拉列表中选择"链接到文件"选项，通过链接到该图片减小文档大小，同时该图片可在文档中正常显示。

2.1.2 调整图片大小

插入的图片有时并不适合文档的需求，需要调整为适合的大小与文本进行搭配，呈现出合适的效果。在 Word 2016 中，调整图片大小可以通过鼠标拖动图片控制点来实现，或者在【图片工具】/【格式】/【大小】组中精确设置形状的高度和宽度。下面介绍具体内容。

1. 拖动图片

选择插入的图片，图片的四周会出现 8 个圆形控制点，将鼠标指针放置在圆形控制点上拖动可改变图片的大小。其中，拖动位于 4 个角的圆形控制点，图片可进行等比缩放；拖动四边中间的圆形控制点，将只改变图片的长或宽，会造成图片变形。

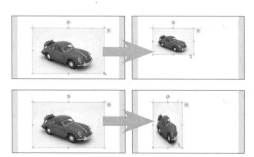

2. 在 "大小" 组中输入数值

选择插入的图片，将显示【图片工具 格式】/【大小】组，可通过在 "宽度" 或 "高度" 数值框中输入数值来改变图片的大小。只需在一个数值框中输入数值并按【Enter】键，图片即按输入的数值大小来显示。

解锁固定大小

在【图片工具 格式】/【大小】组中单击 "对话框启动器" 按钮，再在打开的 "布局" 对话框的 "缩放" 栏中撤销选中 "锁定纵横比" 复选框即可。

2.1.3 调整图片效果

调整图片效果是指改变图片的光亮、颜色和艺术效果等视觉上的显示效果。在一些特殊的文档中，为了达到需要的效果，就需要对图片进行调整。选择【图片工具 格式】/【调整】组，在其中可对图片的校正、背景、颜色和艺术效果等进行设置。

1. 删除图片背景

插入的图片中有些是有背景色的，当图片背景呈白色或透明色显示等情况出现时，背景色会影响到文档显示的整体效果，就需要删除图片背景。在 Word 2016 中提供了简单的删除背景的功能，方法有两种，一种是通过 "背景消除" 功能区删除背景，另一种是通过设置透明色，将背景颜色透明化。下面分别介绍这两种方法。

（1）背景消除

打开一个需要消除背景色图片的 Word 文档，选择该图片，在【图片工具 格式】/【调整】组中单击 "删除背景" 按钮，会出现一个 "背景消除" 选项卡及其功能区。

同时 Word 会自动选择图片中需要保留的区域，拖动区域四周的控制点可调整保留区域的大小。❶如果图片中某些部分需要保留或删除，可分别单击 "标记要保留的区域" 按钮或 "标记要删除的区域" 按钮；❷然后在图片区域中拖动鼠标选择相应区域；❸确定后单击 "保留更改" 按钮，完成背景的消除操作。

（2）设置透明色

❶选择【图片工具 格式】/【调整】组，单击"颜色"按钮；❷在打开的下拉列表中选择"设置透明色"选项，当鼠标指针变为☑时，在图片中的背景区域单击，单击的背景颜色将变成透明。

2. 添加艺术效果

艺术效果是为图片添加一些艺术的表现手法，达到美化图片的作用。❶选择【图片工具格式】/【调整】组，单击"艺术效果"按钮；❷在打开的下拉列表中选择需要的效果选项。Word 2016 提供了"铅笔素描""发光散射"等 22 种不同的艺术效果。选择下方的"艺术效果选项"选项，可在打开的窗格中自定义图片的艺术效果。

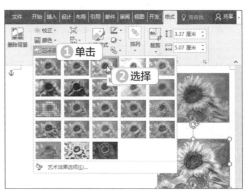

3. 调整图片颜色

❶选择【图片工具 格式】/【调整】组，单击"颜色"按钮；❷在打开的下拉列表中可对图片重新着色，改变图片背景和内容的显示效果，同时还可以调整图片的颜色饱和度、色调，使色彩纯度和色温达到需要的显示效果。

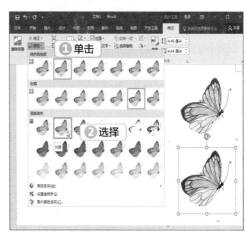

4. 校正图片

❶选择【图片工具 格式】/【调整】组，单击"校正"按钮；❷在打开的下拉列表中可使用"锐化 / 柔化"调整图片清晰度，使用"亮度 / 对比度"调整图片的明亮程度。Word 2016 提供了 5 种锐化 / 柔化方案和 25 种亮度 / 对比度方案，可满足大多数图片的一般调整需求。

2.1.4　裁剪图片

裁剪图片是图片编辑中常用的操作之一，如果只需要显示插入图片的部分图像，可对其进行裁剪。常见的裁剪方法除了手动裁剪外，还可以通过设置裁剪形状和设置裁剪纵横比进行裁剪，这 3 种裁剪图片的方法可结合使用。下面介绍具体内容。

1. 手动裁剪图片

选择【图片工具 格式】/【大小】组，单击"裁剪"按钮，此时图片四周将出现 8 个控制点，使用鼠标拖动控制点，控制点以内的图片呈彩色、高亮显示，即该部分图片为被保留的部分，其余呈灰度显示的图片部分则为被裁剪的部分。

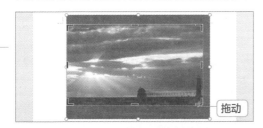

拖动

2. 设置裁剪形状

默认使用裁剪功能裁剪后的图片都是常规的矩形图片，在一些特殊的文档中，如果希望图片的显示效果更加多样化，更加灵活，则可以结合形状裁剪出更加丰富的图片效果。方法为：选择需要裁剪的图片，在【图片工具 格式】/【大小】组中单击"裁剪"的下拉按钮，在打开的下拉列表中选择"裁剪为形状"选项，再在打开的子列表中选择需要的形状，自动将该

图片裁剪为所选的形状效果。

3. 设置裁剪纵横比

不管是手动裁剪还是裁剪为形状，执行相应命令时都有一个固定的裁剪比例。如果固定的比例大小不能满足需求，可以进行二次设置。❶单击"裁剪"的下拉按钮；❷在打开的下拉列表中选择"纵横比"选项；❸再在打开的子列表中选择需要的比例大小。

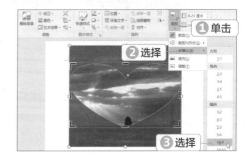

❶单击
❷选择
❸选择

2.1.5 设置图片样式

设置图片样式是指通过修改图片的形状、增加边框、添加阴影和柔化边缘等效果，让图片更加美观。在 Word 2016 中为用户提供了 28 种预设图片的样式，用户也可以根据需要对图片样式进行自定义设置。下面介绍具体内容。

1. 认识"图片样式"组

图片样式主要是在【图片工具 格式】/【图片样式】组中进行设置，在组中既可以通过预设样式下拉列表快速设置样式，也可以通过"图片边框""图片效果"自定义图片样式，而"图片版式"则是把图片应用到 SmartArt 图形中。

2. 预设图片样式

Word 2016 提供了 28 种预设样式，选择图片后在【图片样式】组单击"其他"按钮，在打开的下拉列表中选择所需的样式，即可快速添加图片效果。

3. 设置图片边框

设置图片边框就是为图片进行描边的过程，在图片边框下拉列表中，可以对边框的颜色、粗细和虚实线进行设置。具体操作方法为：选择【图片工具 格式】/【图片样式】组，单击"图片边框"按钮，在打开的下拉列表的"主题颜色"栏中设置边框颜色，选择"粗细"选项可设置轮廓大小，选择"虚线"选项可设置轮廓的虚线样式，完成图片边框的设置。

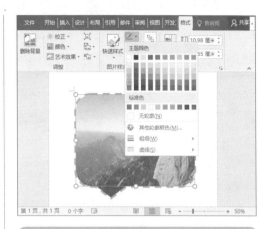

4. 设置图片效果

设置图片效果主要是添加阴影、映像和二维旋转等立体效果，产生一种视觉冲击力，从而起到美化对象的作用，一般用于宣传性强的文档。具体操作方法为：选择【图片工具 格式】/【图片样式】组，单击"图片效果"按钮，在打开的下拉列表中可设置 Word 预设好的图片效果，或分别选择"阴影""映像""发光""柔化边缘""棱台""三维旋转"选项，分别在它们的子列表中选择需要的图片效果。

2.2 插入与编辑形状

Word 2016 提供了很多设置好的形状，如线条、箭头总汇和标注等，同时也可以新建绘图画布自定义图形，使用这些形状可以表示出彼此之间的关系，注释或突出文本内容，并起到装饰的作用。编辑形状则包括调整形状、设置形状样式和在形状中添加文字等。本节将详细介绍形状的绘制和编辑的操作方法。

2.2.1 插入形状

Word 2016 提供了多种类型的形状，运用到文档中可以起到美化和标注等作用。

1. 插入自带形状

插入形状是为了丰富、分类文档或标注文档内容等，Word 2016 提供了众多自带的形状选项，包括线条、箭头和标注等，选择【插入】/【插图】组，单击"形状"按钮，在打开的下拉列表中选择需要的形状样式，然后在文档中拖动鼠标至需要的大小后释放鼠标，完成形状的插入。如果在绘制圆、矩形、直线等形状时，拖动鼠标且同时按住【Shift】键，可绘制出正方形、圆形、水平或垂直线等以等比例显示的形状。

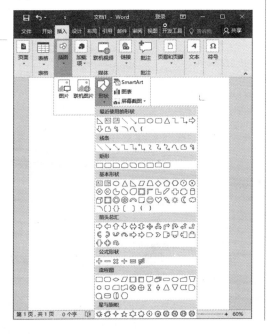

2. 新建绘图画布

绘图画布是文档中的一个特殊区域，用户可以在其中绘制多个图形，其意义相当于一个"图形容器"。因为形状包含在绘图画布内，画布中所有对象就有了一个绝对的位置，这样它们可作为一个整体进行移动和调整大小，还能避免文本中断或分页时出现的图形异常。选择【插入】/【插图】组，单击"形状"按钮，在打开的下拉列表中选择"新建绘图画布"选项，Word 会自动在插入点新建一个画布，再在画布中插入形状，通过对形状的编辑组合，形成一个新的形状，这样就完成了自定义形状。

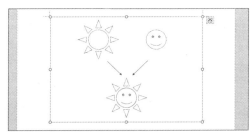

技巧秒杀

从形状中心点定位插入形状

绘制形状时，默认鼠标单击的地方是形状左上角的开始位置。如果在拖动鼠标绘制形状的同时按住【Ctrl】键，鼠标单击的地方则是形状的中心点。虽然绘制的方法相同，但定位的参考点则不同。

2.2.2 更改形状——更改游乐园宣传单中的形状

插入形状后，结合文档内容会发现形状可能不是很适合，这时就需要更改形状。更改形状的常用方法是删除形状并重新插入一个新的形状。但有时需要更改许多图形，这样操作显得很麻烦，此时可以使用更改形状命令来完成形状的更改。下面将在"游乐园宣传单"文档中更改形状，操作步骤如下。

更改形状

 素材：素材\第2章\游乐园宣传单.docx
效果：效果\第2章\游乐园宣传单.docx

STEP 1 打开文档选择形状

打开"游乐园宣传单.docx"文档，选择"矩形"形状。

STEP 2 选择形状

❶选择【绘图工具 格式】/【插入形状】组，单击"编辑形状"按钮；❷在打开的下拉列表中选择"更改形状"选项；❸选择要更改的形状，这里选择"对话气泡：椭圆形"选项。

STEP 3 完成更改形状

返回工作界面，完成形状的更改，使用相同方法，将其余形状更改为相同的形状。

技巧秒杀

编辑形状顶点

当插入的形状不合适，且Word中没有需要的预设形状时，就可以在【绘图工具 格式】/【插入形状】组中单击"编辑形状"按钮，在打开的下拉列表中选择"编辑顶点"选项，实现形状的更改。

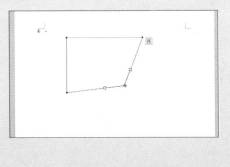

2.2.3 设置形状样式——设置游乐园宣传单中形状的样式

设置形状样式

若插入的形状不能很好地与文档中的文字或图片等对象搭配，可对形状样式进行设置。在 Word 2016 中有一些预置的样式，也可以对形状的颜色、轮廓和艺术效果进行自定义设置。下面介绍为"游乐园宣传单 1.docx"文档的形状设置形状样式的方法，操作步骤如下。

素材：素材\第 2 章\游乐园宣传单 1.docx
效果：效果\第 2 章\游乐园宣传单 1.docx

STEP 1 设置预设样式

选择任意一个形状，选择【绘图工具 格式】/【形状样式】组，单击"其他"按钮，在打开的下拉列表的"主题样式"栏中选择"强烈效果 -橙色，强调颜色 2"选项。

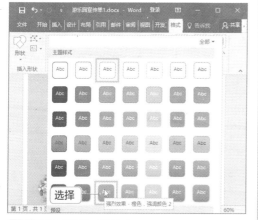

STEP 2 设置形状轮廓

❶在【形状样式】组中单击"形状轮廓"的下拉按钮；❷在打开的下拉列表中分别设置边框颜色为"蓝色，个性色 5，淡色 40%"，粗细为"2.25 磅"，虚线为"短划线"。

操作解谜

形状填充和形状轮廓的区别

形状填充是利用颜色、图片、渐变和纹理来填充形状的内部；形状轮廓是指设置形状的边框颜色、线条样式和线条粗细。

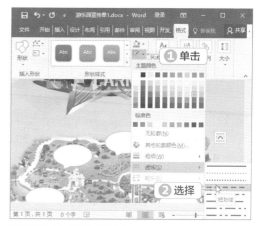

STEP 3 设置形状效果

❶在【形状样式】组中单击"形状效果"按钮；❷在打开的下拉列表中选择"阴影"选项，再在打开的子列表的"外部"栏中选择"偏移：中"选项，其余属性保持不变。

STEP 4 完成形状样式的设置

返回工作界面，完成形状样式的设置，然后使用相同的方法，为其余形状设置相同的形状样式。

2.2.4　添加形状文字——完善游乐园宣传单

　　在 Word 2016 中，可以为一些形状添加文字，常用于标注性或框形形状中，起到注释或分类的作用。下面介绍在"游乐园宣传单 2.docx"文档中添加标注的方法，操作步骤如下。

添加形状文字

素材：素材 \ 第 2 章 \ 游乐园宣传单 2.docx
效果：效果 \ 第 2 章 \ 游乐园宣传单 2.docx

STEP 1　添加文字

　　❶选择宣传单中最左边的形状，单击鼠标右键；❷在打开的快捷菜单中选择"添加文字"。

STEP 2　输入文字

　　❶在形状中输入"水上花园"文本内容；❷拖动鼠标选择文本内容，在打开的浮动工具栏中设置文本为"微软雅黑、小四、加粗、下画线"；❸按【Shift】键等比放大形状，使文字置于一排。

STEP 3　添加文字

　　使用相同的方法为其他形状分别添加"神秘古堡""缤纷马戏""云霄飞车""卡通乐园""古代遗迹"文本内容，完成形状文字内容的添加，效果如下页图所示。

技巧秒杀

移动形状

在移动形状等对象时，需要设置对象的环绕文字（后文将详细讲解），在Word 2016中，插入的图片属于嵌入型，无法自由移动，而插入的形状为浮于文字上方，可自由移动。移动形状等对象时文档页边将显示绿色参考线，这将帮助用户很好地进行对齐形状。另外，通过按【Shift】键能够平行或垂直移动形状。

2.3 插入与编辑艺术字

艺术字是经过填充颜色、轮廓和艺术效果等特殊处理的文字，合理运用适合文档的艺术字可以产生不同的效果，结合对艺术字字符和样式的编辑，使文本更加美观。通过应用艺术字样式和编辑艺术字，还可以呈现出更多特殊的效果。本节将主要介绍插入艺术字和编辑艺术字样式的方法。

2.3.1 插入艺术字——在贺卡中插入艺术字

Word 文档中除了普通的文本，还可以插入艺术字文本效果，使用艺术字效果与其他对象合理搭配，并对艺术字进行简单的字体、字号等编辑，可以达到美化文档的作用。下面介绍在"贺卡.docx"文档插入艺术字的方法，操作步骤如下。

插入艺术字

 素材：素材 \ 第 2 章 \ 贺卡 .docx

效果：效果 \ 第 2 章 \ 贺卡 .docx

STEP 1　选择艺术字样式

❶打开"贺卡 .docx"文档，使用鼠标单击页面左上角定位光标；❷选择【插入】/【文本】组，单击"艺术字"按钮；❸在打开的下拉列表中选择"填充：红色，主题色 2；边框：红色，主题色 2"选项。

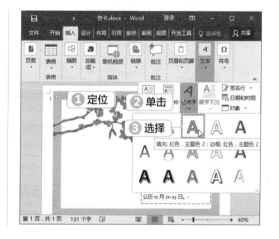

STEP 2　完成插入艺术字

在工作界面插入点位置处出现所选艺术效果的"请在此放置您的文字"文本，则完成艺术字的插入。

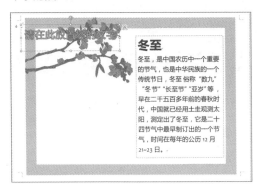

STEP 3　移动艺术字

将鼠标指针移动到艺术字文本框上，当鼠标指针变为图形状时，单击鼠标拖动文本框到如下图所示的位置。

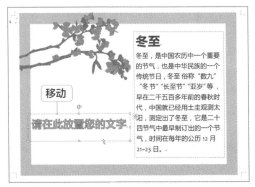

STEP 4　输入艺术字

选择文本框中的艺术字，按【Delete】键进行删除，然后在文本框中重新输入"节日"文本内容。

操作解谜

艺术字和文本框

插入艺术字可以看作插入设置了艺术字风格的文本框，而通过设置，文本框也可以达到艺术字效果。

STEP 5　设置艺术字字体和大小

选择"节日"文本，在【开始】/【字体】组中设置字体格式为"幼圆、80"。

技巧秒杀

输入数值设置字号大小

编辑艺术字字符的方法与编辑文本相同，都是在【开始】/【字体】组设置；在"字号"下拉列表框中设置字号，最大的字号选项为"72"，要设置更大的字号可直接输入字号数值；另外，在"字体"下拉列表框中可输入字体的名称以便快速应用相应的字体格式。

设置艺术字样式

2.3.2　设置艺术字样式——设置贺卡艺术字的样式

　　设置艺术字样式是指设置艺术字的文字内容，除了 Word 提供的预设样式，用户可自定义调整艺术字的填充颜色、轮廓颜色以及文本效果等。设置艺术字样式可在【艺术字样式】组中实现，下面介绍在"贺卡1.docx"文档中设置艺术字样式的方法，操作步骤如下。

素材：素材 \ 第 2 章 \ 贺卡 1.docx
效果：效果 \ 第 2 章 \ 贺卡 1.docx

STEP 1　设置艺术字文本填充颜色

　　❶打开"贺卡1.docx"文档，选择艺术字文本框；❷选择【绘图工具 格式】/【艺术字样式】组，单击"文本填充"下拉按钮；❸在打开的下拉列表中选择"红色，个性色 2，淡色 40%"选项。

STEP 2　设置艺术字文本轮廓

　　❶选择艺术字，在【绘图工具 格式】/【艺术字样式】组中单击"文本轮廓"下拉按钮；❷在打开的下拉列表中选择"橙色，个性色 6，淡色 60%"选项。

操作解谜

应用快速样式

　　快速样式在【绘图工具 格式】/【艺术字样式】组中设置，和插入艺术字时打开的列表一致，主要用于更改样式。

STEP 3　设置艺术字文本的阴影效果

　　❶选择【绘图工具 格式】/【艺术字样式】组，单击"文字效果"按钮；❷在打开的下拉列表中选择"阴影"选项，再在打开的子列表的"透视"栏中选择"透视：左上"选项，设置阴影效果如下图所示。

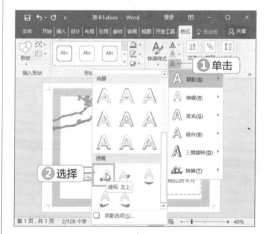

第1部分

STEP 4 设置艺术字文本的映像效果

❶单击"文字效果"按钮，在打开的下拉列表中选择"映像"选项；❷在打开的子列表的"映像变体"栏中选择"紧密映像：4 磅 偏移量"选项。

STEP 5 设置艺术字文本棱台效果

❶单击"文字效果"按钮，在打开的下拉列表中选择"棱台"选项；❷在打开的子列表的"棱台"栏中选择"柔圆"选项。

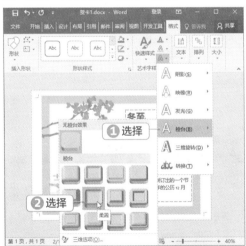

STEP 6 设置艺术字文本三维旋转效果

❶单击"文字效果"按钮，在打开的下拉列表中选择"三维旋转"选项；❷在打开的子列表的"透视"栏中选择"透视: 极右极大"选项。

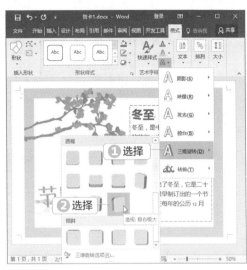

STEP 7 复制艺术字文本框修改文本内容

❶选择艺术字文本框，按【Ctrl+C】组合键复制文本框，按【Ctrl+V】组合键粘贴文本框，调整艺术字到合适位置；❷删除新文本框中的艺术字，并在其中输入"快乐！"文本内容。

STEP 8 完成效果设置

返回 Word 文档编辑区，查看完成后的效果。

2.4 插入与编辑文本框

在 Word 中，除了直接在文件编辑区输入文本内容外，还可以插入文本框进行特殊文档版式的设计。插入文本框后，需要进行文本内容、形状和文本框格式的编辑，修改为适合文本的样式，达到美化文档的作用。本节将主要介绍文本框的插入方法和编辑美化文本框及其内容的方法。

2.4.1 插入文本框

文本框类似于一个独立的区域对象，具有很大的灵活性，可以在页面中随意拖动，其他插入的对象不影响文本框中的内容，同时也具有区分文本和美化文档的作用。文本框的插入分为插入内置文本框和绘制文本框，通过【插入】/【文本】组进行插入。下面介绍具体内容。

- 插入内置文本框：在 Word 2016 中，提供了许多内置文本框样式，其中包含文本框的边框、颜色等，即内置文本框。插入方法为：❶选择【插入】/【文本】组，单击"文本框"按钮；❷在打开的下拉列表的"内置"栏中选择所需的文本框。

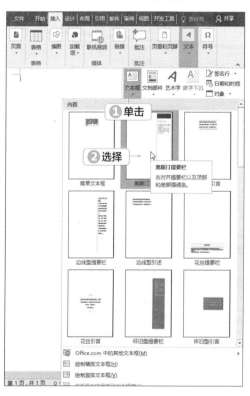

- 绘制文本框：绘制文本框指自定义一个空白文本区域，除了默认黑色的细边框，没有任何其他样式。绘制文本框包括绘制横排文本框和绘制竖排文本框，所谓的横竖是指文字书写的方向。绘制方法如下：选择【插入】/【文本】组，单击"文本框"按钮，在打开的下拉列表中选择"绘制横排文本框"或"绘制竖排文本框"选项，即可插入横排或竖排文本框。

操作解谜

文本框与艺术字的联系

前面的章节介绍了艺术字的应用，艺术字实际上是应用了艺术字样式的文本框。而插入文本框后，在其中输入的是普通的文本，打开的"格式"选项卡与艺术字的"格式"选项卡完全相同，通过编辑操作同样可将文本框中的文字设置为艺术字样式，或者与艺术字一样进行相同样式的设置。

2.4.2 编辑文本框

创建的文本框需要进行调整大小、位置以及格式效果等编辑操作。设置文本框与设置艺术字非常相似。单击"绘图工具 格式"选项卡后，打开的功能区与选择艺术字后打开的功能区是相同的。下面介绍具体内容。

- **修改文字方向**：文档多为从左到右的书写方式，而在一些特殊文档中，可能用到从上到下、从右到左的书写方式。除了在绘制文本框时可以选择文本框中的文字方向，在编辑文本框时，还可以选择【绘图工具 格式】/【文本】组，单击"文字方向"按钮，在打开的下拉列表中选择选项改变文本框中文字的横竖方向。

- **对齐方式**：为了使文档美观，文本框中常需要用到文本对齐，选择【绘图工具 格式】/【文本】组，单击"对齐文本"按钮，在打开的下拉列表中选择不同选项，可分别对文本框进行"顶端对齐""中部对齐"和"底端对齐"3种对齐设置。

- **设置文本框样式**：设置文本框样式与设置形状样式类似，在【绘图工具 格式】/【形状样式】组中进行"形状填充""形状轮廓""形状效果"设置即可。

- **设置内容样式**：选择文本框后，在【绘图工具 格式】/【艺术字样式】组中可以对文本框中的文字应用艺术字效果样式。

2.4.3 综合案例——编辑封面文档

文本框具有很大的灵活性，以此特性可以制作一些文本分散的设计宣传单，用于突出标题文字、区分不同的文本内容。下面将插入并编辑文本框来制作"封面.docx"文档，操作步骤如下。

综合案例

 素材：素材 \ 第 2 章 \ 封面 .docx

效果：效果 \ 第 2 章 \ 封面 .docx

STEP 1 插入绘制的文本框

❶打开"封面.docx"文档，单击蓝色背景，选择【插入】/【文本】组，单击"文本框"按钮；❷在打开的下拉列表中选择"绘制横排文本框"选项；❸在页面中拖动鼠标绘制文本框，移动文本框到"头像"右侧并与页面右边线对齐。

技巧秒杀

文本框的图片填充

除了为文本框填充颜色，还可以选择【绘图工具 格式】/【形状样式】组，单击"形状填充"按钮，在打开的下拉列表中选择"图片"选项进行图片填充。

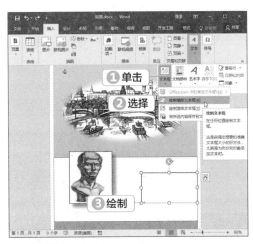

STEP 2 插入内置文本框

❶选择【插入】/【文本】组，单击"文本框"按钮；❷在打开的下拉列表的"内置"栏中选

择"边线型引述"选项；❸使用鼠标将文本框移动到底部居中位置。

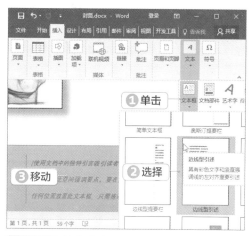

STEP 3 输入文本

❶选择另一个空白文本框，在其中输入文本"素描技法"，按【Enter】键换行，输入文本"——大全书"；❷选择内置文本框，在其中输入文本"【速成速写 – 专业辅导 – 素描速写】"，按【Enter】键换行，输入文本"释放艺术天赋 绘出精彩人生"。

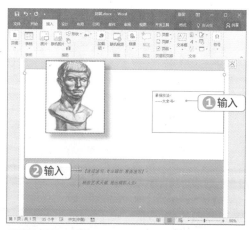

STEP 4 编辑文本

❶选择"素描技法"文本内容，设置字符格式为"黑体、初号"；❷选择"——大全书"文本内容，设置字符格式为"黑体、一号"，设置对齐方式为"右对齐"，拖动左边中间位置

的圆形控制点，调整文字的位置；❸选择内置文本框中的文本内容，去除倾斜并设置字符格式为"等线、小二"，设置对齐方式为"居中"，调整文本框大小，并将其移动到底端居中位置，效果如下图所示。

STEP 5 设置"素描技法"文本框的形状填充

❶选择文本"素描技法"的文本框；❷在【绘图工具 格式】/【形状样式】组中单击"形状填充"的下拉按钮；❸在打开的下拉列表的主题颜色栏中选择"蓝色，个性色1，淡色60%"选项。

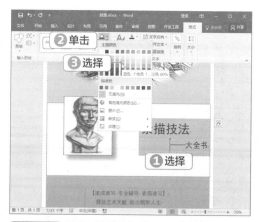

STEP 6 设置"素描技法"文本框的形状轮廓

❶选择【绘图工具 格式】/【形状样式】组，单击"形状轮廓"的下拉按钮；❷在打开的下拉列表的主题颜色中选择"蓝色，个性色5"

选项。

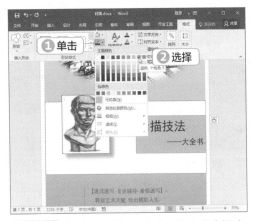

STEP 7 设置"素描技法"文本框的内容样式

❶选择绘制文本框中的标题文本内容；
❷在【绘图工具 格式】/【艺术字样式】组中
单击"快速样式"按钮；❸在打开的下拉列表
中选择"填充：白色；轮廓：蓝色，主题色 5；
阴影"选项。

操作解谜

自定义文本框的艺术字样式

同设置艺术字样式一致，为文本框
中的文本设置艺术字样式除了使用自定义
样式，也可以在"文本填充""文本轮
廓""文字效果"按钮中自定义文字样式。

STEP 8 设置内置文本框的内容样式

❶选择底端内置文本框中的文本内容；
❷在【绘图工具 格式】/【艺术字样式】组中
单击"快速样式"按钮，再在打开的下拉列表
中选择"填充：白色；边框：蓝色，主题色 1；
发光：蓝色，主题色 1"选项，完成样式设置。

STEP 9 修改并完成制作

调整文本框的大小和位置，美化封面排版，
完成封面制作。

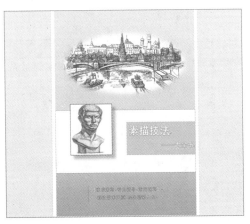

技巧秒杀

设置内置封面

选择【插入】/【页面】组，单击
"封面"按钮，在打开的下拉列表中可快
速设置内置的封面效果。

2.5 插入与编辑 SmartArt 图形

Word 2016 提供的 SmartArt 图形可以更好地表示流程、结构或关系等，是文字描述无法实现的功能。根据文本的需要，可对插入的 SmartArt 图形进行再次编辑和美化，以达到最佳的效果。本节将介绍 SmartArt 图形的类别，添加 SmartArt 图形，以及设置和更改 SmartArt 图形布局和样式等知识。

2.5.1 插入 SmartArt 图形

在 Word 2016 中，为了更好地表示文本间的关系，提供了多种类型的 SmartArt 图形，如流程、层次结构和关系等。SmartArt 图形常用于制作公司组织结构图、产品生产流程图和采购流程图等图形，使各层次结构之间的关系清晰明了地表述出来。插入 SmartArt 图形与插入图片的方法一样，都是在【插图】组中进行操作。下面介绍具体内容。

第 1 部分

1. 插入 SmartArt 图形的方法

在 Word 2016 的工作界面中，使用鼠标定位需要插入图形的位置，选择【插入】/【插图】组，单击"SmartArt"按钮，打开"选择SmartArt 图形"对话框，在对话框中选择需要的图形，单击"确定"按钮，即可完成图形的插入，在插入图形中显示的"【文本】"上单击，即可输入文本。

2. 认识 SmartArt 图形的类别

Word 2016 中的 SmartArt 图形大致分为列表、流程、循环、层次结构、关系、矩阵、棱锥图和图片 8 种类型，在每种类型下又分别有多种样式提供给用户选择。在"选择

SmartArt 图形"对话框中，左侧栏中可进行类型的选择，中间显示所选类型的样式，右侧则可预览并介绍所选样式。下面分别对 SmartArt 图形的 8 种类型进行介绍。

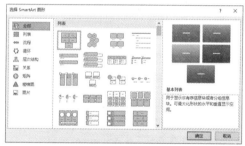

- 列表：用于表示没有顺序的文本信息或分组信息，主要用于强调信息。
- 流程：展示工作流程和步骤。
- 循环：表示阶段、任务和时间的连续，用于强调重复的过程。
- 层次结构：用于显示组织分层信息和上下级关系。
- 关系：表示两个或多个事物间的关系。
- 矩阵：用于以象限的方式显示部分与整体的关系。
- 棱锥图：显示比例、互连或层次关系。
- 图片：可以嵌入图片标注的信息列表。

2.5.2 添加 SmartArt 图形——完善公司结构

插入的 SmartArt 图形为默认的图形，有一定数量的分支形状，但在制作 Word 文档时，若插入的 SmartArt 图形的形状不足，则需要添加形状，在 Word 2016 中可分别从后面、前面或者上方、下方添加图形。下面介绍为"公司结构.docx"文档的 SmartArt 图形添加图形的方法，操作步骤如下。

添加 SmartArt 图形

素材：素材 \ 第 2 章 \ 公司结构 .docx

效果：效果 \ 第 2 章 \ 公司结构 .docx

STEP 1　**添加形状**

❶打开"公司结构.docx"文档，在"组织结构"文本下的 SmartArt 图形中选择"设计组"文本；❷选择【SmartArt 工具 设计】/【创建图形】组，单击"添加形状"的下拉按钮，在打开的下拉列表中选择"在后面添加形状"选项。

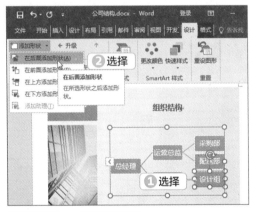

STEP 2　**完成形状的添加**

在"项目总监"下添加了一个形状，变成了两个分支。

操作解谜

SmartArt 图形中形状的级别

　　在前面和后面添加形状都是添加与所选形状在同一级别的形状；在上方添加形状则是添加比所选形状高一级别的形状；在下方添加形状则是添加比所选的形状低一级别的形状。

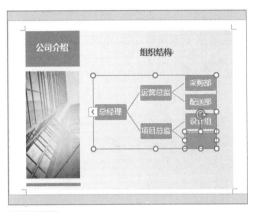

STEP 3　**输入文本**

❶选择【SmartArt 工具 设计】/【创建图形】组，单击"文本窗格"按钮；❷在打开的"在此处键入文字"文本框中空白处输入"制作组"文本，完成文本的输入。

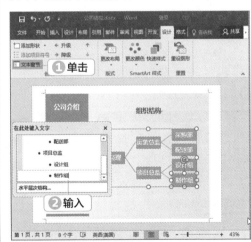

第 **2** 章 Word 图文混排及美化

2.5.3 设置 SmartArt 图形布局——更改公司结构的图形布局

设置 SmartArt 图形布局主要是改变之前选择的形状，把整个形状的结构和各个分支的结构调整为其他形状。下面介绍在"公司结构 1.docx"文档中更改 SmartArt 图形的原始形状的方法，操作步骤如下。

设置 SmartArt 图形布局

素材：素材 \ 第 2 章 \ 公司结构 1.docx
效果：效果 \ 第 2 章 \ 公司结构 1.docx

STEP 1 更改布局

❶选择 SmartArt 图形；❷在【SmartArt 工具 设计】/【版式】组中单击"更改布局"按钮；❸在打开的下拉列表中选择"组织结构图"选项。

STEP 2 选择布局样式

❶选择需要设置布局的 SmartArt 图形的分支；❷在【创建图形】组中单击"布局"按钮；❸在打开的下拉列表中选择"标准"选项。

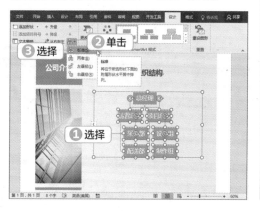

STEP 3 查看效果

返回工作界面，即可看到更改 SmartArt 图形布局后的效果，可适当调整图形大小。

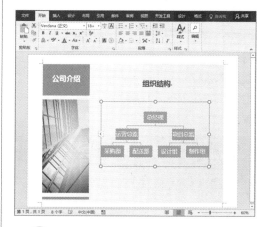

 操作解谜

SmartArt 图形布局的种类

在【SmartArt 工具 设计】/【创建图形】组中单击"布局"按钮，在打开的下拉列表中有4个选项，分别是"标准""两者""左悬挂""右悬挂"，下面分别进行介绍。

● 标准：将位于所选形状下面的附属形状水平居中排列。

● 两者：将位于所选形状下面的附属形状垂直居中排列。

● 左悬挂：将位于所选形状下面和左侧的附属形状垂直排列。

● 右悬挂：将位于所选形状下面和右侧的附属形状垂直排列。

2.5.4 更改 SmartArt 图形样式——更改公司结构的图形样式

插入的 SmartArt 图形默认呈蓝色显示，因为商务办公的需要，通常要对图形的颜色和外观样式进行设置。下面将设置"公司结构 2.docx"文档的段落格式，操作步骤如下。

更改 SmartArt 图形样式

素材：素材 \ 第 2 章 \ 公司结构 2.docx

效果：效果 \ 第 2 章 \ 公司结构 2.docx

STEP 1 更改颜色

❶ 选择整个 SmartArt 图形；❷ 在【SmartArt 工具 设计】/【SmartArt 样式】组中单击"更改颜色"按钮；❸在打开的下拉列表框的"个性色 1"栏中选择"渐变范围 –个性色 1"选项。

STEP 2 查看颜色样式

在编辑区中查看更改后颜色由上到下渐变的效果。

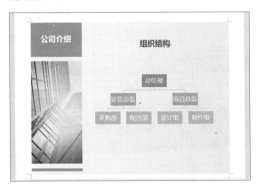

STEP 3 选择 SmartArt 图形样式

在【SmartArt 样式】组中单击样式列表框右下角的"其他"按钮，在打开的下拉列表框的"文档的最佳匹配对象"栏中选择"强烈效果"选项。

STEP 4 查看效果

返回工作界面，查看更改 SmartArt 样式后的效果。

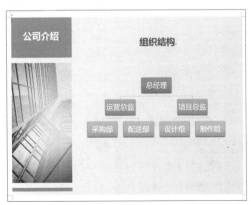

2.6 对象与文本的排列

对象包括文本框、艺术字、图片和形状等，Word 文档通常包含文本和对象，如何调整文本与对象的排列关系，特别是多对象排列，对于文档的制作是非常重要的。本节将主要介绍排列文本与对象的方法。

2.6.1 设置对象的层次关系——上移图片

在一些特殊文档中，当对象与对象、对象与文本之间涉及重叠时，可以通过调整层级关系，设置它们之间的上下层关系。下面将在"公司简介.docx"文档中设置图片与文本间的层级关系，操作步骤如下。

设置对象的层次关系

素材：素材\第2章\公司简介.docx
效果：效果\第2章\公司简介.docx

STEP 1　拖动图片

打开"公司简介.docx"文档，选择第二页中左侧彩色刷子标志的图片，拖动图片，与右侧的七角星重合一部分。

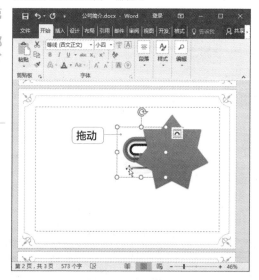

STEP 2　设置图片上移一层

❶选择彩色刷子标志的图片；❷在【图片工具 格式】/【排列】组中单击"上移一层"下拉按钮；❸在打开的下拉列表中选择"置于顶层"选项。

STEP 3　完成排列顺序的设置

在编辑区中查看完成效果。

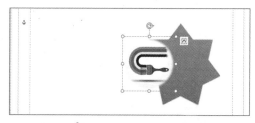

技巧秒杀

多对象层级移动

在一些情况下，单击"上移一层"按钮或"下移一层"按钮后，对象的排序并未改变，这是因为页面中存在着多个对象，对象间可能并不是上下层关系，需要多次单击按钮，设置其层级。

2.6.2　设置对象的对齐方式——完善公司 Logo

　　在 Word 中，用户可以手动调整对象位置，但这种方法并不精确，使用对象对齐，则可以准确地定位位置。下面将设置"公司简介 1.docx"图片的对齐方式，操作步骤如下。

设置对象的对齐方式

| 素材：素材 \ 第 2 章 \ 公司简介 1.docx |
| 效果：效果 \ 第 2 章 \ 公司简介 1.docx |

STEP 1　**设置图片垂直居中**

　　❶选择七角星形状；❷在【图片工具 格式】/【排列】组中单击"对齐"按钮；❸在打开的下拉列表中选择"垂直居中"选项。

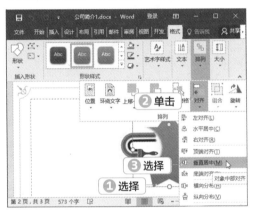

STEP 2　**设置图片水平居中**

　　❶选择【图片工具 格式】/【排列】组，单击"对齐"按钮；❷在打开的下拉列表中选择"水平居中"选项，并为第二页中的标志图片设置同样的垂直和水平居中对齐方式。

STEP 3　**图片组合**

　　❶选择七角星形状，按【Shift】键并单击鼠标加选标志图片；❷单击鼠标右键，在打开的快捷菜单中选择"组合"选项，再在打开的子菜单中选择"组合"选项，将图片和形状组合成一个对象。

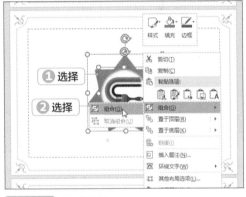

STEP 4　**完成设置**

　　在 Word 编辑区单击对象的任意位置，查看组合效果。

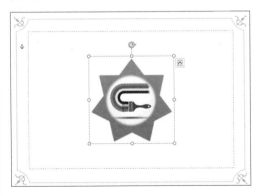

第 **2** 章 Word 图文混排及美化

2.6.3 对象的位置和环绕——设置公司 Logo 位置

对象的位置和环绕

位置是对象在文档中放置的地方,而环绕则是文本内容绕着对象周围排列。对对象进行位置和环绕的设置,可使文档的排列更美观。下面介绍在"公司简介 2.docx"文档中设置图片的位置和环绕的方法,操作步骤如下。

素材:素材\第 2 章\公司简介 2.docx

效果:效果\第 2 章\公司简介 2.docx

STEP 1　移动对象

选择第二页中的组合对象,使用鼠标拖动图片至第一页的任意位置。

STEP 2　设置图片位置

❶选择【图片工具 格式】/【排列】组,单击"位置"按钮;❷在打开的下拉列表中选择"顶端居右,四周型文字环绕"选项,为组合形状设置在右上角且四周环绕的排列方式。

STEP 3　设置其他图片环绕文字

❶选择第三页的图片;❷在【图片工具 格式】/【排列】组中单击"环绕文字"按钮;❸在打开的下拉列表中选择"衬于文字下方"选项。

STEP 4　移动图片

选择第三页的图片,使用鼠标拖动图片至第一页中左下角的位置。

STEP 5　调整图片大小和位置

选择七角星形状,按【Shift】键并使用鼠标拖动圆角控制点调整图片大小,拖动图片至文档右上角的位置,完成制作。

 高手竞技场——*Word 2016 图文混排及美化*

1. 制作"活动宣传单"文档

在"活动宣传单.docx"文档中制作图文混排的文档效果，要求如下。

● 为图片设置"柔化边缘矩形"图片样式和"衬于文字上方"文字环绕方式，并调整大小和位置。

● 插入两个矩形形状，分别填充"橙色"和"绿色"，并调整大小和位置。

● 插入两个文本框，将"素材文档1.txt"中的文字内容分别剪切至文本框中，其中一段文字的字符格式设置为"方正粗宋简体、28、红色"，另一段文字的标题设置为"方正粗倩简体，小二"，正文设置为"方正大标宋简体、四号、黑色"，并调整位置。

● 插入艺术字，输入文本"招募令"，设置艺术字样式为"渐变填充：蓝色；主题色5；映像"。

2. 排列"活动海报"文档

在"活动海报.docx"文档中插入SmartArt图形，并排列对象，要求如下。

- 打开"活动海报.docx"文档，插入"创意.jpg"图片，设置图片环绕为"紧密型环绕"，设置图片样式为"旋转，白色"，设置轮廓粗细为"6磅"，调整图片大小和位置。
- 插入3个文本框，将"素材文档2.txt"中的文字内容剪切至一个文本框中，并设置字符格式为"微软雅黑、小四、橙色，个性色2，深色50%"，另一个文本框设置为相同的字符格式，并输入"主办单位：校学生会"，第三个文本框中输入标题"创意未来·创新大赛"，设置字符格式为"微软雅黑、56、橙色，个性色2，深色50%"，调整文本框的位置。
- 在页面外单击，插入SmartArt图形列表中的"垂直曲形列表"，设置SmartArt样式为"彩色范围－个性色2至3"，在图形中依次输入文本"放飞·创新""11月21日下午17:00点""创新大楼二楼205"，调整SmartArt图形的位置和大小。

Word 应用

第 3 章

在 Word 中应用表格与图表

/ 本章导读

在 Office 2016 中，Word 2016 除了用于文本的编辑，还可以制作简单的表格来分类文本内容和插入图表来分析表格数据。Word 2016 中的表格主要用于制作表单，如问卷调查、个人简历等，图表则主要用于统计类文档，如对走势或占比进行分析。本章将对表格的认识和应用、创建表格、编辑与美化表格、表格的高级功能、图表的认识与创建、编辑与美化图表等内容分别进行介绍。

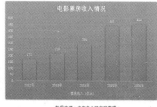

3.1 认识和创建表格

在 Office 2016 组件中，Excel 2016 虽然是专业的表格制作软件，但是在 Word 2016 中也可以直接制作表格，与文本内容相互映衬，省去了在多个软件间切换的麻烦，因此 Word 2016 中的表格应用也十分广泛。本节将主要介绍表格的基础知识及创建表格的操作方法。

3.1.1 认识表格

表格是数据和内容的存放容器，通过表格可以将某些难以用文字表达清楚的内容形象化。表格是文档中惯用的一种表现形式，下面将认识 Word 表格的相关内容，包含表格的组成、Word 表格的优缺点，以及 Word 表格和 Excel 表格的异同等。

1. Word 表格的构成

Word 表格是由多个小方格均匀排列而成，其中的小方格称为单元格，默认每一行或每一列的单元格数量相同，根据个人需要也可以调整每行、每列的单元格数量和大小，最终满足不同文档内容的表达需求。

一个完整的 Word 表格除了由行和列构成的单元格外，还包含在单元格中输入的内容，这些内容可以是文字也可以数据。

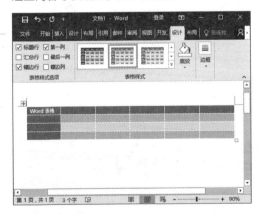

2. Word 表格的优缺点

Word 中表格的应用范围十分广泛。但由于 Word 自身的定位，也有其比较明显的缺陷。

● 优点：适合制作各种规则及非规则的表格，

单元格是表格的组成单位，但一个单元格可根据需要拆分为多个单元格，同时也可将多个单元格合并为一个单元格。表格有丰富的美化及编辑功能，可完成不同样式的表格制作。

● 缺点：不利于进行大量数据的计算、分析及处理。

3. Word 表格与 Excel 工作表的异同

一个简单的表格，使用 Word 表格制作与使用 Excel 表格制作显示的效果差别较小，但具体的制作过程和原理有一定的区别。下面介绍 Word 表格与 Excel 表格的相同点和不同点。

● 相同点：Word 表格与 Excel 工作表均由若干单元格组成，且都可自定义样式。

- **不同点**：Excel 工作表多应用在运算和统计方面，既可键入表格内容也可使用函数运算，Word 表格一般偏向于文本内容及数据展示，计算功能较弱。

销售业绩统计表				
利润　月份　分店	一月	二月	三月	累计
信阳分店	560.00	620.00	580.00	1760
青西场分店	350.00	780.00	660.00	1790
溧阳分店	1400.00	1360.00	1380.00	4140
合计	2310	2760	2620	7690

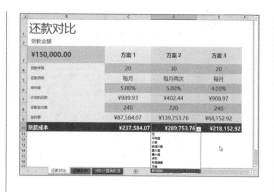

3.1.2　表格的应用领域

在日常的办公生活中，Word 表格的应用也十分广泛，除了常见的个人简历，还包括流程表、问卷调查表、统计表和申请表等。Word 表格经常用于陈述事实或填写信息类文档，其分类性较强，而在数据计算和统计方面应用较少。下面介绍几种常见的 Word 表格应用。

- **个人简历**：使用表格分类个人信息，可以制作一个简单的个人简历，也可以设置表格样式，制作不同风格的简历。

- **信息表**：信息表较为简单规范，主要用于统计或展示若干条简单信息，如联系信息表或职位信息表等。

- **统计表**：统计表主要是运用 Word 中简单的计算，展示一些统计数据内容。

问卷调查全样本数据统计表（1）				
问卷题目	\multicolumn{4}{c}{选项百分比值}
	A	B	C	D
1. 你喜欢阅读题吗？	45.12	54.88		
2. 你平时阅读英语有关的书报杂志吗？	36.48	63.52		
3. 多久阅读一次？	38.35	61.65		
4. 每次多久时间？	63.78	36.22		
5. 你觉得阅读对学英语是有好处吗？	98.37	1.63		
6. 你阅读是即时，还是允读文章呢？还是先看题目？	41.23	58.77		
7. 阅读时读出声吗？	67.24	32.76		
8. 阅读时间笔吗？	30.78	69.22		
9. 阅读时间遍来做操作吗？	26.43	43.87	11.59	18.11
10. 阅读时是否总是反复阅读不太理解的语句？	76.17	23.83		

- **流程表**：流程表具有时间性，通常用在节目表或活动策划中。

会议流程表		
时间	会议进程	备注
13：:45—14：20	异联相关视频播放	关于异联平台的全国进程报道及荣誉节
14:20—14:35	主持人开场	① 会议流程介绍　② 主讲者介绍
14:35—15:40	主讲者上半场	① 异联平台的功能特征　② 商助网站对企业的帮助　③ 商助通讯的优势介绍
15:40—15:50	中场交流沟通	
15:50—16：50	主讲者下半场	① 异联的特约商户的价值　② 异联发卡商的介绍
16：50—17:00	现场抽奖环节	价值 3000 元的奖品等份奖
17:00—18:00	合作单位个别交流	（仅限于合作单位）

3.1.3 创建表格

表格主要用于将文本内容以及数据直观地表现出来，展示出一个结果，便于比较和管理。在Word中插入表格的方法主要有快速插入表格、通过"插入表格"对话框插入、绘制表格、插入内置样式表格等。下面介绍具体内容。

1. 快速插入表格

创建表格时，Word 2016 提供了一个快速插入 10 行 8 列的表格的功能，在插入小于此行列数范围的表格时，可用这个功能快速插入表格。具体步骤为：❶选择【插入】/【表格】组，单击"表格"按钮；❷在打开的下拉列表中拖动鼠标选择需要的行列数，单击鼠标，即可在文档中快速插入表格。

2. 通过"插入表格"对话框插入

在 Word 文档中插入表格最常用的方法就是通过"插入表格"对话框插入指定行和列的表格。具体步骤为：❶选择【插入】/【表格】组，单击"表格"按钮；❷在打开的下拉列表中选择"插入表格"选项；❸打开"插入表格"对话框，在"表格尺寸"栏中的"列数"和"行数"数值框中输入需要的表格行列数；❹单击"确定"按钮，即可完成表格的插入。同时，"插入表格"对话框中有"'自动调整'操作"栏，通过它可以调整表格的大小。

3. 绘制表格

在 Word 中绘制表格就像现实中用笔在纸上绘制表格一样，简单且直观。绘制方法如下：❶选择【插入】/【表格】组，单击"表格"按钮；❷在打开的下拉列表中选择"绘制表格"选项；❸此时，鼠标指针变成铅笔形状，按住鼠标左键不放从左上向右下拖动，绘制一个虚线框，释放鼠标即可绘制出表格的外边框；将鼠标指针移动到表格边框内，按住左键不放从左向右绘制一条虚线，释放鼠标即可绘制出表格的行。用同样的方法绘制表格的列，完成表格的绘制。

技巧秒杀

擦除表格

使用绘制表格功能可以自定义表格大小，但绘制表格不精准，容易出错，这时就需要对绘制的边框线进行擦除，擦除边框线的具体方法为：选择【表格工具 布局】/【绘图】组，单击"橡皮擦"按钮，此时鼠标的指针变为橡皮擦形状，使用鼠标单击不需要的边框线，即可将其擦除。

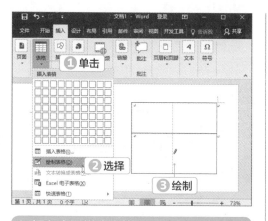

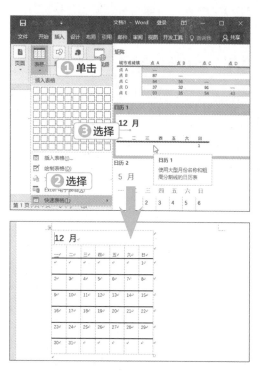

4. 插入内置样式表格

与文本框、形状等相同，Word 2016 也提供了一些内置表格样式，方便用户快速制作类似的表格。操作步骤如下：❶选择【插入】/【表格】组，单击"表格"按钮；❷在打开的下拉列表中选择"快速表格"选项；❸再在打开的子列表框中选择"日历 1"选项，即可在文档中插入一个日历表格。

3.2 编辑与美化表格

刚创建的普通表格由多个单元格组成，而要制作一个好看的表格，通常要对表格进行编辑处理，如在表格中插入行或列、合并或拆分单元格、调整行高或列宽等。同时，也可以对表格的样式、对齐方式、边框和底纹进行美化设置。本节将详细介绍编辑与美化表格的操作方法。

3.2.1 插入行或列——完善基本信息表

制作表格的过程中若有内容遗漏，则需要插入新的行或列，以便输入添加的内容。插入行或列是指在原有的表格中插入新的行或列。下面介绍在"基本信息表 .docx"文档中插入行或列的方法，操作步骤如下。

插入行或列

素材：素材 \ 第 3 章 \ 基本信息表 .docx
效果：效果 \ 第 3 章 \ 基本信息表 .docx

STEP 1　在下方插入行

❶将光标定位到插入单元格的相邻单元格

中，这里定位到"毕业院校"行；❷选择【表格工具 布局】/【行和列】组，单击选择一种插入方式，这里单击"在下方插入"按钮，可在定位位置下方插入一行单元格。

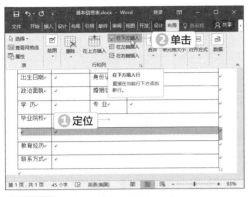

STEP 2 在插入的行中输入文本

使用鼠标将光标定位到插入行的左侧单

元格，输入"家庭住址"文本内容，完善基本信息表的表格内容。

3.2.2 调整行高和列宽——设置基本信息表行列间的大小

调整行高和列宽

创建表格时，表格的行高和列宽都采用默认值，而插入的表格为了适应不同的内容和版式，通常需要调整行高和列宽。在 Word 2016 中，既可以精确输入行高和列宽值，也可以通过拖动鼠标来调整行高和列宽。下面介绍为"基本信息表 1.docx"文档调整行高和列宽的方法，操作步骤如下。

> 素材：素材\第3章\基本信息表 1.docx
>
> 效果：效果\第3章\基本信息表 1.docx

STEP 1 精确设置行高

❶在表格的左上角单击"选择表格"按钮⊞，选择整个表格；❷选择【表格工具 布局】/【单元格大小】组，在"高度"数值框中输入"1.2 厘米"文本内容，按【Enter】键，设置表格的行高。

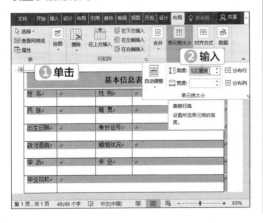

STEP 2 手动调整行高

将鼠标指针移动到"教育经历"和"联系方式"单元格间的分隔线上，当指针变成双向箭头形状时，按住鼠标左键不放向下拖动，即可增加"教育经历"行的行高。

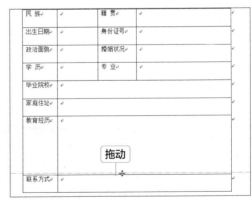

STEP 3 查看调整后的效果

用同样的方法继续调整表格中其他单元格的行高和列宽。

第 3 章 在 Word 中应用表格与图表

技巧秒杀

均匀分布行与列

调整行高或列宽是为了美化表格，使表格具有一定的样式。当一列单元格需要均分为几行或者一行单元格需要均分为几列时，除了设置相同的行高或列宽外，还可以通过在【表格工具 布局】/【单元格大小】组中单击"分布行"或"分布列"按钮，从而实现行或列的均分。

3.2.3　合并和拆分单元格——合并和拆分基本信息表单元格

在一些表格的编辑过程中，为了让表格呈现出特定的样式，使表格整体看起来更直观，经常需要将多个单元格合并成一个单元格，或者将一个单元格拆分为多个单元格，此时就要用到合并和拆分功能。下面介绍在"基本信息表2.docx"文档中合并和拆分单元格的方法，操作步骤如下。

合并和拆分单元格

素材：素材 \ 第 3 章 \ 基本信息表 2.docx

效果：效果 \ 第 3 章 \ 基本信息表 2.docx

STEP 1　拆分单元格

❶拖动鼠标选择"性别"右侧单元格至"婚姻状况"右侧单元格的单元格区域；❷在【表格工具 布局】/【合并】组中单击"拆分单元格"按钮；❸打开"拆分单元格"对话框，在"列数"数值框中输入"2"，在"行数"数值框中输入"4"；❹单击"确定"按钮。

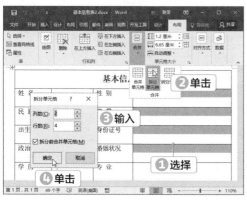

STEP 2　合并单元格

❶拖动鼠标选择拆分后右侧的 4 行单元格；❷在【表格工具 布局】/【合并】组中单击"合并单元格"按钮。

STEP 3　拖动列

❶使用鼠标向左拖动合并后单元格左侧的分隔线，调整至合适位置；❷选择"教育经历"

行，使用相同的方法，调整该行中间的分隔线至合适位置，完成的效果如下图所示。

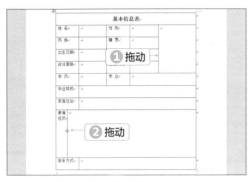

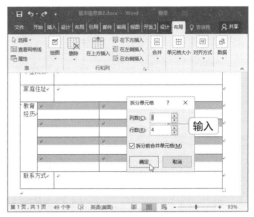

STEP 4　再次拆分单元格

用同样的拆分方法继续拆分"教育经历"行右侧的单元格，效果如下图所示。

STEP 5　输入内容完成表格制作

在单元格拆分后的第一行中分别输入"日期""学校""专业"的文本内容。

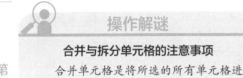

操作解谜

合并与拆分单元格的注意事项

合并单元格是将所选的所有单元格进行合并；拆分单元格则只能对当前编辑的单元格进行拆分。

3.2.4　设置表格样式——设置基本信息表的样式

默认创建的表格为白底黑线组成的单元格，应用表格样式可为表格添加底纹和边框效果，Word 中自带了一些表格样式，用户可以根据需要应用相应的样式。下面介绍在"基本信息表 3.docx"文档中设置表格样式的方法，操作步骤如下。

设置表格样式

　素材：素材 \ 第 3 章 \ 基本信息表 3.docx
效果：效果 \ 第 3 章 \ 基本信息表 3.docx

STEP 1　设置表格样式

❶在表格左上角单击"选择表格"按钮 ⊞，选择整个表格；❷在【表格工具 设计】/【表格样式】组中单击"其他"按钮 ☲。

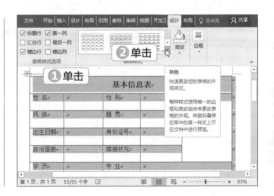

STEP 2 选择样式

在打开的下拉列表框的"网格表"栏中选择"网格表 1 浅色 – 着色 1"选项。

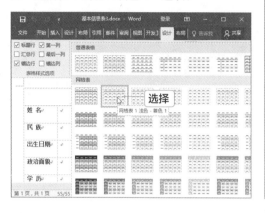

STEP 3 查看效果

返回 Word 编辑区，单击"选择表格"按钮⊞，将文本字符格式设置为"加粗"，查看表格样式效果，完成样式的设置。

3.2.5 设置边框和底纹——优化基本信息表的边框和底纹

除了应用设计好的样式外，还可通过自定义设置表格边框样式和底纹，进一步美化表格。这些都可在"设计"选项卡中设置实现。下面介绍在"基本信息表 4.docx"文档中设置表格边框和底纹，操作步骤如下。

设置边框和底纹

素材：素材 \ 第 3 章 \ 基本信息表 4.docx

效果：效果 \ 第 3 章 \ 基本信息表 4.docx

STEP 1 选择边框样式

❶在表格的左上角单击"选择表格"按钮⊞，选择整个表格；❷在【表格工具 设计】/【边框】组中单击"边框样式"的下拉按钮；❸在打开的列表的"主题边框"栏中选择"双实线，1/2 pt，着色 5"选项。

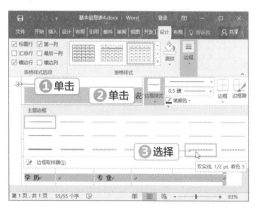

STEP 2 应用边框

❶选择【边框】组，单击"边框"的下拉按钮；❷在打开的下拉列表中选择"外侧框线"选项。

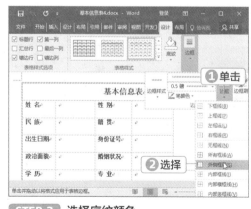

STEP 3 选择底纹颜色

❶单击鼠标定位表格的第一行；❷在【表格工具 设计】/【表格样式】组中单击"底纹"的下拉按钮；❸在打开的下拉列表的"主题颜

色"栏中选择"蓝色，个性色 5，淡色 80%"选项。

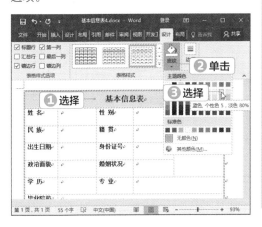

STEP 4 **设置单元格底纹**

用同样的方法为表格每隔一行设置相同的底纹，设置效果如下图所示。

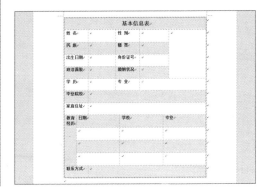

3.2.6 设置对齐方式——对齐基本信息表的文本内容

设置表格的对齐是对文本在单元格中的位置、文字方向，以及文字和文字与单元格的距离进行设置，从而达到调整和美化表格的效果。下面介绍在"基本信息表 5.docx"文档中设置表格对齐方式的方法，操作步骤如下。

设置对齐方式

素材：素材 \ 第 3 章 \ 基本信息表 5.docx

效果：效果 \ 第 3 章 \ 基本信息表 5.docx

STEP 1 **设置文本居中对齐**

❶在表格左上角单击"选择表格"按钮，选择整个表格；❷在【表格工具 布局】/【对齐方式】组中单击"水平居中"按钮。

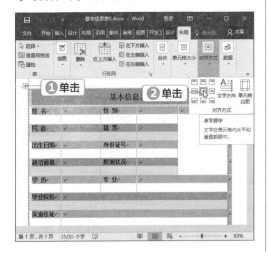

STEP 2 **更改文字方向**

❶选择"教育经历"单元格；❷在【表格工具 布局】/【对齐方式】组中单击"文字方向"按钮，文字由横向变为竖向，单元格大小出现细微变动。

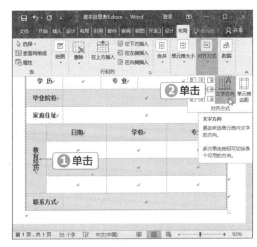

3.3 表格的高级功能

　　除了一些简单的编辑功能，在某些 Word 文档中，还会用到制作斜线表头、自动编号、简单计算、排序和表格与文本相互转换等表格的高级功能。这些功能使 Word 也能制作一些如统计表等展示数据的表格，并且提高制作表格的速度。本节将主要介绍使用表格的高级功能来制作表格的方法。

3.3.1 表格与文本相互转换

　　为了提高文档的制作效率，在制作表格类文档时，可将已有的文本内容转换成表格，或者将表格转换成文本内容，简化表格的制作流程。在表格与文本转换的过程中，分隔符起到了重要的作用。下面介绍具体内容。

● 表格转换为文本：将表格转换成文本简化了输入流程，可快速应用表格中的文本内容。具体操作方法为：❶选择表格中的任意单元格；❷在【表格工具 布局】/【数据】组中单击"转换为文本"按钮；❸再在打开的"表格转换成文本"对话框的"文字分隔符"栏中选择需要的分隔方式；❹单击"确定"按钮。

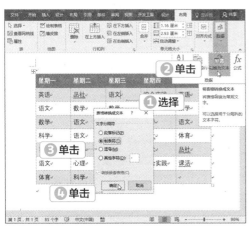

● 文本转换为表格：文本转换成表格也是为了简化制作流程，在工作和学习中也更常用。具体操作方法为：❶拖动鼠标选择要转换成表格的文本；❷在【插入】/【表格】组中单击"表格"按钮；❸再在打开的下拉列表中选择"文本转换成表格"选项；❹在打开的"将文字转换成表格"对话框的"表格尺寸"栏的"列数"数值框中输入相应列数，单击"确定"按钮即可。

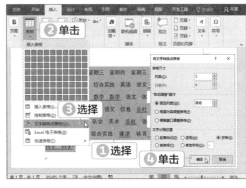

星期一	星期二	星期三	星期四	星期五
英语	品社	语文	综合实践	英语
语文	数学	数学	综合实践	数学
数学	语文	体育	数学	语文
科学	语文	信息	品社	体育
写字	音乐	队会	美术	品社
语文	心理	体育	综合实践	课活
体育	科学	科学		

3.3.2 制作表头斜线——在工资统计表中添加表头斜线

制作表头斜线

表头斜线是表头项目的分割线，绘制在表格左上角的第一个单元格中，起到分隔类目的作用。绘制表头斜线的方法有多种，但是很多用户在实际制作表头斜线时却不能很好地运用。下面介绍在"工资统计表 .docx"文档中插入表头斜线的方法，操作步骤如下。

素材：素材\第3章\工资统计表 .docx
效果：效果\第3章\工资统计表 .docx

STEP 1 设置斜线样式

❶打开"工资统计表 .docx"文档，使用鼠标单击表格左上角的单元格定位光标；❷选择【表格工具 设计】/【边框】组，单击"边框样式"的下拉按钮；❸在打开的下拉列表中选择"单实线，1/2pt"选项。

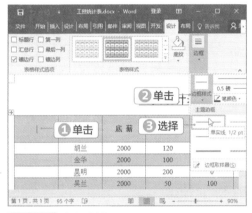

STEP 2 插入斜线

❶选择【边框】组，单击"边框"的下拉按钮；❷在打开的下拉列表中选择"斜下框线"选项，完成表头斜线的插入。

技巧秒杀

删除表头斜线

在【表格工具 布局】/【绘图】组中单击"橡皮擦"按钮，此时鼠标指针显示为"橡皮擦"样式，在斜线上拖动或双击鼠标即可擦除斜线。此方法也适用于删除单元格四周的边框线。

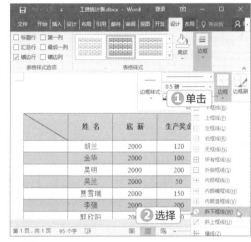

STEP 3 输入内容

❶将光标定位到斜线表头所在的单元格，输入文本"基本项"；❷选择【表格工具 布局】/【对齐方式】组，单击"靠上右对齐"按钮；❸按两次【Enter】键，输入文本"序号"，并设置其为左对齐。

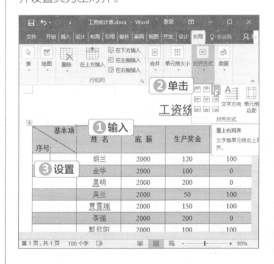

3.3.3 表格自动编号——为工资统计表编号

表格自动编号

一些列表式的表格，如商品清单、成绩排名等，经常使用 Excel 表格制作，但在 Word 中，也可对表格进行自动编号设置，减少烦琐的输入。下面介绍在"工资统计表 1.docx"文档中对表格进行自动编号的方法，操作步骤如下。

素材：素材 \ 第 3 章 \ 工资统计表 1.docx

效果：效果 \ 第 3 章 \ 工资统计表 1.docx

STEP 1 插入编号

❶拖动鼠标选择第 1 列第 2 行至倒数第 2 行的单元格；❷在【开始】/【段落】组中单击"编号"的下拉按钮；❸在打开的下拉列表中选择"编号对齐方式：居中"选项。

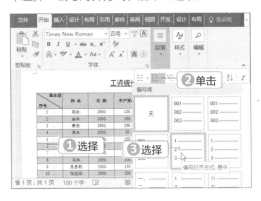

STEP 2 查看编号效果

在编辑区中查看设置效果，完成编号设置。

工资统计表

单位：元

基本项 序号	姓 名	底 薪	生产奖金	全勤奖金	加班津贴	应发工资
1	胡兰	2000	120	100	200	
2	金梅	2000	100	0	100	
3	黎明	2000	0	100	0	
4	吴芸	2000	50	100	50	
5	贾霞霞	2000	150	100	50	
6	李骚	2000	200	0	140	
7	郭欧阳	2000	100	100	160	
8	马萍	2000	100	100	80	
9	吴易郡	2000	150	0	70	
10	张选洪	2000	200	0	110	
11						
12						
合 计						

技巧秒杀

删除编号后自动依次编号的效果

删除其中一个编号时，并不会造成编号的缺失，而是会将之后的编号依次调整为缺失的编号，使编号依然连续。

3.3.4 表格的计算功能——计算工资统计表的应发工资

表格的计算功能

虽然 Word 中没有像 Excel 表格的快速统计和复杂函数功能，但也可以使用公式计算简单的数据，制作一些简单的统计表。下面介绍在"工资统计表 2.docx"文档中计算应发工资的方法，操作步骤如下。

素材：素材 \ 第 3 章 \ 工资统计表 2.docx

效果：效果 \ 第 3 章 \ 工资统计表 2.docx

STEP 1 选择公式

❶打开"工资统计表 2.docx"文档，在"应发工资"单元格下的空白单元格中单击鼠标；❷选择【表格工具 布局】/【数据】组，单击"公式"按钮。

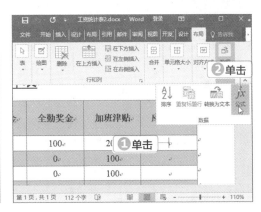

STEP 2　设置左侧求和函数

❶在打开的"公式"对话框的"公式"栏中保持默认的左侧求和函数"SUM(LEFT)"；❷在"编号格式"栏的下拉列表框中选择"0.00"选项；❸单击"确定"按钮。使用相同的方法求出其余应发工资。

的下拉列表框中选择"0.00"选项；❸单击"确定"按钮。

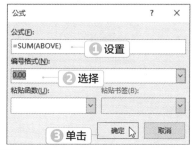

STEP 4　完成工资统计

查看右下角得到的应发工资合计，完成统计表的制作。

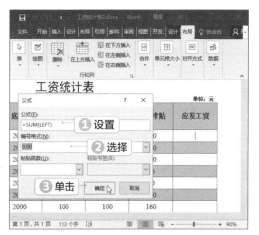

STEP 3　设置上方求和函数

❶单击右下角的单元格，打开"公式"对话框，在"公式"栏中保持默认的上方求和函数"SUM(ABOVE)"；❷在"编号格式"栏

工资统计表

序号	基本项 姓 名	本 薪	生产奖金	全勤奖金	加班津贴	应发工资
1	胡兰	2000	120	100	200	2420.00
2	金华	底 00	100	0	0	2200.00
3	吴明	2000	200	0	100	2300.00
4	吴兰	2000	50	100	50	2200.00
5	惠雪瑞	2000	150	100	50	2300.00
6	李强	2000	200	0	140	2340.00
7	郭欣阳	2000	100	100	160	2360.00
8	马洋	2000	100	100	80	2280.00
9	吴易联	2000	150	0	70	2220.00
10	张逸阳	2000	200	0	110	2310.00
11						
12						
合　计						22930.00

单位：元

3.4　认识和创建图表

图表是以图形方式来展示数字和数字之间的变化，它可使数据的表示更加直观，使数据的分析更为方便。由于显示数字的图形是以数据表格为基础生产的，所以叫作图表。针对不同的数据类型，可选择不同的图表类型，更好地展示数据。本节将主要介绍图表的分类和应用范围，以及图表的创建方法。

3.4.1　图表的组成结构

图表是根据数据创建而来的，每一个数据在图表中都有与之相对应的数据点，从而展示数据的走势。图表主要由图表区域及区域中的图表对象组成。下面以柱形图为例，介绍图表各个组成部分的具体内容。

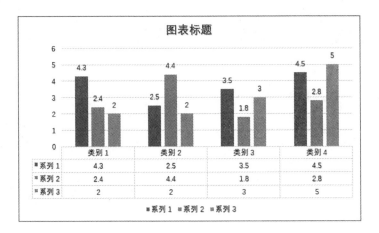

- **图表标题**：图表标题是说明性的文本，说明图表的基本信息，可以自动与坐标轴对齐或在图表顶部居中。
- **坐标轴**：坐标轴是图表最基本的组成部分，同时也是界定图表绘图区的线条，用作度量的参照框架。坐标轴常称之为 x 轴、y 轴，x 轴包含数据的类型，被称为分类轴；y 轴包含数据，被称为数值轴。
- **网格线**：网格线以坐标轴的刻度为参照，贯穿整个绘图区，在图表中起到参考对比的作用，根据图表类型的不同，可水平或竖直设置网格线。
- **数据系列**：数据系列是指数据的分类，如考试科目分为语文、数学、外语等，其显示的数据就是指成绩，在图表的图例中表

示。数据系列一般有多个，但也可以只有一个，如饼图只有一个数据系列。
- **绘图区**：绘图区就是图表显示的区域，在二维图表中，通过轴来界定的区域，包括所有数据系列。在三维图表中，同样是通过轴来界定的区域，包括所有数据系列、分类名、刻度线标志和坐标轴标题。
- **图例**：图例是一个颜色框加上数据系列，表示每个数据系列用指定的颜色框或图案来表示。
- **数据标签**：数据标签是为每项数据添加一个标签，用于显示数据的具体值。
- **数据表**：数据表是将每项图例与类别的数据对应排列的一个表格，以表格的形式展示图表数据。

3.4.2　创建图表——创建销售额图表

图表的作用是形象地展示数据的趋势，所以创建图表就需要选择数据内容，并设置数据系列和数据类别。下面将在"销售部季度总结.docx"文档中创建一个销售额图表，操作步骤如下。

创建图表

 素材：素材 \ 第 3 章 \ 销售部季度总结 .docx

效果：效果 \ 第 3 章 \ 销售部季度总结 .docx

STEP 1　单击插入图表

❶打开"销售部季度总结 .docx"文档，

单击鼠标选择第 3 段"过去一季"前的空白行；
❷在【插入】/【插图】组中单击"图表"按钮。

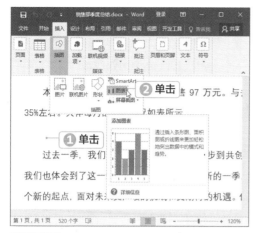

STEP 2　选择插入的图表

①在打开的"插入图表"对话框的"所有图表"选项卡中选择"饼图"选项；②在右侧窗口中选择第2个"三维饼图"选项；③单击"确定"按钮。

STEP 3　打开表格窗口

在插入点后插入三维饼图，同时打开"Microsoft Word 中的图表"的Excel表格窗口。

STEP 4　更改数据

①选择 A5:B5 单元格区域，按【Delete】键删除内容；②将鼠标指针放在 B5 单元格右下角的拖动点，当鼠标指针变为斜下双箭头时向上拖动一行；③选择 B1 单元格，输入文本内容"销售额（万元）"，使用相同的方法依次更改 A2:B4 单元格区域的文本内容，效果如下图所示。

STEP 5　添加数据标签

①单击 Excel 表格窗口右上角的"关闭"按钮 ×，三维饼图变为所设置的数据内容和样式，拖动四角的圆形控制点，调整图表大小；②在图标右侧单击"图表元素"按钮 +，在打开的列表中单击选中"数据标签"复选框，显示每月销售额，完成图表创建。

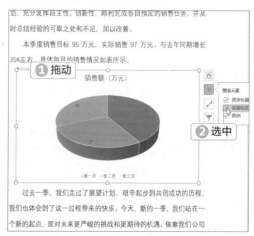

3.5 编辑与美化图表

　　同"插入"选项卡中的其他对象一样，图表也可以进行文本编辑和样式设计，且在图表中可修改和增删数据，更改类别和系列数目，及时调整数据。图表的美化同其他对象一样，除了可设置排列、形状样式和艺术字样式外，还可设置图表样式。本节将介绍对文档中插入的图表进行编辑和美化的操作。

3.5.1　编辑图表数据——编辑销售额图表数据

　　当发现输入错误需要修改数据或需要更新数据时，创建后的图表就需要进行编辑修改，保证文档的有效性。下面介绍为"零售业区域结构分析.docx"文档中的图表进行编辑，操作步骤如下。

编辑图表数据

素材：素材 \ 第 3 章 \ 零售业区域结构分析 .docx
效果：效果 \ 第 3 章 \ 零售业区域结构分析 .docx

STEP 1　选择数据

　　❶打开"零售业区域结构分析.docx"文档，选择第 1 页中底端的柱形图图表；❷在【图表工具 设计】/【数据】组中单击"选择数据"按钮。

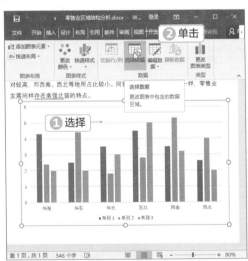

STEP 2　选择数据类型

　　❶在打开的Excel表格窗口中选择A1:B7单元格区域；❷在打开的"选择数据源"对话框中单击"确定"按钮，关闭Excel表格。

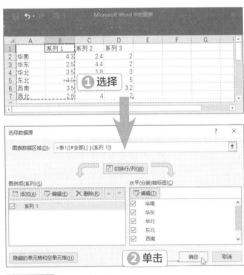

STEP 3　查看效果

　　返回 Word 编辑区，查看完成的效果。

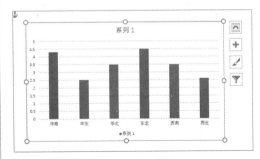

STEP 4　更改数据系列及数据

　　❶选择【图表工具 设计】/【数据】

组，单击"编辑数据"的下拉按钮，在打开的下拉列表中选择"编辑数据"选项；❷在打开的 Excel 表格窗口中选择 B1 单元格，输入文本"零售业区域销售比例"；❸在 B2:B7 单元格区域中依次输入数据"29%""27%""22%""14%""5%""3%"。

STEP 5 **完成数据更改**

关闭 Excel 表格，返回 Word 编辑区，更改标题为"零售业区域销售结构"，在图标右侧单击"图表元素"按钮+，在打开的列表中单击选中"数据标签"复选框，显示比例，完成数据更改。

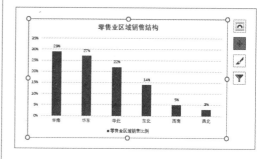

3.5.2 更改图表类型——更换销售额图表类型

制作图表时第一次选择的图表不一定合适，可能需要进行更改，替换为其他类型的图表。下面将"零售业区域结构分析 1.docx"文档的图表更改类型，操作步骤如下。

更改图表类型

素材：素材 \ 第3章 \ 零售业区域结构分析 1.docx
效果：效果 \ 第3章 \ 零售业区域结构分析 1.docx

STEP 1 **选择更改图表**

❶选择"零售业区域销售结构"图表；❷选择【图表工具 设计】/【类型】组，单击"更改图表类型"按钮。

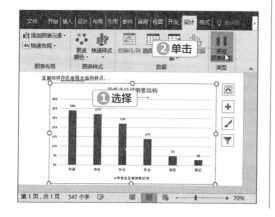

STEP 2 **更改图表**

❶在打开的"更改图表类型"对话框中选择"饼图"选项；❷在右侧窗口中选择"圆环图"选项；❸单击"确定"按钮。

STEP 3 查看更改效果

返回 Word 页面编辑区，查看图表更改后的效果，完成图表的更改。

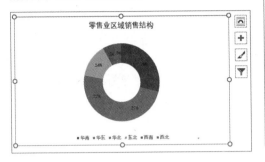

3.5.3 设置图表排列——设置销售额图表与文本混排

插入的图表默认为嵌入型，在文档中没有设置对齐，也没有设置大小和文字环绕，可能使文档美观程度受到影响。下面介绍在"零售业区域结构分析2.docx"文档中排列图表的方法，操作步骤如下。

设置图表排列

 素材：素材＼第3章＼零售业区域结构分析 2.docx
效果：效果＼第3章＼零售业区域结构分析 2.docx

STEP 1 调整图表大小

选择"零售业区域销售结构"图表，使用鼠标拖动四角的圆形控制点，调整图表大小至合适位置。

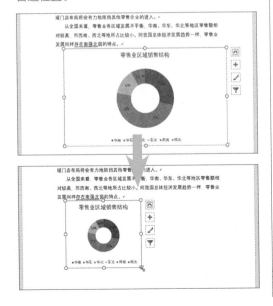

STEP 2 设置文字环绕

❶选择【图表工具 格式】/【排列】组，单击"排列"按钮，在打开的下拉列表中单击"环绕文字"按钮；❷在打开的子列表中选择"紧密型环绕"选项。

STEP 3 移动图表并设置对齐

❶使用鼠标将图表拖动至第一段末行位置；❷选择【图表工具 格式】/【排列】组，单击"排列"按钮，在打开的下拉列表中单击"对齐"按钮；❸在打开的下拉列表中选择"右对齐"选项。

第
1
部
分

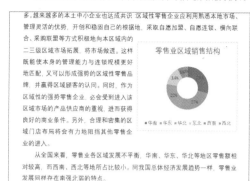

STEP 4 查看效果

返回工作界面，查看设置图表排列后的效果。

3.5.4 设置样式——快速美化电影票房统计图表

图表中包含众多元素，在 Word 中，可分别进行图表样式、形状样式和艺术字样式的设置，从而美化图表。下面介绍在"电影票房统计.docx"文档中为图表设置样式的方法，操作步骤如下。

设置样式

素材：素材 \ 第3章 \ 电影票房统计.docx

效果：效果 \ 第3章 \ 电影票房统计.docx

STEP 1 更改图表样式

①打开"电影票房统计.docx"文档，选择"电影票房收入情况"图表；②在【图表工具 设计】/【图表样式】组中单击"快速样式"按钮；③在打开的下拉列表中选择"样式 4"选项。

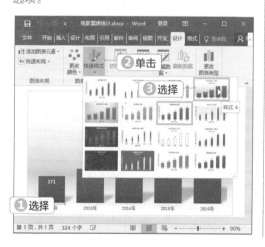

STEP 2 更改图表颜色

①选择【图表工具 设计】/【图表样式】组，单击"更改颜色"按钮；②在打开的下拉列表的"单色"栏中选择"单色调色板 2"选项。

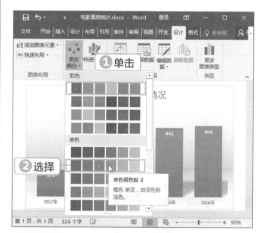

STEP 3 查看图表样式效果

返回工作界面，即可看到更改图表样式和颜色后的效果。

STEP 4　更改形状样式

　　选择【图表工具 格式】/【形状样式】组，单击"其他"按钮，在打开的下拉列表中选择"强烈效果 – 灰色，强调颜色 3"选项。

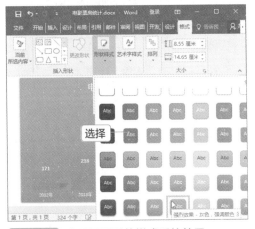

STEP 5　查看设置形状样式后的效果

　　返回工作界面，即可看到更改形状样式后的背景效果。

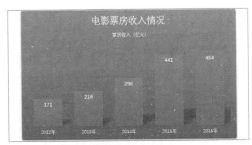

STEP 6　更改艺术字文本效果

　　①选择【图表工具 格式】/【艺术字样式】组，单击"文本效果"按钮；②在打开的下拉列表中选择"阴影"选项，再在打开的子列表的"外部"栏中选择"偏移：中"选项，完成

图表中所有文本的艺术字设置。

STEP 7　完成样式设置

　　返回工作界面，查看艺术字及图表样式效果，完成图表样式设置。

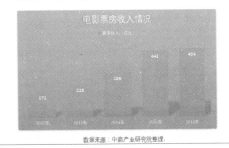

技巧秒杀

使用快速样式的其他方法

　　在 Word 2016 中，选择图表后，在其右侧会出现四个快捷按钮，使用其中的"图表样式"按钮，同样可以快速更改图表元素和应用图表样式。

3.5.5　设置图表布局——布局期末考试总结图表

设置图表布局

设置图表布局是对图例、网格线和坐标轴等图表的组成结构进行排版设置的过程，主要是起到美化和便于查看数据的作用。下面介绍在"期末考试总结.docx"文档中调整图表的布局的方法，操作步骤如下。

素材：素材\第3章\期末考试总结.docx
效果：效果\第3章\期末考试总结.docx

STEP 1　快速布局图表

❶打开"期末考试总结.docx"文档，选择"成绩分析"图表；❷在【图表工具 设计】/【图表布局】组中单击"快速布局"按钮；❸在打开的下拉列表中选择"布局2"选项。

STEP 2　修改图例

❶选择【图表工具 设计】/【图表布局】组，单击"添加图表元素"按钮；❷在打开的下拉列表中选择"图例"选项；❸在打开的子列表中选择"右侧"选项。

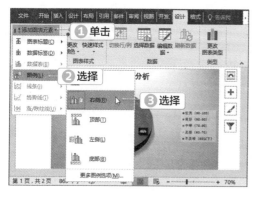

STEP 3　显示数据标签

❶选择【图表工具 设计】/【图表布局】组，单击"添加图表元素"按钮；❷在打开的下拉列表中选择"数据标签"选项；❸在打开的子列表中选择"居中"选项。

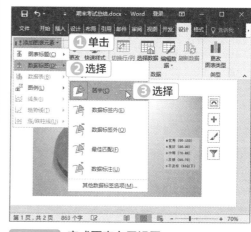

STEP 4　完成图表布局设置

返回工作界面，即可看到更改图表元素布局后的效果。

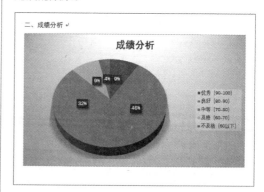

高手竞技场——在 Word 中应用表格与图表

1. 制作"个人简历"表格文档

在"个人简历.docx"文档中编辑和美化表格，要求如下。

- 打开"个人简历.docx"文档，为第 2 页的表格设置"网表格 2- 着色 6"表格样式。
- 使用"在下方插入行"命令为"项目、时间、工作描述"栏添加一行填写栏。
- 选择"工作经历"栏中的所有单元格，设置对齐方式为"水平居中"，设置栏中的 3 列单元格平均分布；设置个人特长下一行的表格行高为"3 厘米"，为兴趣爱好的下一行设置相同高度。
- 拆分教育程度下方右侧的 5 行空白单元格，拆分为 2 列 5 行；合并拆分后最右侧的 5 行单元格，拖动列线到合适位置，用于放置寸照。

2. 编辑美化"移动广告分析"文档中的图表

在"移动广告分析.docx"文档中编辑图表、设置图表样式及排列，要求如下。

- 打开"移动广告分析.docx"文档，选择图表"2012—2016 移动广告市场规模"，使用编辑数据删除系列三的整个列。
- 将图表类型更改为组合中的"簇状柱形图 – 次坐标轴上的折线图"；在快速样式中选择"样式 8"图表样式。
- 使用快速布局中的"布局 5"，设置图表布局；将左侧的坐标轴标题改为"亿元"，并移动到合适位置。
- 在编辑数据窗口中为"移动广告增长率"的数据添加百分号，变为百分比。
- 设置图表对齐方式为"水平居中"。

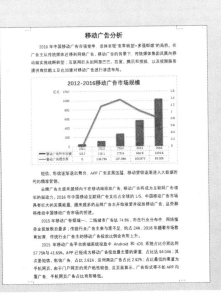

第1部分

第4章

文档的高级排版与审校

/ 本章导读

　　一篇优秀的文档，除了有出彩的文字内容，还需要有与之相映衬的排版设计，在 Word 2016 中常用的排版包括样式设置、页眉页脚的使用和分栏等。审校则是文档完成后的一个重要流程，其目的在于检查文档制作过程中出现的各种问题。本章将对排版样式、页面排版、高级排版、制作目录和封面以及审校文档内容分别进行介绍。

4.1 样式的使用

Word 排版是对文档中的文本、对象等进行字符格式、段落格式和对齐方式等的设置，将这些格式存储起来，即为一种样式。使用样式可以快速为相同类别的文本内容设置统一的格式，从而达到美化文档的作用。本节将主要介绍新建、管理样式的一些基本操作，以及应用、修改样式的操作方法。

4.1.1 新建样式

Word 2016 为用户提供了一些默认的样式，但在制作文档的过程中经常会用到一些其他样式，这时就需要新建并保存该样式，以便接下来继续使用。

在 Word 2016 中新建样式有两种情况，一种是在文件编辑区已经设置好文本格式后，❶选择该文本段落；❷在【开始】/【样式】组中单击"其他"按钮，再在打开的下拉列表中选择"创建样式"选项；❸然后在打开的"根据格式化创建新样式"对话框中命名样式；❹单击"确定"按钮，即可新建一个样式。

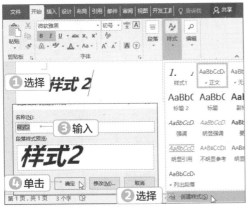

另一种情况是在制作文档前，统一设置好各部分的样式，此时单击【开始】/【样式】组的"对话框启动器"按钮，在打开的"样式"面板中单击"新建样式"按钮，再在打开的"根据格式化创建新样式"对话框中设置文本的属性和格式，预览设计效果后单击"确定"按钮，完成样式的新建。

技巧秒杀

格式刷在样式中的使用

在Word文档中，存在着很多相同级别的文本内容，除了在【开始】/【样式】组中为其应用相同的样式这种方法，还可以使用格式刷这种常见的方法，方法如下：在需要复制的文本样式上单击鼠标，使定位点定位在其中，再在【开始】/【剪贴板】组中单击"格式刷"按钮，然后拖动鼠标选择要应用该样式的文本内容即可；但这种方法只能使用一次，如果要为多个文本应用该样式，则双击"格式刷"按钮，可重复为其他要使用该样式的文本应用样式。

4.1.2 样式的应用和修改——排版活动方案

样式的应用和修改

应用 Word 默认或者新建的样式，只需选择需要的样式即可，省去了许多制作的流程。在应用样式后，可对所应用的样式进行字体、段落等格式的修改，使其更加符合用户的要求。下面为"活动方案.docx"文档中的标题和小标题分别应用不同的样式，并对不符合需求的样式进行修改，操作步骤如下。

素材：素材\第4章\活动方案.docx

效果：效果\第4章\活动方案.docx

STEP 1 应用标题样式

❶打开"活动方案.docx"文档，将文本插入点定位到正文第一行"活动方案"中；❷选择【开始】/【样式】组，单击"样式"按钮；❸在打开的下拉列表中选择"标题"选项。

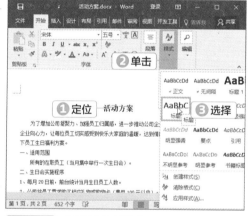

STEP 2 应用标题1样式

❶将插入点定位到"一、适用范围"中；❷在【开始】/【样式】组中单击"对话框启动器"按钮，再在打开的"样式"窗格中单击选择"标题1"选项。

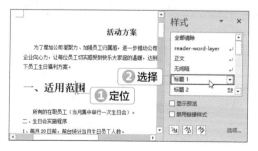

STEP 3 为其他文本应用样式

使用相同的方法为文本"二、生日会实施程序"设置相同的样式，完成后的效果如下图所示。

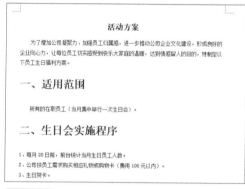

STEP 4 选择"修改"选项

❶将光标定位到任意一个使用"标题1"样式的段落中，这里定位到文本"一、适用范围"；❷系统自动选择"样式"组列表框中的"标题1"选项，在选项右侧单击其下拉按钮；❸在打开的下拉列表中选择"修改"选项。

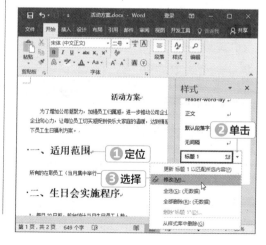

第1部分

STEP 5　更改字体样式

❶打开"修改样式"对话框，在"格式"栏中设置字体为"宋体（中文标题）"，字号为"小四"；❷单击"格式"按钮；❸在打开的下拉列表中选择"段落"选项。

STEP 6　设置间距

❶打开"段落"对话框，在"间距"栏的"段前"数值框中输入"5 磅"，"段后"数值框中输入"4.5 磅"；❷在"行距"下拉列表框中选择"单倍行距"选项；❸单击"确定"按钮。

STEP 7　完成样式修改

返回"修改样式"对话框，单击选中"自动更新"复选框，单击"确定"按钮。返回文档，可看到文档中应用相同样式的文本格式已发生改变。

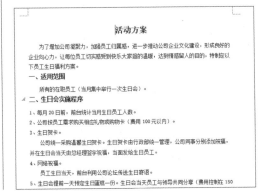

4.1.3　管理样式——导出活动方案样式

使用样式管理，用户可以将当前文档使用的样式应用到其他文档中。此外，通过样式管理也可以对样式进行修改、隐藏、限制等操作。下面将"活动方案1.docx"文档中设置的样式导出到共用模板，操作步骤如下。

管理样式

素材：素材 \ 第 4 章 \ 活动方案 1.docx
效果：无

STEP 1　选择管理样式

❶打开"活动方案 1.docx"文档，选择【开始】/【样式】组，单击"对话框启动器"按钮；❷在打开的"样式"窗格中单击"管理样式"按钮。

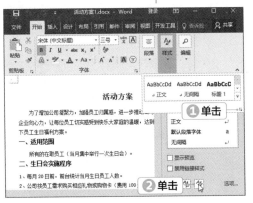

STEP 2 选择导出命令

打开"管理样式"对话框，在对话框左下角单击"导入/导出"按钮。

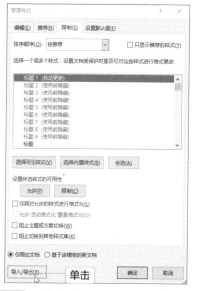

STEP 3 导出样式

❶打开"管理器"对话框，在"样式"选项卡左侧的"在活动方案 1.docx 中"的列表框中选择要导出的样式，这里选择"标题 1"选项；❷单击"复制"按钮，样式即被导出

至 Normal.dotm（共用模板）中。

STEP 4 使用导出文档

❶单击"关闭"按钮，同时关闭文档，打开其他任意文档，使用上述方法打开"管理器"对话框，在"样式"栏右侧可看到导出的"标题 1"样式，选择该样式；❷单击"复制"按钮，可将样式导入至文档中。

4.2　文档的页面排版

在一篇文档中，除了可以对文本内容和对象进行排版外，还可以对文档页面的显示进行设置，如制作页眉页脚、插入页码和分隔符、设置页面背景等，从而使整个文档结构更加清晰，便于阅读。本节将详细介绍设计和制作文档页面的操作方法。

4.2.1　制作页眉页脚——为毕业论文插入页眉页脚

进行文档编辑时，可在页面的顶部或底部区域，即页眉或页脚处插入文本、图形等内容，如文档标题、公司标志、文件名或日期等对象。下面在"毕业论文 .docx"文档中插入页眉页脚。首先插入并设置奇偶页不同的页眉，然后插入页脚、设置页眉的字体，并取消页眉下的横线，操作步骤如下。

制作页眉页脚

素材：素材 \ 第 4 章 \ 毕业论文 .docx

效果：效果 \ 第 4 章 \ 毕业论文 .docx

STEP 1　插入内置页眉

❶打开"毕业论文 .docx"文档，在第二页任意位置单击鼠标，选择【插入】/【页眉和页脚】组，单击"页眉"按钮；❷在打开的下拉列表的"内置"列表框中选择"网格"选项。

STEP 2　输入偶数页页眉文本

❶选择【页眉和页脚工具 设计】/【选项】组，单击"选项"按钮；❷在打开的下拉列表中选择"奇偶页不同"复选框；❸在任意偶数页页眉中输入论文标题"降低企业成本途径分析"，从而设置奇偶页不同的页眉效果。

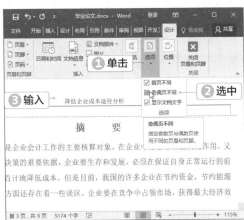

STEP 3　插入内置页脚

❶选择偶数页页脚，在【页眉和页脚工具 设计】/【页眉和页脚】组中单击"页脚"按钮；❷在打开的下拉列表的"内置"栏中选择"花丝"选项，使用相同的方法，为奇数页设置相同的页脚。

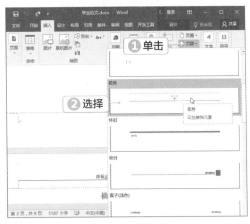

STEP 4　设置页脚的底端距离

❶选择【页眉和页脚工具 设计】/【位置】组，单击"位置"按钮；❷在打开的下拉列表中设置页脚底端距离为"1 厘米"；❸单击"关闭页眉和页脚"按钮。

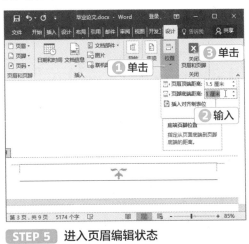

STEP 5　进入页眉编辑状态

❶选择【插入】/【页眉和页脚】组，单击"页眉"按钮；❷在打开的下拉列表中选择"编辑页眉"选项。

81

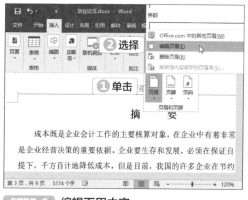

STEP 6 编辑页眉内容

❶选择偶数页页眉中的文本内容；❷在【开始】/【字体】组中将字号设置为"小四"，颜色设置为"蓝色，个性色 1"。

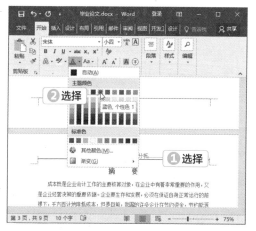

操作解谜

在页眉页脚中插入对象

内置的页眉和页脚已经设置好了对象样式，而通过【页眉页脚工具】/【插入】组，可以插入日期和时间、文档信息、文档部件和图片，自定义页眉页脚。

STEP 7 消除页眉边框

❶选择【开始】/【段落】组，单击"边框"的下拉按钮；❷在打开的下拉列表中选择"无框线"选项，为页眉去除文字下方的边框线。

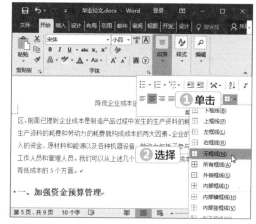

STEP 8 消除奇数页页眉边框线

选择奇数页页眉中的文本内容，使用相同的方法，为奇数页的页眉消除边框线。

STEP 9 查看页眉页脚效果

在"设计"选项卡中单击"关闭页眉和页脚"按钮退出页眉和页脚视图。返回文档，可看到设置页眉和页脚后的效果。

4.2.2　插入分隔符和页码——完善策划案文档

分隔符包括分页符和分节符，分页符的作用是标记一页结束与下一页开始的位置，分节符的作用是标志结束一节开始新节。而页码用于显示文档的页数，首页一般不显示页码。使用分隔符与页码，可以使文档结构更加清晰。下面将为"策划案 .docx"文档插入分隔符和页码，完善文档结构，操作步骤如下。

插入分隔符和页码

素材：素材 \ 第 4 章 \ 策划案 .docx

效果：效果 \ 第 4 章 \ 策划案 .docx

STEP 1　插入分节符

❶打开"策划案 .docx"文档，将光标定位到第 1 页"摘要"文本的左侧；❷选择【布局】/【页面设置】组，单击"分隔符"按钮；❸在打开的下拉列表的"分节符"栏中选择"下一页"选项，将摘要调至第 2 页，并从第 2 页开始新节。

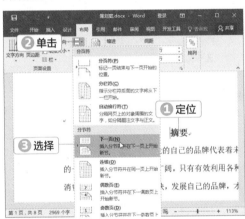

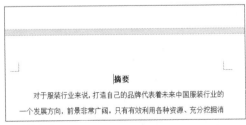

STEP 2　插入分页符

❶将光标定位到第 2 页标题"服装销售策划案"文本的左侧；❷选择【布局】/【页面设置】组，单击"分隔符"按钮；❸在打开

的列表的"分页符"栏中选择"分页符"选项，将标题调至第 3 页。

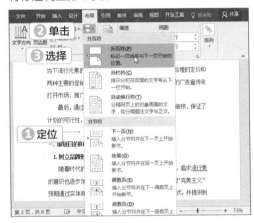

STEP 3　选择页码样式

❶选择【插入】/【页眉和页脚】组，单击"页码"按钮；❷在打开的下拉列表中选择"页边距"选项；❸在打开的子列表的"带有多种形状"栏中选择"圆（左侧）"选项。

STEP 4 **插入页码**

　　Word 自动在文档左侧插入所选格式的页码，效果如下图所示。

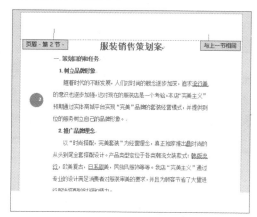

STEP 5 **设置首页不同**

　　选择【页眉和页脚工具 设计】/【选项】组，单击选中"首页不同"复选框。单击封面的页眉区域定位光标，使用相同的方法为封面设置首页不同。

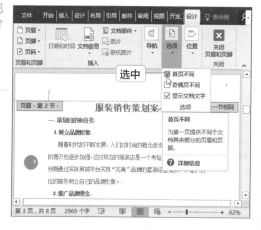

STEP 6 **设置起始页码**

　　❶单击第 3 页的页眉区域定位光标，选择【插入】/【页眉和页脚】组，单击"页码"按钮；❷在打开的下拉列表中选择"设置页码格式"选项；❸在打开的"页码格式"对话框的"页码编号"栏中的"起始页码"数值框中输入数值"0"；❹单击"确定"按钮。

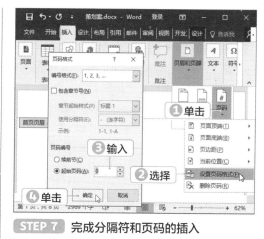

STEP 7 **完成分隔符和页码的插入**

　　返回文档编辑区，查看设置后的效果。

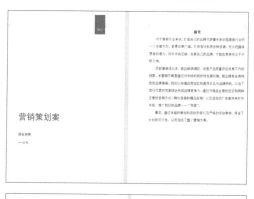

插入分页符的其他方法

　　除了在"页面设置"组中可以实现插入分页符，在【插入】/【页面】组单击"分页"按钮，也可以插入分页符。

4.2.3　设置页面背景

页面背景的设置，主要是对页面进行设置水印、添加页面颜色和页面边框的操作，主要起到保护文档和美化页面的作用。通过选择【设计】/【页面背景】组，即可在组中设置页面的背景。下面介绍具体内容。

1. 设置水印

水印是在页面中添加一排文字，包括"机密""紧急""免责声明"3 类内置类型。同时也可以自定义水印，其作用是注明文件的重要性、保护文件以及责任声明，从而引起人们的注意，操作方法为：选择【设计】/【页面背景】组，单击"水印"按钮，在打开的下拉列表中选择内置样式，同时，也可以在此列表中进行删除水印的操作。

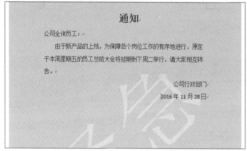

除了为页面设置文字水印，还可以添加图片水印，操作方法如下：❶选择【设计】/【页面背景】组，单击"水印"按钮，在打开的下拉列表中选择"自定义水印"选项，在打开的"水印"对话框中单击选中"图片水印"单选项，单击"选择图片"按钮选择图片；❷设置"缩放"栏为"自动"；❸单击"应用"按钮。

操作解谜

设置水印库

选择要制作水印的内容，在水印下拉列表中选择"将所选内容保存到水印库"选项，可将水印保存到水印库，以便重复使用自定义的水印。

2. 设置页面颜色

在一些封面或信函等文档中，经常需要对页面的背景进行色彩的设置，设置背景色主要起到装饰美化及突出内容的作用，操作方法如下：❶选择【设计】/【页面背景】组，单击"页面颜色"按钮；❷在打开的下拉列表的"主题颜色"和"标准色"栏中选择需要的颜色，或者可以选择其他颜色，设置更加好看的填充效果，同时，也可以选择"无颜色"选项，取消颜色填充。

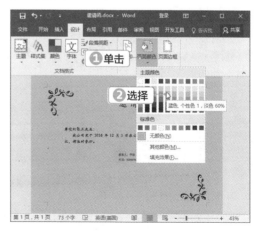

3. 设置页面边框

设置页面边框就是为页面设置框格，可用于制作明信片、邀请函等，主要起到框选内容、突出内容引起注意的作用，使观者将注意力集中到边框内的内容，操作方法为：选择【设计】/【页面背景】组，单击"页面边框"按钮，在打开的"边框与底纹"对话框中选择需要的边框样式，并可自定义边框颜色与粗细。

4.3 制作目录和封面

封面能够直观地表现文档的性质，使接触到的人能快速了解文档的一些基本信息；而目录则是一种常见的文档索引方式，一般包含标题和页码两个部分，通过目录，用户可快速知晓当前文档的主要内容，以及需要查询内容的页码位置。本节将主要介绍在文档中制作目录和封面的方法。

4.3.1 插入目录——为员工手册制作目录

Word 提供了添加目录的功能，无需用户手动输入内容和页码，在设置大纲级别的前提下，只需为对应内容设置需要的目录样式，便可提取出内容及页码。下面介绍为"员工手册.docx"文档插入目录的方法，操作步骤如下。

插入目录

 素材：素材\第4章\员工手册.docx
 效果：效果\第4章\员工手册.docx

STEP 1 新建空白页

❶打开"员工手册.docx"文档，单击鼠标选择前言上一行的空白行；❷在【插入】/【页面】组中单击"空白页"按钮。

操作解谜

提取目录的前提

在提取目录的过程中，经常发生有些标题目录没有被提取出来的现象，原因是该标题没有应用样式，或者样式应用错误，导致无法被提取出来。

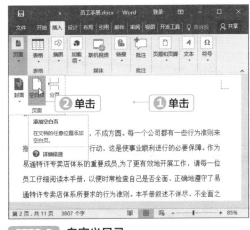

STEP 2 自定义目录

❶创建好空白页后，单击鼠标选择空白页

的第一行,在【引用】/【目录】组中单击"目录"按钮;❷在打开的下拉列表中选择"自定义目录"选项。

设置目录选项

❶打开"目录"对话框,单击"目录"选项卡,在"常规"栏的"显示级别"数值框中输入数值"3";❷单击选中"显示页码"复选框;❸单击选中"页码右对齐"复选框;❹单击"修改"按钮,完成目录选项设置。

STEP 4 **选择设置样式的目录**

❶打开"样式"对话框,在"样式"列表框中选择"目录 1"选项;❷单击"修改"按钮。

STEP 5 **修改目录样式**

❶打开"修改样式"对话框,在"格式"栏的"字体"下拉列表框中选择"黑体"选项;❷在"字号"下拉列表框中选择"12"选项;❸单击"加粗"按钮;❹单击"确定"按钮。

STEP 6　查看效果

返回"样式"对话框，单击"确定"按钮。返回"目录"对话框，单击"确定"按钮。此时在文档中插入了自定义样式的目录。

操作解谜

内置自动目录的区别

根据Word的提示，"自动目录1"的标签为"内容"，"自动目录2"的标签为"目录"。但从制作的效果上看，两者完全一样。

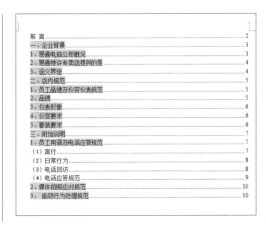

4.3.2　更新目录——更新员工手册目录

更新目录

当文档中的文本发生变化时，目录的内容和页码都有可能发生变化，因此需要对目录重新进行调整。使用"更新目录"功能可快速地更正目录，使目录和文档内容保持一致。下面将在"员工手册1.docx"文档中更新目录，操作步骤如下。

素材：素材\第4章\员工手册1.docx
效果：效果\第4章\员工手册1.docx

STEP 1　修改正文标题

❶在文档第4页中将"企业背景"修改为"公司背景"；❷选择【引用】/【目录】组，单击"更新目录"按钮。

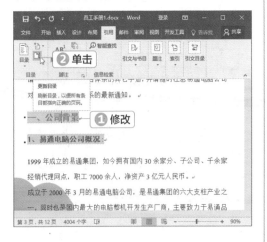

STEP 2　更新目录

❶在打开的"更新目录"对话框中单击选中"更新整个目录"单选项；❷单击"确定"按钮。

STEP 3　完成目录更新

返回目录页，即可看到目录中对应的标题已经被Word自动更新了。

第1部分

4.3.3 插入和编辑封面——制作宣传手册的封面

Word 2016 提供了精美的预设封面，可实现快速插入封面。插入预设的封面时，不论光标定位在文档的哪个位置，插入的封面总是位于文档的第 1 页。为文档插入封面后，需在其中输入标题文本，将该文档的内容在封面中展现。下面将在"宣传手册 .docx"文档中插入封面并完善封面内容，操作步骤如下。

插入和编辑封面

素材：素材 \ 第 4 章 \ 宣传手册 .docx

效果：效果 \ 第 4 章 \ 宣传手册 .docx

STEP 1 **插入"怀旧"封面样式**

❶打开"宣传手册 .docx"文档，选择【插入】/【页面】组，单击"封面"按钮；❷在打开的下拉列表中选择"怀旧"选项。

技巧秒杀

将封面保存到封面库

通过编辑和自定义后的封面，若想要保存下来，以便在之后的文档制作中应用，可全选封面，选择【插入】/【页面】组，单击"封面"按钮，在打开的下拉列表中选择"将所选内容保存到封面库"选项，在打开的"新建构建基块"对话框中命名封面样式，单击"确定"按钮。退出Word 2016时，该封面会被保存到"Building Blocks.dotx"。

STEP 2 **查看插入封面的效果**

在文档的第 1 页插入封面，该封面自动提取了文章中的标题、公司和地址，效果如下图所示。

STEP 3 **输入标题**

单击鼠标选择封面上方的"文档副标题"模块；然后在其中输入标题文本"——恩艺电器"，设置字号为"一号"，设置段落格式为"右对齐"。

第 **4** 章 文档的高级排版与审校

STEP 4　输入其他内容

选择"作者"模块，输入文本"创新融入生活"，设置字号为"初号"，然后将"公司名称"模块和"公司地址"模块中的文本字体设置为"方正楷体简体"，字号为"四号"。

制作。

STEP 5　查看封面效果

完成封面的插入和编辑，即完成封面的

4.4　文档排版的其他常用方法

除了简单的排版之外，还可以在一些特殊的文档中使用其他排版方法，制作出适合且有特色的文本效果，如双栏排版、首字下沉、带圈字符和添加脚注尾注等。本节将主要介绍使用特殊排版方法来制作文档的过程。

4.4.1　分栏排版——为寓言故事分栏

在日常的工作和学习中，常见的排版方式为单栏排版，而在一些报纸和杂志中，通常存在着双栏甚至多栏的情况，使用分栏，不仅起到了节约纸张的作用，还增加了一种文档的排版样式，让布局更加合理。下面介绍在"寓言故事.docx"文档中设置分栏排版的方法，操作步骤如下。

分栏排版

素材：素材\第4章\寓言故事.docx

效果：效果\第4章\寓言故事.docx

STEP 1　选择多栏

❶打开"寓言故事.docx"文档，选择【布局】/【页面设置】组，单击"栏"按钮；❷在打开的下拉列表中选择"更多栏"选项。

STEP 2　设置多栏

❶在打开的"栏"对话框的"预设"栏中选择"两栏"选项；❷单击选中"分隔线"复选框；❸在"宽度和间距"栏中的"间距"数值框中输入"2字符"，其余保持默认设置；❹单击"确定"按钮，完成双栏设置。

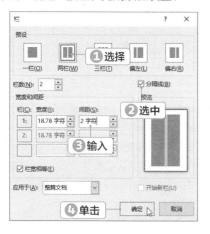

STEP 3　完成分栏设置

返回文件编辑区，查看分栏效果。

4.4.2　首字下沉

首字下沉作为一种文本艺术效果，主要是通过改变文章首行第一个字的字符格式和在文章中的位置，达到下沉的文字效果，从而美化文本。需要注意的是，要实现首字下沉的功能，则应用此效果的段落的文本不能有首行缩进。下面介绍具体内容。

● 下沉：下沉是指首字改变了字符格式，但其依然嵌入在文本之中，首字下边依然有文本，操作方法如下：❶选择【插入】/【文本】组，单击"首字下沉"按钮；❷在打开的下拉列表中选择"下沉"选项。

● 悬挂：悬挂是指首字改变了字符格式，同

时，该首字也会跳出段落左侧，形成悬挂在外的效果，操作方法如下：❶选择【插入】/【文本】组，单击"首字下沉"按钮；❷在打开的下拉列表中选择"悬挂"选项。

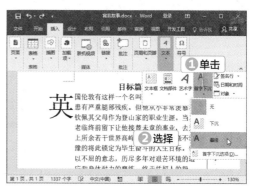

● **首字下沉选项**：首字下沉选项除了可以设置"下沉"和"悬挂"效果之外，还可以进一步设置首字的字体、下沉行数以及首字距正文多远，操作方法为：❶选择【插入】/【文本】组，单击"首字下沉"按钮，在打开的下拉列表中选择"首字下沉选项"选项，在打开的"首字下沉"对话框的"位置"栏选择下沉效果；❷在"选项"栏设置字体、下沉行数和距离等。

4.4.3 添加脚注和尾注

制作文档的过程中经常会出现一些生词或不熟悉的人名等，为方便读者了解，这时就需要插入脚注或尾注，脚注与尾注的功能相似，都是添加标注、解释字词，它们的区别主要是添加的位置不同，脚注一般是在当前页面的底部，而尾注一般是在文章末尾。下面介绍具体内容。

第1部分

● **脚注**：脚注在需要注释的文档中应用广泛，方便及时解答读者阅读时遇到的问题。脚注经常添加到页面底部，同时也可以添加在文字下方，在【引用】/【脚注】组中单击"插入脚注"按钮，光标将自动定位到脚注位置，根据需要输入脚注内容。每添加一个脚注内容，Word 都将自动为脚注进行编号，编号可以在一篇文档内连续，也可以分页分节重新排序。

● **尾注**：尾注是在一篇文章的末尾或节的结尾进行注释，对文本进行补充说明。插入方法是在【引用】/【脚注】组中单击"插入尾注"按钮即可，然后手动输入具体的注释内容。

了 一个孤儿悲惨的身世及遭遇，主人公奥立弗在孤儿院长大，经历学徒生涯，误入贼窝，又被迫与狠毒的凶徒为伍，历尽无数辛酸，最后在善良人的帮助下，获得了幸福。如同狄更斯的其他小说，本书揭露许多当时的社会问题，如救济院及帮派吸收青少年参与犯罪。本书曾多次改编为电影、电视及舞台剧。也罗曼·波兰斯基于 2005 年也曾将此书拍成电影。

¹罗曼·波兰斯基：1933 年 8 月 18 日出生于法国巴黎，毕业于罗兹电影学院，编剧、制作人。

操作解谜

脚注与尾注的序号

脚注和尾注的标记序号可以进行自定义创建，它可以是序号，也可以是某种符号，方法是在【引用】/【脚注】组中单击"对话框启动器"按钮，在打开的"脚注和尾注"对话框的"格式"栏中进行设置，在添加、删除或移动注释时，序号会重新按照顺序进行编号，序号可以整篇连续，也可以分节分篇连续。

4.5 文档排版的辅助功能

在一篇文档的制作过程中，经常会来回不断地检查，修改一些制作中的问题，但当一篇文档过长、内容过于繁杂时，查找与制作就变得十分困难，这时可以通过文档的辅助功能对文档进行定位查阅。本节将介绍使用导航窗格、大纲视图查看文档的方法，同时，多窗口对比查看文档，以及书签定位都是文档排版过程中经常使用的方法。

4.5.1 使用导航窗格——快速查看策划案文档

使用导航窗格，可以实现文档的定位查阅，而导航窗格是一个完全独立的窗格，由文档中各个不同等级的标题组成，显示整个文档的层次结构，通过导航窗格可以对整个文档进行快速浏览和定位。下面介绍在"企业文化建设策划案 .docx"文档中定位查阅文档的方法，操作步骤如下。

使用导航窗格

素材：素材 \ 第 4 章 \ 企业文化建设策划案 .docx
效果：无

STEP 1 打开导航窗格

打开"企业文化建设策划案 .docx"文档，选择【视图】/【显示】组，单击选中"导航窗格"复选框，此时将打开导航窗格的"标题"选项卡，在选项卡中可通篇预览文档的标题结构，效果如下图所示。

STEP 2 定位标题内容

在"标题"选项卡中选择某个文档标题快速定位到相应的标题下查看文档内容，如选择"（四）建设实施的原则"标题，文档快速跳转到"建设实施的原则"部分。

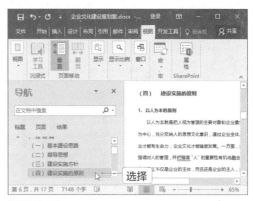

STEP 3 定位文档页面

在导航窗格中单击"页面"选项卡，可预览文档的页面，再在其中选择页面缩略图可定位至相对应页面。

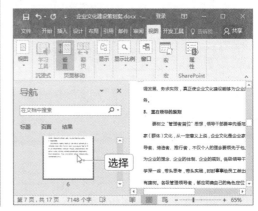

第 **4** 章 文档的高级排版与审校

4.5.2 使用大纲窗格——查看并调整策划案的文档结构

使用大纲窗格

默认情况下，文档的编辑与制作是在页面视图下进行的。其实除了页面视图，Word 还有阅读视图、Web 版式视图、大纲视图与草稿视图等。其中大纲视图可便于用户快速查看和设置文档标题级别，下面介绍在大纲视图中查看"企业文化建设策划案 .docx"文档的文档结构，然后调整不合适的结构，操作步骤如下。

素材：素材 \ 第 4 章 \ 企业文化建设策划案 .docx
效果：效果 \ 第 4 章 \ 企业文化建设策划案 .docx

STEP 1 进入大纲视图

选择【视图】/【视图】组，单击"大纲"按钮，将显示"大纲"选项卡。

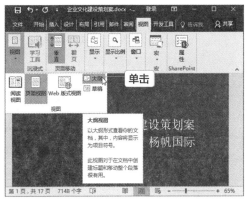

STEP 2 查看 1 级标题内容

选择【大纲】/【大纲工具】组，在"显示级别"下拉列表中选择"1 级"选项，此时，在大纲视图中只显示 1 级标题内容。

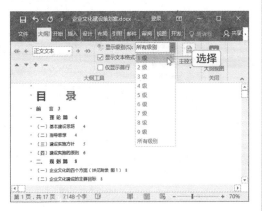

STEP 3 查看 2 级标题内容

在"显示级别"下拉列表中选择"2 级"选项，此时，大纲视图中会显示出 1 级和 2 级标题内容。

STEP 4 查看标题下的内容

在编辑区中，双击标题前面的⊕图标，此时将显示该标题下的正文内容。分段查看文本内容，避免过多的文字内容造成视觉混淆。再次双击图标可隐藏正文文本内容。

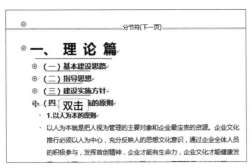

STEP 5 提升标题级别

将光标定位到"总结"文本中；在【大纲工具】组的"正文文本"下拉列表中选择"1级"选项，或单击左侧的"升级"按钮。

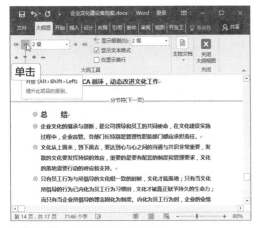

STEP 6 查看标题升级效果

此时"总结"文本将与其他1级标题文本

的位置对齐，在"总结"前输入文本"四、"，单击一次空格键。完成查阅后，在"关闭"组中单击"关闭大纲视图"按钮，退出大纲视图，返回普通视图，查看修改后的效果。

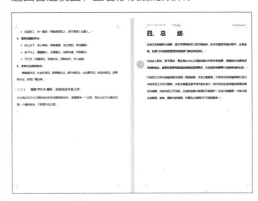

技巧秒杀

降低标题级别

降低标题级别与提升标题级别的方法类似，在【大纲工具】组的"正文文本"下拉列表中选择更低级别的选项，这种方法可以直接降低标题到任意级别；单击右侧的"降低"按钮，或者按【Alt+Shift+→】组合键，可逐级降低标题级别。

4.5.3 多窗口操作同一文档——更新市场调查报告的目录

在对文档进行前后文对比查看的时候，因为窗口的局限性，需要前后不断地翻看，既繁琐又达不到理想的效果。此时，在 Word 中可以使用多窗口操作，使用不同窗口打开同一个文档。下面介绍在"市场调查报告 .docx"文档中使用多窗口操作更改文档目录的方法，操作步骤如下。

多窗口操作同一文档

素材：素材\第 4 章\市场调查报告 .docx
效果：效果\第 4 章\市场调查报告 .docx

STEP 1 选择目录页

❶打开"市场调查报告 .docx"文档，选

择第 2 页目录页；❷在【视图】/【窗口】组中单击"新建窗口"按钮。

STEP 2 校对错误

此时会打开一个"市场调查报告 .docx:2"窗口，使用鼠标滚轮拖动页面，检查目录与正文中的标题是否一致。这里发现"四、竞争对手分析"中的内容与目录中的不一致，且文档页码显示错误。

技巧秒杀

多窗口间的关联

使用多窗口操作，窗口之间是有关联的，无论在哪个窗口中对文档内容进行操作，其余所有窗口中的内容都会跟着自动改变。

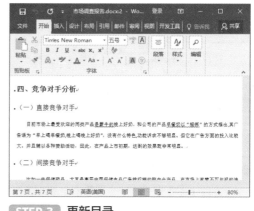

STEP 3 更新目录

①在"市场调查报告 .docx:2"窗口中选择目录，再在【引用】/【目录】组中单击"更新目录"按钮；②在打开的"更新目录"窗口中单击选中"更新整个目录"单选项；③单击"确定"按钮，完成目录更新。同时，另一个窗口中的本文档也完成了更新。

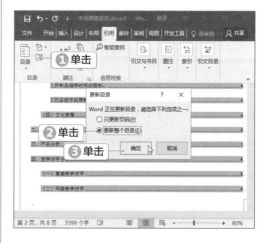

4.5.4 插入书签定位

使用导航窗格和大纲视图定位，只能定位到标题级别，并不能精确到某个字，或某个定位点，而使用书签，则可以实现对段落、词语，甚至是字和定位点的精确定位，便于查看文档内容。操作方法为：①选择需要定位的文本，或者单击定位点，在【插入】/【链接】组中单击"书签"按钮，打开"书签"对话框，在"书签名"文本框中输入书签名称，这里输入"乳品毛利率"；❷单击"添加"按钮，完成书签的添加，并自动打开对话框。

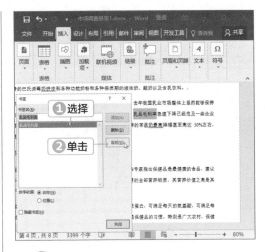

当查看文档，并需要了解"乳品毛利率"这部分内容时，可以使用书签进行快速查看，方法为：❶选择【插入】/【链接】组，单击"书签"按钮，打开"书签"对话框，此时"删除"和"定位"按钮都可以使用，选择需要的书签；❷单击"定位"按钮，就可以快速定位到书签所在的文本位置。

操作解谜

排序依据

在长文档中使用书签，当用到的书签数量较多时，查找书签就变得稍微困难，使用"名称"和"位置"作为排序依据，可有序地排列书签，方便书签的查找。

4.6　审校文档内容

完成输入、设计、排版等一系列操作后，并不代表着一篇文档的完成。经常还需要自查和他查，自查即自己进行文档的校对和修改操作，他查即将文档发送给他人（一般为领导），他人查看文档内容，并根据情况指出文档中的问题，以便让文档制作者进行二次修改。本节将讲解文档审校的相关知识。

4.6.1　检查拼写和语法——修改工作总结中的错误

检查拼写和语法是 Word 自动进行的操作，在该状态下 Word 在可能错误的字词下面画波浪线，如标点符号错误、文字输入错误等，以提醒用户。用户根据情况选择是否修改，下面在"工作总结 .docx"文档中检查拼写和语法，操作步骤如下。

检查拼写和语法

| 素材：素材 \ 第 4 章 \ 工作总结 .docx |
| 效果：效果 \ 第 4 章 \ 工作总结 .docx |

STEP 1 校对拼写和语法

打开"工作总结 .docx"文档，在【审阅】/【校对】组中，单击"拼写和语法"按钮。

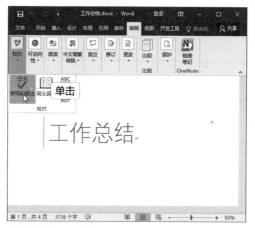

STEP 2 查找并显示错误

若 Word 2016 在文档中检查出一处错误，将以灰色底纹样式显示文本所在段落，错误的字词下标有波浪线。在 Word 工作界面的右侧显示"语法"窗格，在其中的列表框中显示错误的相关信息。

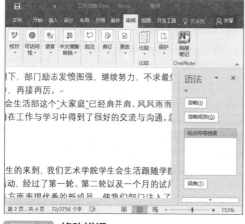

STEP 3 修改错误

❶修改错误的引号；❷在【审阅】/【校对】组中继续单击"拼写和语法"按钮。

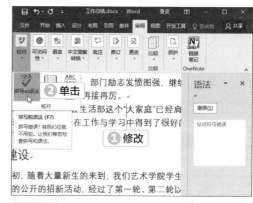

STEP 4 忽略错误

继续自动检查错误，若确认该错误并不成立，在"语法"窗格中单击"忽略"按钮，检查下一处错误。

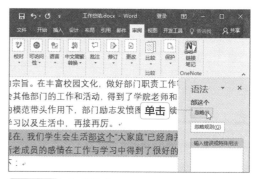

STEP 5 完成检查

文档检查完后，将自动打开提示框，单击"确定"按钮，完成拼写和语法的检查操作。

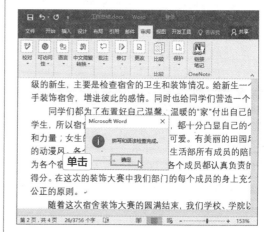

第 1 部分

4.6.2 添加批注和修订文本——为工作总结提出修改意见

在审阅文档的过程中，若针对某些文本需要提出意见和建议，可在文档中添加批注；在审阅文档时，对于能够确定的错误，可使用修订功能直接修改，以减少原作者修改的难度。下面将在"工作总结 1.docx"文档中添加批注和修订文本，操作步骤如下。

添加批注和修订文本

素材：素材 \ 第 4 章 \ 工作总结 1.docx
效果：效果 \ 第 4 章 \ 工作总结 1.docx

STEP 1 插入批注

❶打开"工作总结 1.docx"文档，在文档中选择 4.4.3"明年的'画室装饰大赛'！"文本；❷在【审阅】/【批注】组中单击"新建批注"按钮。

技巧秒杀

编辑者查看

文档编辑者可在【审阅】/【批注】组中单击"上一条"按钮或"下一条"按钮，跳转到上一条或下一条批注位置查看批注内容。

STEP 2 输入批注内容

在文档页面中插入了一个红色边框的批注框，在其中输入批注内容。

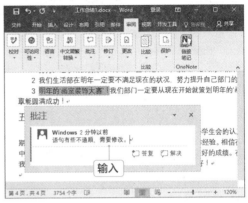

STEP 3 进入修订状态

❶在【审阅】/【修订】组中单击"修订"的下拉按钮；❷在打开的下拉列表中选择"修订"选项。

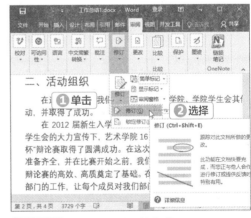

STEP 4 选择查看修订的方式

❶将光标定位到需要修订的文本处，这里定位到"2012"后；❷在【审阅】/【修订】组的"显示以供审阅"下拉列表中选择"所有标记"选项。

STEP 5 修订文本

按【Backspace】键将文本删除，删除的文本并未消失，而是以红色删除线的形式显示。在修订行左侧出现一条竖线标记（单击该竖线可以隐藏修订的文本，再次单击将显示修订的文本）。

STEP 6 退出修订

❶单击显示修订的文本，输入正确的文本"2016"（以红色下画线形式显示）；❷单击"修订"按钮；❸在打开的下拉列表中选择"修订"选项，完成修订。

技巧秒杀

及时退出修订

Word 2016中的修订与双击格式刷类似，需要再次单击"修订"按钮才会退出修订状态。

高手竞技场——文档的高级排版与审校

1. 编排"考勤制度"文档

打开提供的素材文件"考勤制度.docx"文档，对文档进行编排，要求如下。

● 为文档中的标题"考勤管理制度"应用"标题"样式，将字体样式修改为"宋体、小一"。
● 选择文本"1、目的"，应用"标题1"样式，字号设置为"四号"，段落格式行距设置为固定值"12磅"，为剩余的一级标题应用相同的样式。
● 在文本"考勤管理制度"左侧单击定位插入点位置，设置分页符。
● 应用"边线型"页眉样式和"信号灯"页脚样式。

第1部分

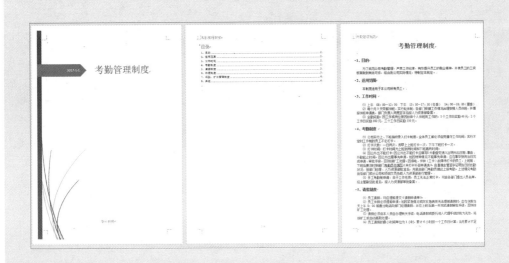

2. 完善并审校"培训方案"文档

在"培训方案.docx"文档中插入和编辑封面及目录，并审校文档内容，要求如下。

- 打开"培训方案.docx"文档，插入封面样式"镶边"，选择文档标题，输入文本内容"2016年公司年度培训方案"，在作者模块中输入文本"人力资源部"，在公司模块中输入文本"成新科技培训中心"，删除地址模块。
- 选择第2页，插入"自动目录2"目录模板，将行距设置为固定值"22磅"。
- 在大纲视图中将4.3的级别更改为"3级"，检查文档中的语法和拼写错误，选择6.1中"企业各级员工培训内容"表格的标题文本，添加标注，并在标注中输入文本"将表格移动到'（一）高级管理人员培训'之前"。
- 将"二、培训需求调查与分析"中的"90%"修订为"93%"。

Excel 应用

第 5 章

制作简单 Excel 表格

/ 本章导读

Excel 2016 主要用于数据的应用、处理和分析，它的一切操作都是围绕数据进行的。在商务办公过程中，需要掌握 Excel 2016 相关的基础知识，主要包括工作簿、工作表和单元格的基本操作，以及数据的输入与编辑、表格的美化与打印等。

	A	B	C	D	E	F	G	H	I
1	员工信息表								
2			个人信息				入职信息		
3	员工编码	姓名	性别	年龄	学历	入职时间	部门	担任职务	备注
4	JW-001	张珊	女	29	本科	8月10日	研发部	经理	
5	JW-002	李思	男	28	大专	9月12日	研发部		
6	JW-003	邓星	女	26	本科	4月12日	行政部		
7	JW-004	赵晓东	男	30	硕士	7月4日	研发部		
8	JW-005	黄鼎宏	男	24	大专	2月16日	行政部	经理	
9	JW-006	王艳	女	31	本科	8月12日	销售部		
10	JW-007	廖兵	男	30	大专	3月15日	财务部	经理	
11	JW-008	王武	男	26	本科	3月24日	人事部		
12	JW-009	周琪	男	27	硕士	9月12日	销售部	经理	
13	JW-010	陈昌海	男	25	大专	4月2日	财务部		

员工信息表

	A	B	C	D	E	F
1	产品报价单					
2	序号	货号	产品名称	净含量	包装规格	单价（元）
3	1	BS001	保湿洁面乳	105g	48支/箱	78
4	2	BS002	保湿爽肤水	110ml	48瓶/箱	88
5	3	BS003	保湿乳液	110ml	48瓶/箱	78
6	4	BS004	保湿霜	85g	48瓶/箱	105
7	5	MB006	美白深层洁面膏	105g	48瓶/箱	66
8	6	MB009	美白活性营养滋润霜	85g	48瓶/箱	125

产品报价单

5.1　工作簿的基本操作

　　工作簿是用于存储和处理数据的主要文档，启动 Excel 2016 新建空白工作簿，新建的工作簿默认以"工作簿 1"命名，并显示在标题栏的文档名处。本节将详细介绍工作簿的新建、保存、加密和打开等操作方法。

5.1.1　新建并保存工作簿——创建客户登记表

新建并保存工作簿

　　使用 Excel 2016 制作所需的电子表格，首先应学会新建工作簿。下面以"客户登记表 .xlsx"为例新建工作簿并将其保存到电脑中，操作步骤如下。

STEP 1　启动 Excel 2016

　　❶ 在桌面左下角单击"开始"按钮；❷ 在打开的开始菜单中选择"Excel 2016"选项。

STEP 2　选择"空白工作簿"

　　在打开的 Excel 界面右侧窗口的列表框中选择"空白工作簿"选项。

STEP 3　单击"更多选项"按钮

　　❶ 进入 Excel 工作界面，在 Excel 工作界面单击"文件"选项卡；❷ 在打开界面左侧的列表框中选择"保存"或"另存为"选项；❸ 在"另存为"窗口中选择"这台电脑"选项；

　　❹ 在打开的右侧列表中选择"文档"选项。

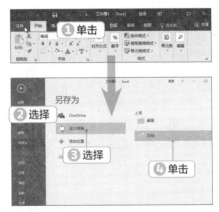

STEP 4　保存工作簿

　　❶ 打开"另存为"对话框，设置工作簿的保存路径；❷ 在"文件名"文本框中输入文本内容"客户登记表"；❸ 单击"保存"按钮，完成保存。

STEP 5 返回工作簿

返回工作簿并查看，此时标题栏中将显示保存的文件名称。

5.1.2 打开工作簿

保存工作簿后，如果想要再次对工作簿进行编辑就需要打开该工作簿，此时就涉及工作簿的打开操作。下面介绍使用不同方法打开 Excel 工作簿文件。

1. 双击打开工作簿

打开工作簿所在的位置，双击工作簿文件即可成功打开。

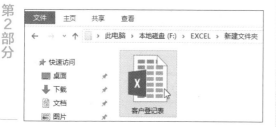

2. 单击鼠标右键打开工作簿

打开工作簿所在的位置，选择需要打开的工作簿，单击鼠标右键，在打开的快捷菜单中执行"打开"命令，即可成功打开。

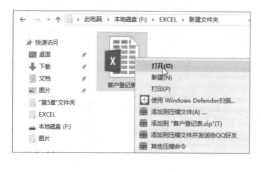

3. 拖动打开工作簿

打开工作簿所在的位置，拖动工作簿至已经打开的工作簿中，即可成功打开。

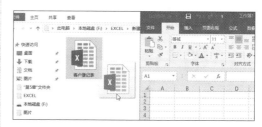

4. 通过选项卡打开工作簿

选择【文件】/【打开】菜单命令，在右侧窗口中可选择最近编辑的文件进行打开，也可选择"浏览"选项，在打开的"打开"对话框中选择文件打开。

技巧秒杀
打开并修复表格

　　如果采用前面介绍的方法都不能打开文档，同时提示表格有错误，可以在"打开"对话框中选择文档后，单击"打开"下拉按钮，在打开的下拉列表中选择"打开并修复"选项。

5.1.3　保护工作簿的结构——保护客户登记表的结构

　　保护工作簿的结构是为了防止他人移动、添加或删除工作表。下面在"客户登记表 .xlsx"工作簿中保护工作簿的结构并添加密码，操作步骤如下。

保护工作簿结构

素材：素材 \ 第 5 章 \ 客户登记表 .xlsx

效果：效果 \ 第 5 章 \ 客户登记表 .xlsx

STEP 1　单击"保护工作簿"按钮

　　打开"客户登记表 .xlsx"工作簿，在【审阅】/【保护】组中单击"保护工作簿"按钮。

STEP 2　输入保护结构和窗口密码

　　❶打开"保护结构和窗口"对话框，在"密码"文本框中输入密码，这里输入"123"；❷单击选中保护工作簿栏中的"结构"复选框；❸单击"确定"按钮。

STEP 3　确认密码

　　❶打开"确认密码"对话框，在"重新输入密码"文本框中输入密码；❷单击"确定"按钮，完成对工作表结构的保护。

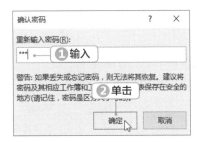

5.1.4　密码保护工作簿——保护客户登记表

　　在商务办公中，工作簿中经常含有涉及公司机密的数据信息，这时需要对工作簿设置密码保护，密码保护操作是在保存工作簿时完成的。下面介绍在"客户登记表 1.xlsx"工作簿中为工作簿设置保护密码，操作步骤如下。

密码保护工作簿

素材：素材 \ 第5章 \ 客户登记表1.xlsx

效果：效果 \ 第5章 \ 客户登记表1.xlsx

STEP 1 选择常规选项

❶执行另存为操作打开"另存为"对话框，单击"工具"按钮；❷在打开的下拉列表中选择"常规选项"选项。

STEP 2 设置常规选项

❶打开"常规选项"对话框，在"文件共享"栏的"打开权限密码"文本框中输入"123"；❷在"修改权限密码"文本框中输入"123"；❸单击选中"建议只读"复选框；❹单击"确定"按钮。

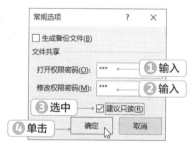

STEP 3 输入打开密码

❶打开"确认密码"对话框，在"重新输入密码"文本框中输入"123"；❷单击"确定"按钮。

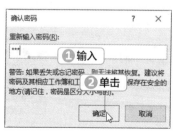

STEP 4 输入修改权限密码

❶打开"确认密码"对话框，在"重新输入修改权限密码"文本框中输入"123"；❷单击"确定"按钮。

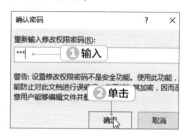

STEP 5 确认密码保护设置

返回"另存为"对话框，选择存储位置，单击"保存"按钮。

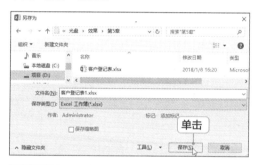

STEP 6 输入密码打开工作簿

❶再次打开设置密码后的工作簿，此时打开"密码"对话框，在"密码"文本框中输入"123"；❷单击"确定"按钮。

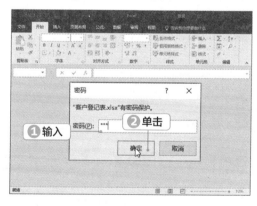

5.2 工作表的基本操作

工作表从属于工作簿，它是表格内容的载体，熟悉工作表的基本操作有助于更好地掌握 Excel 表格的制作。本节将详细介绍工作表的添加和删除、复制和移动、隐藏和显示等操作方法。

5.2.1 添加和删除工作表

在默认情况下，Excel 2016 的工作簿只有"Sheet1"一张工作表，但有时需要在一个工作簿中使用多张工作表归纳管理，此时就涉及工作表的添加和删除操作。下面介绍在工作簿中添加和删除工作表。

1. 添加工作表

Excel 默认一个工作簿中显示一张工作表，而在实际工作中有时可能需要用到更多的工作表，此时就需要在工作簿中插入新的工作表，插入工作表的几种方法如下。

● 通过快捷方式插入：在 Excel 工作界面中，单击工作表标签中的"新工作表"按钮⊕，将在所选工作表的后面插入一张新的工作表；按【Shift+F11】组合键，可在所选工作表的前面插入一张工作表。

● 通过功能区插入：选择【开始】/【单元格】组，单击"插入"下拉按钮，在打开的下拉列表中选择"插入工作表"选项，即可在所选的工作表之前插入一张新的工作表。

2. 删除工作表

用户在编辑数据时，若发现有多余工作表，可通过删除操作来减少工作表，以便有效地控制工作表的数量。删除工作表的方法很简单，只需先选择需要删除的工作表，再通过以下两种方法将其删除。

● 通过快捷菜单删除：在所选工作表的标签上单击鼠标右键，在打开的快捷菜单中执行"删除"命令。

● 通过功能区删除：选择【开始】/【单元格】组，单击"删除"下拉按钮，在打开的下拉列表中选择"删除工作表"选项。

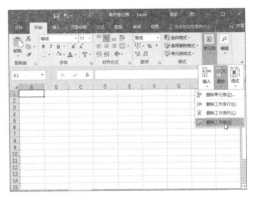

5.2.2 移动和复制工作表——部门费用统计表

当一个工作簿中存在多张工作表时，为了保留备份，可能会涉及工作表的移动或复制。下面以"部门费用统计表 .xlsx"工作簿为例复制并移动工作表，操作步骤如下。

移动和复制工作表

素材：素材 \ 第 5 章 \ 部门费用统计表 .xlsx

效果：效果 \ 第 5 章 \ 部门费用统计表 .xlsx

STEP 1　选择"移动或复制"选项

❶使用鼠标右键单击"部门费用统计表"工作表；❷在打开的快捷菜单中选择"移动或复制"选项。

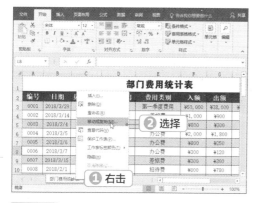

STEP 2　复制工作表

❶打开"移动或复制工作表"对话框，在"下列选定工作表之前"列表框中选择"（移至最后）"选项；❷单击选中"建立副本"复选框；❸单击"确定"按钮，完成工作表的复制。

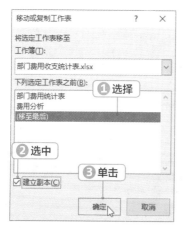

STEP 3　移动工作表

单击鼠标左键按住"费用分析"工作表，拖动至工作表标签的最右侧。

STEP 4　返回工作簿

返回工作簿并查看，此时工作表标签排列顺序从左到右依次为"部门费用统计表""部门费用统计表（2）""费用分析"。

操作解谜

在不同工作簿中移动或复制工作表

打开"移动或复制工作表"对话框后，首先在"工作簿"下拉列表框中选择已经打开的另一个"办公用品信息表.xlsx"工作簿，然后在"下列选定工作表之前"列表框中设置复制（单击选中"建立副本"复选框）或移动后的位置，单击"确定"按钮即可将选中的工作表复制到新的工作簿中。

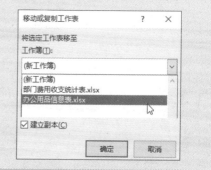

5.2.3 隐藏和显示工作表——年度绩效考核表

当工作簿中不需要使用某一张或多张工作表时，可以暂时将其隐藏起来，使工作界面简洁明了，当需要时再将其显示出来。下面以"年度绩效考核表.xlsx"工作簿为例隐藏和显示工作表，操作步骤如下。

隐藏和显示工作表

素材：素材\第5章\年度绩效考核表.xlsx
效果：效果\第5章\年度绩效考核表.xlsx

STEP 1　隐藏工作表

❶选择"第一季度绩效"工作表，按住【Ctrl】键的同时用鼠标左键依次单击"第二季度绩效""第三季度绩效"和"第四季度绩效"工作表；❷在选择的任意一张工作表上单击鼠标右键，在打开的快捷菜单中选择"隐藏"选项。

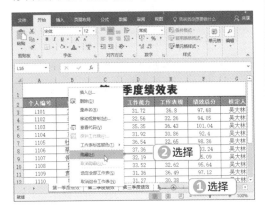

STEP 2　选择"取消隐藏"选项

❶使用鼠标右键单击"年度绩效考核"工作表；❷在打开的快捷菜单中选择"取消隐藏"选项。

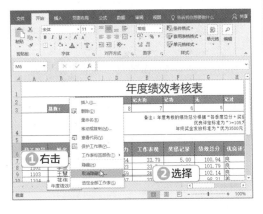

STEP 3　选择取消隐藏的工作表

❶打开"取消隐藏"对话框，在"取消隐藏工作表"列表框中选择"第一季度绩效"工作表；❷单击"确定"按钮。

操作解谜

隐藏与显示工作表

执行隐藏操作时，可以选中多张工作表同时隐藏。执行显示操作时，一次只能显示一张工作表。

STEP 4　显示工作表设置效果

返回工作簿，仅显示"第一季度绩效"和"年度绩效考核"工作表。

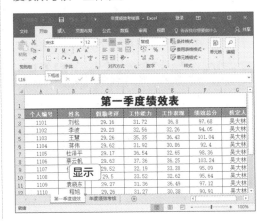

5.2.4　设置工作表标签

在有多张工作表时，为了能更清晰地辨认不同的工作表，需要对工作表标签进行设置，此时就涉及工作表标签的重命名以及设置工作表标签的颜色。下面介绍重命名标签和设置标签颜色。

1. 重命名工作表标签

在工作簿中默认或新建的工作表都是以"Sheet+ 数字（1、2、3、4……）"的方式命名。在实际应用中为了方便记忆和管理，通常会将工作表重命名为与工作表内容相关联的名称。

- 通过快捷菜单重命名：在 Excel 工作界面中选择"Sheet1"工作表，单击鼠标右键，在打开的快捷菜单中执行"重命名"命令，"Sheet1"工作表标签进入编辑模式，即可重新输入名称。

- 双击工作表标签重命名：双击"Sheet1"工作表，"Sheet1"工作表标签进入编辑模式，即可重新输入名称。

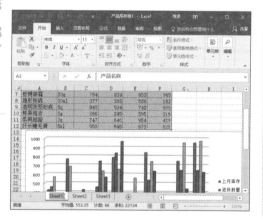

2. 设置工作表标签的颜色

Excel 中默认的工作表标签颜色是相同的，为了区别工作簿中各个不同的工作表，除了可对工作表进行重命名外，还可以为工作表的标签设置不同颜色加以区分。

操作方法为使用鼠标右键单击"原料采购费用图例"工作表，在打开的快捷菜单中选择"工作表标签颜色"选项，再在打开的子菜单中选择"主题颜色"下拉列表框中的绿色。设置"采购清单"工作表标签为"黄色"。

技巧秒杀

取消工作表标签的颜色

要取消工作表标签的颜色，只需单击鼠标右键，在打开的快捷菜单中执行"无颜色"命令。

5.2.5　保护工作表——保护硬件质量问题反馈表

为防止在未经授权的情况下对工作表中的数据进行编辑或修改，就需要为工作表设置密码进行保护。下面以"硬件质量问题反馈"工作簿为例对"硬件质量问题反馈 .xlsx"工作簿设置保护，操作步骤如下。

素材：素材 \ 第 5 章 \ 硬件质量问题反馈 .xlsx
效果：效果 \ 第 5 章 \ 硬件质量问题反馈 .xlsx

保护工作表

STEP 1 **单击"保护工作表"选项**

选择【审阅】/【保护】组，单击"保护工作表"按钮。

STEP 2 设置保护

❶在打开的"保护工作表"对话框中设置密码"123"；❷单击选中"保护工作表及锁定的单元格内容"复选框；❸在"允许此工作表的所有用户进行"的列表框中单击选中需要保护的操作所对应的复选框；❹单击"确定"按钮，完成保护设置。

STEP 3 确认密码

❶出现"确认密码"对话框，在"重新输入密码"文本框中输入密码"123"；❷单击"确定"按钮，完成工作表保护的设置。

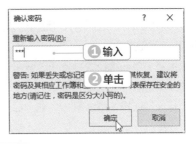

STEP 4 查看设置效果

返回工作簿，功能区中"保护工作表"按钮变成了"撤销工作表保护"。

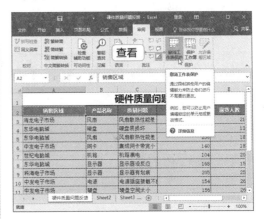

操作解谜

撤销工作表的保护

在【审阅】/【更改】组中单击"撤销工作表保护"按钮，打开"撤销工作表保护"对话框，在"密码"文本框中输入密码，单击"确定"按钮即可。

5.3 单元格的基本操作

单元格的基本操作是 Excel 的基础知识，为了使制作的表格更加整洁美观，用户需要对单元格进行不同操作。本节将详细介绍单元格的选择、合并和拆分、插入和删除、显示和隐藏等基本操作。

5.3.1　单元格的选择

单元格是工作表中最基本的元素，也是数据输入和编辑的主要场所。单元格的选择是 Excel 中最核心的操作，在不同条件下用合适的方法选择单元格将会提高表格制作的效率，下面介绍选择单元格区域的常用方法。

- **选择单个单元格**：直接使用鼠标左键单击选择单元格。
- **鼠标拖动选择**：单击鼠标拖动选择，可快速选择从开始单元格至结束单元格的整片单元格区域。
- **选择相邻的单元格区域**：单击 A1 单元格，按住【Shift】键，单击 F6 单元格，即可选择 A1:F6 单元格区域。
- **选择不相邻的单元格区域**：按住【Ctrl】键，

同时用鼠标左键单击其他单元格，即可选择多个不相邻的单元格。
- **选择整行/列单元格**：单击行号或列标即可选择整行/列，与选择单元格区域类似，利用【Shift】或【Ctrl】键可选择相邻或不相邻的多行/列。
- **选择所有单元格**：先单击当前工作表中的任意一个单元格，然后按【Ctrl+A】组合键即可选择当前工作表中的所有单元格。

5.3.2　合并和拆分单元格——设置表格标题

合并和拆分单元格

在编辑工作表时，为了使表格简洁清晰，可以将几个单元格合并成一个单元格。有时根据不同的需要，也可以拆分单元格成为多个单元格。下面在"考试成绩表"工作簿中合并和拆分单元格，操作步骤如下。

> 素材：素材 \ 第 5 章 \ 考试成绩表 .xlsx
>
> 效果：效果 \ 第 5 章 \ 考试成绩表 .xlsx

STEP 1　拆分单元格

❶选择 C3 单元格；❷在【开始】/【对齐方式】组中单击"合并后居中"的下拉按钮；❸在打开的下拉列表中选择"取消单元格合并"选项。

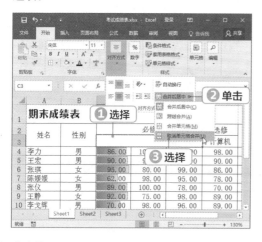

STEP 2　设置框线并输入文本

❶选择【开始】/【字体】组，单击"边框"的下拉按钮；❷在打开的下拉列表中选择"所有框线"选项，分别在单元格中输入文本"语文""数学""英语"，并居中设置。

STEP 3　合并单元格

❶选择 A1:H1 单元格区域；❷在【开始】/【对齐方式】组中单击"合并后居中"按钮。

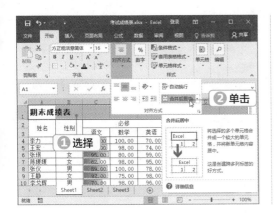

查看工作表

　　返回工作表，查看合并及拆分后期末成绩表的状态。

5.3.3　插入和删除行或列

　　当需要在工作表中添加或减少一项数据时，需要对工作表进行行或列的插入、删除操作。下面介绍其具体内容。

1. 插入行或列

　　选择需要插入行下方或列右侧的任意单元格，单击鼠标右键，在打开的快捷菜单中选择"插入"选项，再在打开的"插入"对话框中选中"整行"或"整列"并单击"确定"按钮，即可在所选位置插入新的行或列。

2. 删除行或列

　　选中需要删除行或列中的任意单元格，单击鼠标右键，在打开的快捷菜单中选择"删除"选项，在打开的"删除"对话框中选择"整行"或"整列"并单击"确定"按钮，即可删除所选单元格所在的行或列。

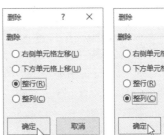

5.3.4　调整单元格行高或列宽

　　若工作表中的行高或列宽不合理，将直接影响单元格中数据的显示，此时就涉及对行或列进行调整。下面介绍其具体内容。

1. 通过命令调整行高或列宽

　　单击选择需要调整行或列的行号或列标，在选中的任意区域上单击鼠标右键，在打开的快捷菜单中选择"行高"或"列宽"选项，即可在打开的"行高"或"列宽"对话框中设置行高值或列宽值。

2. 通过鼠标拖动调整行高或列宽

将鼠标指针放在行与行或列与列的分割线上，当鼠标指针呈王或↔时，直接上下或左右拖动鼠标，即可减小或增大行高或列宽。

3. 自适应行高或列宽

用鼠标左键单击任意单元格，按【Ctrl+A】组合键，选中所有单元格。将鼠标指针放在行与行或列与列的分割线上，当鼠标指针呈王或↔时，双击鼠标，即变为自适应行高或列宽。

5.4 编辑 Excel 表格

在制作电子表格时，有时会遇到数据量大、文本复杂、文本错误的情况，掌握 Excel 表格的编辑能有效应对和处理这些问题。本节将详细介绍数据的输入、修改、删除、设置数据类型等操作。

5.4.1 输入数据——在员工信息表中输入数据

在 Excel 中输入数据时，根据不同的情况，将使用不同的数据输入方法。如直接输入数据、快速填充数据等，下面以"员工信息 .xlsx"工作簿为例用不同方式输入数据，操作步骤如下。

输入数据

素材：素材\第5章\员工信息 .xlsx	
效果：效果\第5章\员工信息 .xlsx	

 STEP 1 输入文本内容

❶打开"员工信息 .xlsx"工作簿，选择"员工信息表"工作表；❷在 E1 单元格中输入"员工信息表"文本；❸在其他单元格中输入如下图所示的文本。

 操作解谜

输入文本时存在的问题

默认状态下，在Excel中输入的中文文本都将呈左对齐方式显示在单元格中。当输入文本超过单元格宽度时，将自动延伸到右侧单元格中显示。

STEP 2　快速填充员工编码

❶在 A4 单元格中输入"JW-001"文本；
❷将鼠标指针移动至单元格的右下角，当鼠标指针变为 ⊞ 时，按住鼠标左键并向下拖动至单元格 A17，单元格 A5 至 A17 将依次填充为"JW-002""JW-003"……"JW-014"。

技巧秒杀

输入身份证号码的方法

Excel中的数字最大可显示11位，当超过该值时，Excel会自动以科学记数的方式显示。在输入身份证号码前输入符号"'"，即可正确显示身份证号码。

STEP 3　输入数字内容

在 D4 单元格中输入"29"文本，在其他单元格中输入如下图所示的文本。

STEP 4　快速填充相同文本

❶在 E4 单元格中输入"本科"文本；
❷将鼠标指针移动至单元格的右下角，当鼠标指针变为 ⊞ 时，按住鼠标左键并向下拖动至单元格 E17，单元格 E5 至 E17 均填充为"本科"文本。

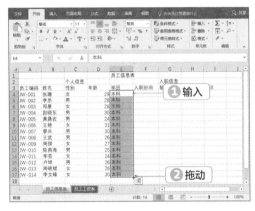

STEP 5　输入日期

❶在 F4 单元格中输入"2005/8/10"文本；
❷在其他单元格中输入如下图所示的文本。

5.4.2 修改数据——修改员工信息表

在输入数据时，难免会输入错误的数据信息，发现错误后就需要对其中的数据进行修改。下面以"员工信息1.xlsx"工作簿为例用不同方式修改文本内容，操作步骤如下。

修改数据

素材：素材\第5章\员工信息1.xlsx

效果：效果\第5章\员工信息1.xlsx

STEP 1 单元格中修改文本内容

打开"员工信息1.xlsx"工作簿，单击E5单元格，在E5单元格中输入"大专"文本。

STEP 2 编辑栏中修改文本内容

❶单击E7单元格，在编辑栏中输入"硕士"文本；❷在其他单元格中输入如下图所示的文本。

STEP 3 单击"替换"选项

❶在【开始】/【编辑】组中单击"查找和选择"按钮；❷在打开的下拉列表中选择"替换"选项。

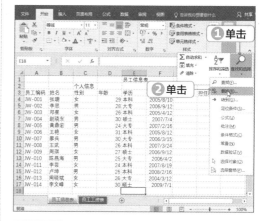

STEP 4 替换文本

❶打开"查找和替换"对话框，在"查找内容"文本框中输入"李文峰"；❷在"替换为"文本框中输入"李雯风"；❸单击"查找下一个"按钮定位到"李文峰"文本所在的单元格；❹单击"替换"按钮完成替换；❺单击"关闭"按钮退出对话框。

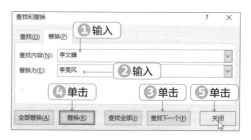

技巧秒杀

在单元格中修改部分数据

单击单元格修改内容会自动清空单元格中原本存在的内容，双击单元格可在单元格内部修改，而不清除原本的内容。

第2部分

STEP 5 查看工作表

返回工作表，可发现文本已被修改。

5.4.3　数据的复制与粘贴

　　在表格中重复输入同样的文本会浪费大量时间，影响表格的制作效率，此时可通过复制与粘贴数据的操作，实现表格的快速制作。下面介绍其具体内容。

1. 复制或剪切数据

　　复制操作是指将选择的单元格数据内容复制到其他单元格，而源数据不变化，仍保留在原位置。剪切操作是指将数据内容移动到其他单元格位置，而源数据被删除。

- 通过"剪贴板"组：选择需复制或剪切的单元格，在【开始】/【剪贴板】组中单击"复制"按钮或"剪切"按钮。

- 通过右键快捷菜单：选择需复制或剪切的单元格，单击鼠标右键，在打开的快捷菜单中执行"复制"或"剪切"命令。

- 通过快捷键：选择需复制或剪切的单元格，按【Ctrl+C】组合键实现复制功能，按【Ctrl+X】组合键实现剪切功能。

2. 粘贴数据

　　在执行完复制或剪切操作后，复制或剪切的单元格数据暂时保存在剪贴板中，要使用这些数据，还需要进行粘贴操作，将其粘贴到目标单元格。

- 通过"剪贴板"组：选择粘贴的单元格位置，在【开始】/【剪贴板】组中单击"粘贴"按钮。

- 通过右键快捷菜单：选择粘贴的单元格位置，单击鼠标右键，在打开的快捷菜单中执行"粘贴"命令。

- 通过快捷键：选择粘贴的单元格位置，按【Ctrl+V】组合键实现粘贴功能。

操作解谜

选择性粘贴功能

　　选择【开始】/【剪贴板】组，单击"粘贴"下拉按钮，在打开的下拉列表中选择"选择性粘贴"选项，再在打开的"选择性粘贴"对话框中选择需要粘贴的内容。单击"确定"按钮，即可完成选择性粘贴操作。

5.4.4 删除数据

　　在表格的制作过程中，对于输入错误的文本数据，需要使用删除数据的功能来修改表格，完善表格内容。删除数据可通过单元格、编辑栏和功能区进行操作。下面介绍具体内容。

1. 通过单元格删除

　　选择需要删除数据的单元格，按【Delete】键或【Backspace】键即可完成删除。

采购单号	采购事项					请购事项
	产品名称	供应商代码	单价(元)	请购日期	请购数量	
S001-548	电剪	ME-22	361	1/5	1	
S001-549	内箱\外箱\贴纸	MA-10	2\2\0.5	1/6	100	
S001-550	电\蒸气熨斗	ME-13	130\220	1/6	4	
S001-551	锅炉	ME-33	950	1/7	1	
S001-552	润滑油	MA-24	12	1/8	50	
S001-553	枪针\橡筋	MA-02	8\0.3	1/10	300	
S001-554	拉链\拉链斗	MA-02	0.3\0.3	1/11	300	

技巧秒杀

删除单元格中的部分数据

　　双击需要删除数据的单元格，将插入点定位到单元格中，拖动选择需要删除的数据，按【Backspace】键即可删除。

2. 通过编辑栏删除

　　选择需要删除数据的单元格，将插入点定位到编辑栏中，拖动鼠标选择需要删除的数据，按【Delete】键或【Backspace】键即可完成

删除。

3. 通过功能区删除

　　选择需要删除数据的单元格，在【开始】/【编辑】组中单击"清除"按钮，再在打开的下拉列表中选择"全部清除"选项，即可清除所选单元格中的所有内容和格式。

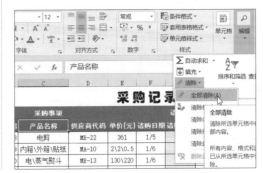

5.4.5 设置数据类型——操作客户资料管理表

不同领域对单元格中数字的类型有不同的需求，因此，Excel 提供了多种数字类型，如数值、货币、日期等，下面以"客户资料管理表 .xlsx"工作簿为例设置日期、货币、百分比等单元格格式，操作步骤如下。

设置数据类型

素材：素材 \ 第 5 章 \ 客户资料管理表 .xlsx
效果：效果 \ 第 5 章 \ 客户资料管理表 .xlsx

STEP 1 打开"设置单元格格式"对话框

❶打开"客户资料管理表 .xlsx"工作簿，选择 E3:E17 单元格区域；❷单击鼠标右键，在打开的快捷菜单中选择"设置单元格格式"选项。

STEP 2 设置日期格式

❶打开"设置单元格格式"对话框，在"数字"选项卡中的"分类"列表框中选择"日期"选项；❷在"类型"列表框中选择"*2012 年 3 月 14 日"；❸在"区域设置（国家 / 地区）"下拉列表框中选择"中文（中国）"；❹单击"确定"按钮，完成设置。

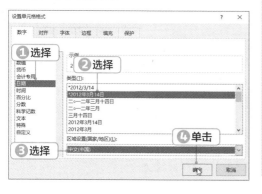

STEP 3 设置货币格式

❶按【Ctrl】键并选择 F3：F17 单元格区域和 H3:H17 单元格区域；❷在【开始】/【数字】组中单击"数字格式"的下拉按钮；❸在打开的下拉列表中选择"货币"选项。

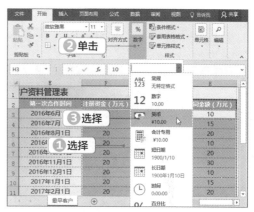

STEP 4 打开"设置单元格格式"对话框

❶选择 G3:G17 单元格区域；❷在【开始】/【数字】组中单击"对话框启动器"按钮。

STEP 5 设置百分比格式

❶打开"设置单元格格式"对话框，在"数字"选项卡中的"分类"列表框中选择"百分比"

选项；❷在"小数位数"数值框中输入"2"；
❸单击"确定"按钮，完成设置。

STEP 6　查看效果

返回工作簿，查看设置数据类型格式后的效果。

客户资料管理表				
电话	第一次合作时间	注册资金（万元）	公积占比	合同金额（万元）
8967****	2016年6月1日	¥20.00	0.40%	¥10.00
8875****	2016年7月1日	¥20.00	1.00%	¥15.00
8777****	2016年8月1日	¥20.00	3.00%	¥20.00
8988****	2016年9月1日	¥20.00	2.00%	¥10.00
8662****	2016年10月1日	¥20.00	1.00%	¥20.00
8875****	2016年11月1日	¥20.00	1.00%	¥30.00
8966****	2016年12月1日	¥20.00	2.00%	¥10.00
8325****	2017年1月1日	¥20.00	1.00%	¥15.00
8663****	2017年2月1日	¥20.00	2.00%	¥20.00
8456****	2017年3月1日	¥20.00	4.00%	¥50.00
8880****	2017年4月1日	¥20.00	2.00%	¥10.00
8881****	2017年5月1日	¥20.00	1.00%	¥20.00
8898****	2017年6月1日	¥20.00	2.00%	¥10.00
8878****	2017年7月1日	¥20.00	4.00%	¥10.00
8884****	2017年8月1日	¥20.00	2.00%	¥60.00

5.5　美化 Excel 表格

表格不仅要做到内容翔实，还需要页面美观。因此在内容完成后一般都需要进行相应的表格美化操作。美化表格可以使表格的布局合理、版面干净、字体美观、颜色适宜。

5.5.1　套用表格样式——美化员工信息表

利用 Excel 自动套用表格格式功能可以快速制作出美观大方的表格，不用多次设置，以提高工作效率。下面将为"员工信息 2.xlsx"工作簿套用"浅灰色，表样式中等深浅 11"样式，操作步骤如下。

套用表格格式

素材：素材\第 5 章\员工信息 2.xlsx
效果：效果\第 5 章\员工信息 2.xlsx

STEP 1　选择套用的样式

❶打开"员工信息 2.xlsx"工作簿，选择"员工信息表"工作表，选择 A1:I16 单元格区域；❷选择【开始】/【样式】组，单击"套用表格格式"按钮；❸在打开的下拉列表中选择"浅灰色，表样式中等深浅 11"选项；❹打开"套用表格式"对话框，单击"确定"按钮。

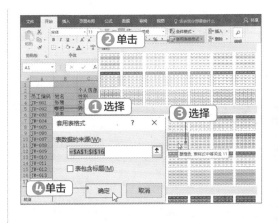

STEP 2 取消表头的下拉按钮

❶选择 A1:I1 单元格区域；❷在【数据】/【排序和筛选】组中单击"筛选"按钮。

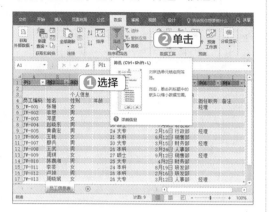

STEP 3 查看效果

返回工作界面，即可看到套用表格格式后的效果。

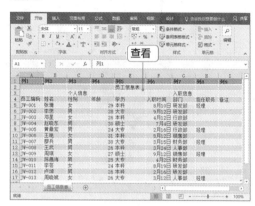

5.5.2 设置表格主题——美化商场进货表

Excel 2016 为用户提供了多种风格的表格主题，用户可以直接对表格主题的样式、颜色等进行自定义，再应用到本表格中。下面将为"商场进货表 .xlsx"工作簿自定义主题样式，操作步骤如下。

设置表格主题

素材：素材 \ 第 5 章 \ 商场进货表 .xlsx

效果：效果 \ 第 5 章 \ 商场进货表 .xlsx

STEP 1 选择主题样式

❶打开"商场进货表 .xlsx"工作簿，选择 A4:G11 单元格区域；❷在【页面布局】/【主题】组中单击"主题"按钮；❸在打开的下拉列表的"Office"栏中选择"木头类型"选项。

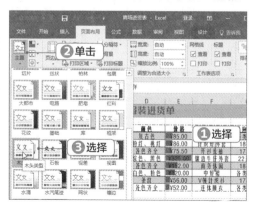

STEP 2 选择"自定义颜色"选项

❶选择【页面布局】/【主题】组，单击"颜色"按钮；❷在打开的下拉列表的"Office"栏中选择"自定义颜色"选项。

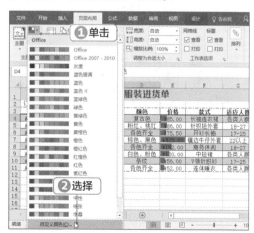

STEP 3 设置主题颜色

❶打开"新建主题颜色"对话框，在"主

题颜色"栏中单击"文字/背景 – 浅色 1"按钮；❷在打开的下拉列表的"主题颜色"栏中选择"橙色，个性色 6，淡色 60%"选项；❸单击"保存"按钮，完成设置。

STEP 4　查看效果

返回工作界面，即可看到设置表格主题样式的效果。

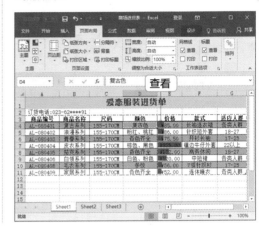

5.5.3　自定义美化表格

自定义美化表格是表格的常用美化方法之一，也就是根据需要选择表格的某些部分对其进行字体、字号、对齐方式、填充和边框等个性化设置，最终使表格达到美化的效果。自定义美化表格的方法主要有如下两种。下面介绍其具体内容。

1. 通过功能区美化

选择需要设置的单元格，在【开始】/【对齐方式】组或【开始】/【字体】组中选择需要的功能，可为表格中的内容设置字体、字号、字体颜色、下画线、添加边框等。

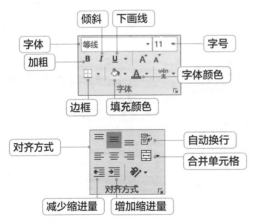

2. 通过"设置单元格格式"对话框美化

选择需要设置的单元格或单元格区域，在其上单击鼠标右键，再在打开的快捷菜单中选择"设置单元格格式"选项。打开"设置单元格格式"对话框，在"对齐""字体""边框""填充"几个选项卡中可选择表格的常见美化操作。

5.5.4 设置单元格样式——美化员工信息表

Excel 2016 不仅能为表格设置样式，也可以为单元格或单元格区域设置样式，设置的单元格样式能应用于不同工作簿中。下面将为"员工信息 3.xlsx"工作簿中的"员工信息表"工作表设置单元格样式，操作步骤如下。

设置单元格样式

素材：素材\第 5 章\员工信息 3.xlsx

效果：效果\第 5 章\员工信息 3.xlsx

STEP 1 打开"样式"对话框

❶打开"员工信息 3.xlsx"工作簿，在【开始】/【样式】组中单击"单元格样式"按钮；❷在打开的下拉列表中选择"新建单元格样式"选项。

STEP 2 打开"设置单元格格式"对话框

❶打开"样式"对话框，在"样式名"文本框中输入"样式 1"；❷单击"格式"按钮。

STEP 3 设置"对齐"选项卡

❶打开"设置单元格格式"对话框，单击"对齐"选项卡；❷在"水平对齐"下拉列表框中选择"居中"选项；❸在"垂直对齐"下拉列表框中选择"居中"选项；❹在"文本控制"栏中单击选中"自动换行"复选框。

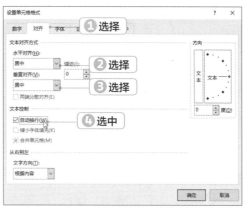

STEP 4 设置"字体"选项卡

❶单击"字体"选项卡；❷在"字体"列表框中选择"微软雅黑"选项；❸在"字形"列表框中选择"常规"选项；❹在"字号"列表框中选择"12"选项。

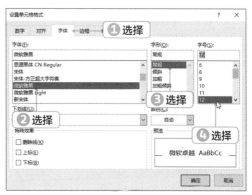

STEP 5 设置"边框"选项卡

❶单击"边框"选项卡;❷在"线条"栏中单击"颜色"下拉列表框的下拉按钮;❸在打开的下拉列表的"主题颜色"栏中选择"深绿色,文字 1,淡色 40%"选项;❹在"线条"栏的"样式"列表框中选择右侧第 3 个线条样式;❺在"预置"栏中选择"外边框"选项。

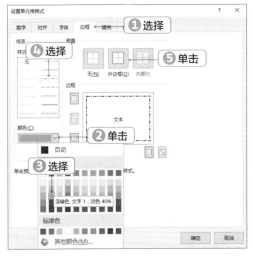

STEP 6 设置"填充"选项卡

❶单击"填充"选项卡;❷在"背景色"列表中选择如下图所示的选项;❸单击"确定"按钮完成单元格的设置。

技巧秒杀

快速设置单元格

选择需要设置的单元格,在【开始】/【字体】组中可直接对单元格的字体、字号、颜色进行设置,也可对单元格进行填充、添加边框等操作。在【开始】/【对齐方式】组中可设置单元格的对齐方式。

STEP 7 应用自定义单元格样式

❶选择 A1:I16 单元格区域;❷在【开始】/【样式】组中单击"单元格样式"按钮;❸在打开的下拉列表的"自定义"栏中选择"样式 1"选项,为单元格应用样式。

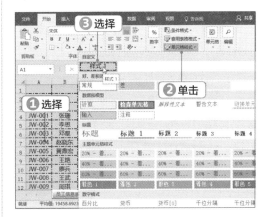

STEP 8 查看效果

返回工作界面,即可看到套用单元格样式后的表格效果。

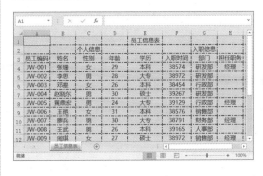

5.5.5 突出显示单元格——突出显示采购记录单的指定内容

在编辑数据表格的过程中，对于某些特定区域中的特定数据，为了便于观看，需要使用特定的颜色突出显示。下面就在"采购记录单.xlsx"工作簿中设置突出显示数值大于 150 的单元格数据，操作步骤如下。

突出显示单元格

| 素材：素材 \ 第 5 章 \ 采购记录单 .xlsx |
| 效果：效果 \ 第 5 章 \ 采购记录单 .xlsx |

STEP 1 选择"其他规则"选项

❶选择 E3:E8 单元格区域；❷在【开始】/【样式】组中单击"条件格式"按钮；❸在打开的下拉列表中选择"突出显示单元格规则"选项；❹在打开的子列表中选择"其他规则"选项。

STEP 2 新建格式规则

❶打开"新建格式规则"对话框，在"选择规则类型"列表框中选择"只为包含以下内容的单元格设置格式"选项；❷在"编辑规则说明"栏的第 1 个列表框中选择"单元格值"选项；❸在第 2 个列表框中选择"大于"选项；❹在右侧文本框中输入"150"；❺单击"格式"按钮。

STEP 3 设置单元格填充

❶打开"设置单元格格式"对话框，选择"填充"选项卡；❷单击"填充效果"按钮。

STEP 4 设置渐变填充

❶打开"填充效果"对话框，在"颜色"栏中单击选中"双色"单选项；❷在"颜色 2"下拉列表中选择"红色"；❸在"底纹样式"栏中单击选中"中心辐射"单选项；❹单击"确定"按钮。

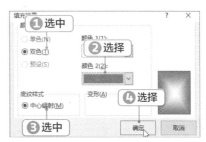

STEP 5 查看突出显示单元格效果

返回 Excel 工作界面，即可看到突出显示的单元格效果。

| 采购记录单 | | | | |
采购日期	采购单号	产品名称	供应厂商代码	单价（元）
5月7日	D05-1	铜丝电线	OQ-35	300.00
5月9日	D05-2	电烙铁	OQ-57	30.00
5月10日	D05-3	锡焊丝	OQ-70	15.00
5月17日	D05-4	万用表	OQ-71	100.00
5月18日	D05-5	GSM信号接收器	GD-03	200.00
5月18日	D05-6	GSM信号放大器	GD-04	100.00

5.5.6 设置表格背景——插入背景图片

在 Excel 中还可以为工作表设置背景，背景可以是纯色或图片。一般情况下工作表背景不会被打印出来，只起到美化工作表的作用。下面将在"员工信息 4.xlsx"工作簿中的"员工工资表"中插入图片，操作步骤如下。

设置表格背景

素材：素材 \ 第 5 章 \ 员工信息 4.xlsx、商务背景 .jpg

效果：效果 \ 第 5 章 \ 员工信息 4.xlsx

STEP 1 打开"插入图片"对话框

①打开"员工信息 4.xlsx"工作簿，选择"员工工资表"工作表；②在【页面布局】/【页面设置】组中单击"背景"按钮。

STEP 2 选择"来自文件"

打开"插入图片"对话框，选择"来自文件"选项。

STEP 3 选择图片

①打开"工作表背景"对话框，选择图片位置；②选择"商务背景 .jpg"图片；③单击"插入"按钮。

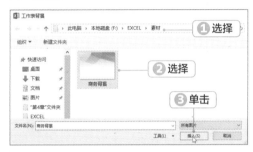

STEP 4 查看设置表格背景的效果

返回 Excel 工作界面，即可看到设置了背景的表格效果。

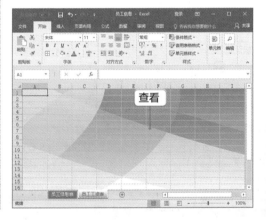

5.6 打印 Excel 表格

对于商务办公来说，编辑美化后的表格通常都需要打印出来，让公司人员或客户查看。而在打印中为了将表格内容在纸张中完美呈现，就需要对工作表的页面、打印范围等进行设置。本节将详细介绍设置打印 Excel 表格的相关操作方法。

第 2 部分

页面设置

5.6.1 页面设置——设置员工信息表

页面布局主要包括打印纸张的方向、缩放比例、纸张大小等内容，这些都可在"页面设置"对话框中进行设置。下面在"员工信息 5.xlsx"工作簿中的"员工信息表"中进行页面设置，操作步骤如下。

| 素材：素材 \ 第 5 章 \ 员工信息 5.xlsx |
| 效果：效果 \ 第 5 章 \ 员工信息 5.xlsx |

STEP 1 单击"对话框启动器"按钮

❶打开"员工信息 5.xlsx"工作簿，选择"员工信息表"工作表；❷在【页面布局】/【页面设置】组中单击"对话框启动器"按钮。

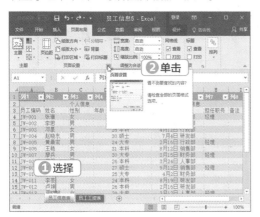

STEP 2 设置页面

❶打开"页面设置"对话框，单击"页面"选项卡；❷单击选中"方向"栏中的"纵向"单选项；❸在"缩放比例"数值框中输入"90%"；❹在"纸张大小"栏中选择"A4"选项。

STEP 3 设置页边距

❶选择"页边距"选项卡；❷单击选中"居中方式"栏中的"水平"复选框。

STEP 4 设置页眉 / 页脚

❶选择"页眉 / 页脚"选项卡；❷单击"自定义页眉"按钮。

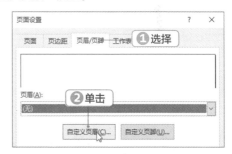

STEP 5 输入页眉内容

❶打开"页眉"对话框，将光标定位到"中"文本框中，输入页眉内容，这里输入"员工信息"；❷单击"确定"按钮。

技巧秒杀

删除页眉页脚内容

如果要删除页眉或页脚，只需在"页眉/页脚"选项卡的"页眉"或"页脚"下拉列表框中选择"无"选项。

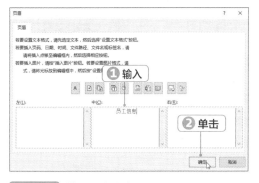

"第1页"选项；❷单击"确定"按钮，完成设置。

STEP 6 输入页脚内容

❶返回"页眉/页脚"选项卡，在"页脚"下拉列表框中选择内置的页脚选项，这里选择

5.6.2 打印设置

完成表格页面的设置后，就可以使用打印机将表格打印出来。在进行打印操作前，需要进行打印设置操作，包括设置打印份数、打印机、打印区域等，才能打印出用户想要的效果。下面介绍其具体内容。

1. 设置打印机

在"打印机"栏下方的下拉列表中选择需要使用的打印机，如果要打印彩色效果，打印机需要具有彩色打印功能。

● 选择已经设置好的打印机：已经设置好的打印机以列表的形式呈现。

● 添加打印机：如果列表中没有可以使用的打印机，需要选择"添加打印机"选项。

2. 打印设置

通过打印设置，能完善打印需求。在"设置"栏中能够对打印的区域、单双面、排序、打印方向、纸张大小、页边距等进行设置。

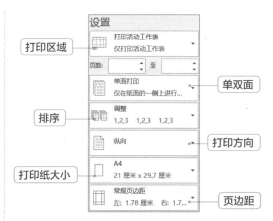

3. 打印份数与打印操作

完成打印机设置与打印设置后，输入需要打印的份数，单击"打印"按钮即可执行打印操作。

高手竞技场 ——制作简单 Excel 表格

1. 创建并编辑"销售回款统计表"工作簿

新建"销售回款统计表 .xlsx"工作簿，并对表格进行编辑，要求如下。

● 新建工作簿，重命名为"销售回款统计表"，对工作表命名为"销售回款统计表"。

● 通过使用快速填充、复制粘贴等功能，在表格中输入相应文本。

● 合并 A1:L1 单元格区域。

● 将第 1 行至第 2 行的行高设置为 30，将第 3 行至第 11 行的行高设置为 20；将第 A 列至第 L 列的列宽设置为 10。

	A	B	C	D	E	F	G	H	I	J	K	L
1						销售回款统计表						
2	片区	业务员	本年计划（万元）	期初资金占用	本月发货	累计发货	本月回款	本月实际回款	累计回款	期末资金占用	一级客户资金占用	本年计划完成率
3	黑龙江	张珊	70	630883.82	116875	366444.22	90012.65	90012.65	370890.08	679266.46	264330.2	52.98%
4	长春	李石	65	307405.53	39885	226693.6	45513.87	45513.87	214606.14	358536.82	127272.98	33.02%
5	通化	任玲	35	191744.57	6314.44	44252.64	10510	10510	61503.8	182937.21	138266.85	17.56%
6	辽宁	陈平	650	797164.9	51570	345357.12	47994.1	47994.1	389233.25	705733.63	348156.38	5.99%
7	陕西	杨毅	30	112356.5	2280	41088.2	1104	1104	23108.6	140922.4	55297.51	0.37%
8	新疆	王顺华	55	471775.17		40860		0	40860	460086.37	236480.23	25.10%
9	哈尔滨	郑惟翰	120	321500	54658	765320.23	56400	56400	325689.45	386532.89	1356348	12.34%
10	沈阳	李风	28	563620		546320		0	546820	456820.56	756321.43	0.00%
11	拉哈	王斌	43	658432		854325		0	851200	5465210		23.00%

销售回款统计表

2. 美化"产品报价单 .xlsx"工作簿

打开"产品报价单"工作簿，并对表格进行美化，要求如下。

● 将工作表命名为"产品报价单"，设置工作表标签颜色为"黄色"。

● 为表格设置边框外侧框线为"双实线"，内侧框线为"虚线"。

● 套用表格样式，设置主题为"平面"，自定义文字颜色为"酸橙色，文字 1"并添加背景图片。

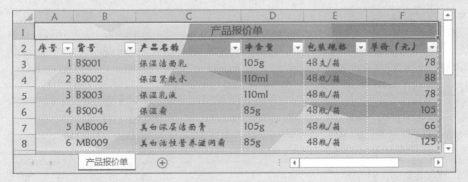

	A	B	C	D	E	F
1				产品报价单		
2	序号	货号	产品名称	净含量	包装规格	单价（元）
3	1	BS001	保湿洁面乳	105g	48支/箱	78
4	2	BS002	保湿紧肤水	110ml	48瓶/箱	88
5	3	BS003	保湿乳液	110ml	48瓶/箱	78
6	4	BS004	保湿霜	85g	48瓶/箱	105
7	5	MB006	美白深层洁面膏	105g	48瓶/箱	66
8	6	MB009	美白活性营养滋润霜	85g	48瓶/箱	125

产品报价单

第 6 章

数据计算与管理

/ 本章导读

Excel 2016 有强大的数据计算与管理功能。通过数据计算，用户可以在日常办公中进行产品登记、营业内容计算等操作；通过数据管理，用户可以将数据快速归类汇总，使工作簿中数据的结构更加清晰，方便数据查阅与分析。本章将介绍公式和函数的使用，以及数据的排序、筛选与汇总等。

6.1 使用公式计算数据

　　数据计算是 Excel 2016 最为强大的功能之一，在制作需要计算大量数据的表格时，公式的使用能够增加数据计算的正确率，也能够节省表格制作的时间成本。在使用公式进行操作前，需学习公式的基础操作。本节将详细介绍公式的输入、删除、修改、复制与填充、显示和隐藏等操作。

6.1.1 输入与删除公式

　　Excel 2016 中的公式是在工作表中对数值进行计算的等式，在对 Excel 2016 中的数据进行计算前需要输入公式。Excel 2016 中的公式以等号"="开始，其后是公式的表达式，公式中引用的内容可以选择单元格的值，也可以输入具体的数值。不需要输入的公式时，需要删除公式。下面介绍其具体内容。

1. 输入公式

　　与输入数据的原理相同，公式的输入操作可以在单元格或编辑栏中进行。在单元格或编辑栏中输入公式时，在对应的编辑栏或单元格中也会自动输入相同的公式。

　　选择需要输入公式的单元格，直接输入公式即可。如在 C13 单元格输入"=C4+C6+C7+C8+C10-10000"，即代表 C13 单元格的值为如上单元格和数值计算后的值。

2. 删除公式

　　与删除数据的原理相同，公式的删除操作可以在单元格或编辑栏中进行。在单元格或编辑栏中删除公式时，在对应的编辑栏或单元格也会自动删除相同的公式。

　　选择需要删除公式的单元格，按【Delete】键直接删除，或将光标定位到编辑栏中直接删除。如选择 E12 单元格，将光标定位到编辑栏中，拖动选择所有公式，按【Backspace】键即可删除公式。

6.1.2 修改公式——修改销售明细表中的错误公式

　　输入公式时难免会发生输入错误公式的情况，此时需要修改已经输入的公式。下面以"销售明细表 .xlsx"工作簿为例对工作簿中 G15 单元格的公式进行修改，操作步骤如下。

修改公式

素材：素材 \ 第 6 章 \ 销售明细表 .xlsx

效果：效果 \ 第 6 章 \ 销售明细表 .xlsx

STEP 1 选择需要修改的数据

打开"销售明细表 .xlsx"工作簿，选择 G15 单元格。

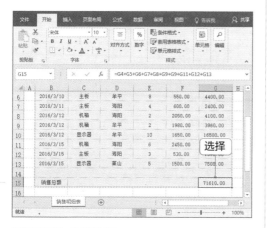

STEP 2 修改数据

将光标定位到编辑栏，将"+G9+G9"文本改为"+G9+G10"文本，按【Enter】键确认修改。

STEP 3 查看修改数据后的文本

修改完成后，G15 单元格中将显示新公式的计算结果。

6.1.3 复制与填充公式——复制并填充应发工资

复制填充公式会自动改变引用单元格的地址，从而避免手动输入公式的麻烦，提高工作效率。下面以"计件工资 .xlsx"工作簿为例复制 K5 单元格的应发工资数据，然后再将公式填充到 K6:K16 单元格区域中，操作步骤如下。

复制与填充公式

素材：素材 \ 第 6 章 \ 计件工资 .xlsx

效果：效果 \ 第 6 章 \ 计件工资 .xlsx

STEP 1 选择命令

❶打开"计件工资 .xlsx"工作簿，选择 K5 单元格，❷单击鼠标右键，在打开的快捷菜单中执行"复制"命令，单元格被虚线框环绕，完成复制此单元格中公式的操作。

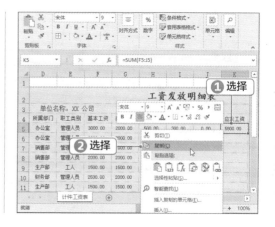

STEP 2 粘贴数据

　　选择 K6 单元格，按【Ctrl+V】组合键可直接粘贴公式，而非 K5 单元格的数据。

技巧秒杀

将公式转换为数值

　　通过公式对单元格中的数据进行计算后，单元格中显示的是数值，而实质上公式仍留在单元格中。如果只需要数值，可选择并复制单元格，在当前单元格中单击鼠标右键，再在打开的快捷菜单中选择"选择性粘贴"选项，接着在"选择性粘贴"对话框中单击选中"数值"单选项，单击"确定"按钮。成功粘贴的数据中只保留数值，而不保留公式。

STEP 3 快速填充公式

　　❶选择 K6 单元格，将鼠标指针移到该单元格右下角的控制柄上；❷当鼠标指针变成 ✛ 形状时按住鼠标左键不放，将其拖动到 K17 单元格。

STEP 4 查看复制填充效果

　　将光标定位到复制或填充后的单元格中，该单元格和编辑栏中显示的均是公式。

6.1.4　显示和隐藏公式——查看工作簿中的公式

　　默认情况下使用公式计算数据后，单元格中显示公式的计算结果，编辑栏中显示公式本身。若想同时查看或隐藏多个公式，则需要显示或隐藏单元格公式。下面介绍在"资本成本 .xlsx"工作簿中查看工作簿中的所有公式，并在查看完成后隐藏起来，操作步骤如下。

显示和隐藏公式

| 素材：素材 \ 第 6 章 \ 资本成本 .xlsx |
| 效果：无 |

STEP 1 显示公式

　　打开"资本成本 .xlsx"工作簿，选择【公式】/【公式审核】组，单击"显示公式"按钮，所有包含公式的单元格中将显示公式。

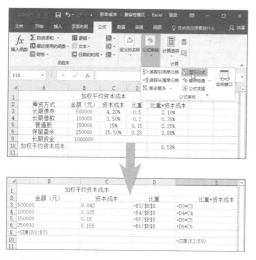

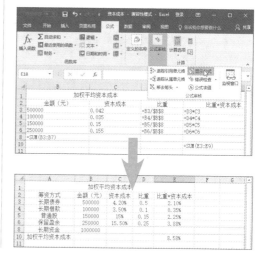

式"按钮,在所有显示公式的单元格中将显示计算结果,而将公式隐藏。

STEP 2 隐藏公式

在【公式】/【公式审核】组中单击"显示公

6.2 使用函数计算

第2部分

函数是 Excel 中预先定义好的一些公式,常被称之为"特殊公式",能够进行复杂的运算,并且能够快速计算出结果。Excel 2016 中提供了多种函数,包括财务、逻辑、文本、日期和时间等。本节将详细介绍函数的概念及函数的基础操作。

6.2.1 函数的构造

函数是在需要计算时可直接调用的表达式,通过使用参数的特定数值并按特定的顺序或结构进行计算。利用函数能够很容易地完成各种复杂数据的处理工作。下面介绍其具体内容。

1. 函数的一般结构

函数的一般结构为:函数名(参数 1,参数 2,…),如"SUM(E3:E9)",其中各部分的含义如下。

- 函数名:"SUM"即为函数的名称,每个函数都有唯一的函数名,函数的名称不区分大小写,此处的函数名为大写,表示求和的意思。

- 参数:(E3:E9)即为函数的参数,参数可以是数字、文本、表达式、引用、数组

或其他的函数,此处函数的参数均引用了单元格。

=SUM(E3:E9)

2. 嵌套函数的结构

嵌套函数是指将一个函数作为另一个函数的参数,其结构为:函数名(函数 1,函数 2,…),如"IF(MAX(A1:A9)-MIN(A1:A9)>=20,"成功","失败")",其中各部分的含义如下。

- 函数名："IF""MAX""MIN"均为函数的名称，此处函数名称大小写混用。
- 嵌套函数：MAX(A1:A9)、MIN(A1:A9) 均为嵌套的函数，一个主函数中可以嵌套多个函数。
- 参数："（A1:A9）"即为函数的参数，

此处函数的参数为文本类型。

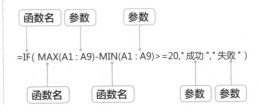

6.2.2 函数的基础操作——计算日常费用

函数的使用方法与公式的使用方法类似，如函数的插入、删除、复制等。下面介绍在"日常费用统计表 .xlsx"工作簿中插入求和函数 SUM，并将该函数复制填充至 I4:I11 单元格区域中，操作步骤如下。

函数的基础操作

素材：素材 \ 第 6 章 \ 日常费用统计表 .xlsx

效果：效果 \ 第 6 章 \ 日常费用统计表 .xlsx

STEP 1 打开"插入函数"对话框

❶打开"日常费用统计表 .xlsx"工作簿，选择需要插入函数的 I5 单元格；❷在编辑栏中单击"插入函数"按钮。

技巧秒杀

修改函数

与编辑公式的原理相同，单击已经插入公式的单元格，将光标定位到编辑栏，在编辑栏中直接对函数进行修改。修改完成后，所选单元格的函数将更新，并计算出结果。

STEP 2 打开"函数参数"对话框

❶打开"插入函数"对话框，在"或选择

类别"下拉列表框中选择"常用函数"选项；❷在"选择函数"列表框中选择"SUM"选项；❸单击"确定"按钮。

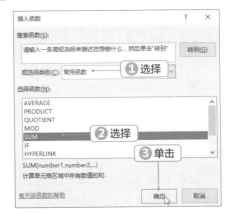

STEP 3 设置函数参数

❶打开"函数参数"对话框，在"Number1"文本框中输入"D5:H5"；❷单击"确定"按钮。

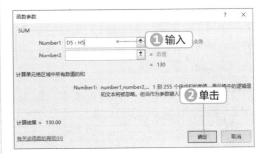

STEP 4 复制 I5 单元格

返回工作簿，I5 单元格中成功插入函数并计算出结果。

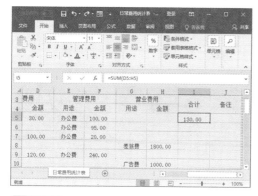

STEP 5 快速填充函数

❶选择 I5 单元格，将鼠标指针移到该单元格右下角的控制柄上；❷当鼠标指针变成╋形状时按住鼠标左键不放，将其拖动到 I11 单元格。

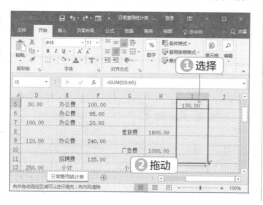

STEP 6 查看复制粘贴后的效果

在 I6:I11 单元格区域中，每个单元格将自动更新函数，并计算出结果。

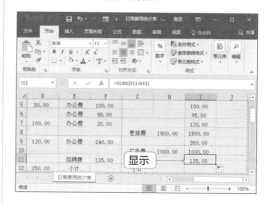

技巧秒杀

自动求和

自动求和是应用函数的功能，选择需要求和的 D9:H9 单元格区域，在【公式】/【函数库】组中单击"自动求和"按钮，即可在 I9 单元格中得到求和结果。

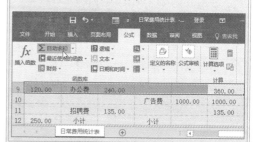

6.2.3 嵌套函数——计算员工奖金

嵌套函数是使用函数时常见的一种操作，它是指某个函数或公式以函数参数的形式参与计算的情况。在使用嵌套函数时，需要注意返回值类型需要符合外部函数的参数类型。下面以"员工工资表 .xlsx"工作簿为例在条件函数 IF 中嵌套求和函数 SUM 来计算员工奖金，操作步骤如下。

嵌套函数

| 素材：素材 \ 第 6 章 \ 员工工资表 .xlsx |
| 效果：效果 \ 第 6 章 \ 员工工资表 .xlsx |

STEP 1 打开"插入函数"对话框

❶打开"员工工资表 .xlsx"工作簿，选择 J5 单元格；❷在【公式】/【函数库】组中单击"插入函数"按钮。

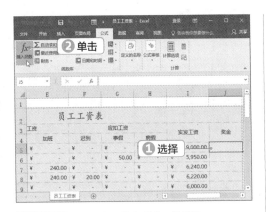

STEP 2 打开"函数参数"对话框

❶打开"插入函数"对话框,在"或选择类别"下拉列表框中选择"逻辑"选项;❷在"选择函数"列表框中选择"IF"选项;❸单击"确定"按钮。

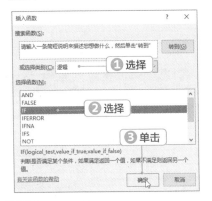

STEP 3 设置函数参数

❶打开"函数参数"对话框,在"Logical_test"文本框中输入"SUM(F5:H5)=0";❷在"Value_if_true"文本框中输入"200";❸在"Value_if_false"文本框中输入"0";❹单击"确定"按钮。

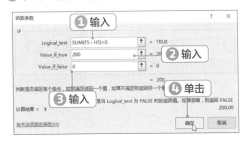

技巧秒杀

嵌套函数的使用注意

　　一个主函数在理论上可以嵌套多个函数,但如果嵌套的函数过多,容易出现修改困难、系统运算困难等情况。如果嵌套函数是多层有规律的函数,可以通过更简单的函数实现,也可以通过引用多个单元格的方式实现。

STEP 4 快速填充函数

❶选择 J5 单元格,将鼠标指针移到该单元格右下角的控制柄上;❷当鼠标指针变成➕形状时按住鼠标左键不放,将其拖动到 J20 单元格。

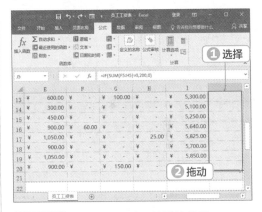

STEP 5 查看输入函数后的计算结果

　　在 J5:J20 单元格区域中看到插入函数后的计算结果,完成使用嵌套函数计算员工工资。

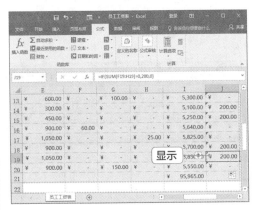

6.3 引用单元格

引用单元格的作用在于标识工作表中的单元格或单元格区域，并通过引用单元格来标识公式中所使用的数据地址，这样在创建公式时就可以直接通过引用单元格的方法来快速创建公式并实现计算，提高计算数据的效率。本节将详细介绍相对引用与绝对引用这两种引用方法，以及引用不同类型单元格的操作。

6.3.1 相对引用

相对引用是指当前单元格与公式所在单元格的相对位置。在默认情况下，复制与填充公式时，公式中的单元格地址会随着存放计算结果的单元格位置的不同而变化，6.1.3 节中复制公式时，就是单元格相对引用的结果。

将公式复制或填充到其他单元格时，单元格中公式的引用位置会作相应的变化，但引用的单元格与包含公式的单元格的相对位置不变。

例如，将 N4 单元格的公式填充到 N5:N15 单元格区域中，可看到填充的单元格区域中公式的引用位置发生了相应的变化。

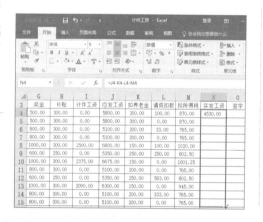
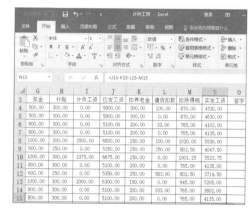

6.3.2 绝对引用——计算税后工资

绝对引用是指引用单元格的绝对地址，将公式复制到其他单元格时，行和列的引用不会变。绝对引用的方法是在行号和列标前添加一个"$"符号。下面以"员工工资表 1.xlsx"工作簿为例使用绝对引用计算税后工资，操作步骤如下。

绝对引用

素材:	素材 \ 第 6 章 \ 员工工资表 1.xlsx
效果:	效果 \ 第 6 章 \ 员工工资表 1.xlsx

STEP 1 选择单元格

打开"员工工资表 1.xlsx"工作簿，选择 F5 单元格。

单击

STEP 2 设置绝对引用

将编辑栏中的文本 "=C5-D5-E5" 修改 为 "=C5-$D$5-E5"，按【Enter】键确认 修改。

编辑

STEP 3 快速填充公式

❶选择 F5 单元格，将鼠标指针移到该单 元格右下角的控制柄上；❷当鼠标指针变成⊞ 形状时按住鼠标左键不放，将其拖动到 F20 单 元格。

❶选择

❷拖动

STEP 4 查看绝对引用效果

在 F6:F20 单元格区域内，将绝对引 用单元格 $D$5，自动填充公式，并计算出 结果。

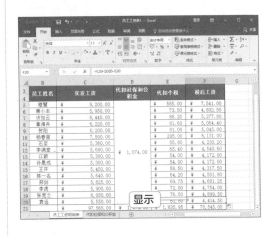

显示

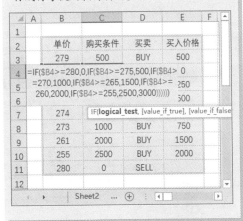

操作解谜

混合引用

混合引用就是指公式中既有绝对引用 又有相对引用。混合引用在行号或列标前添 加 "$" 符号，添加 "$" 符号的行号或列标 就使用绝对引用，而未添加 "$" 符号的列 标或行号使用相对引用。

第 **6** 章　数据计算与管理

6.3.3　引用非当前工作表中的单元格——计算现金流入

计算表格数据，除了使用复制粘贴操作直接引用单元格中的数据以外，还可以通过输入公式来引用其他工作表或工作簿中单元格的数据。下面以"现金流量表.xlsx"工作簿、"工作底稿.xlsx"工作簿为例引用不同工作表、工作簿中的单元格计算数据，操作步骤如下。

引用非当前工作表中的单元格

素材：素材\第6章\现金流量表.xlsx

效果：效果\第6章\现金流量表.xlsx

STEP 1　选择单元格

❶打开"现金流量表.xlsx"工作簿，选择"现金流量表"工作表；❷选择C29单元格；❸在编辑栏中输入"="。

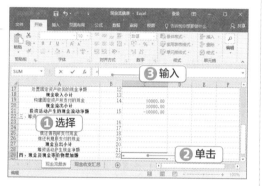

STEP 2　引用不同工作簿中的单元格

❶打开"工作底稿.xlsx"工作簿，选择E62单元格；❷此时"工作底稿"工作表中的编辑栏显示为"=[工作底稿.xlsx]工作底稿!$E$62"。

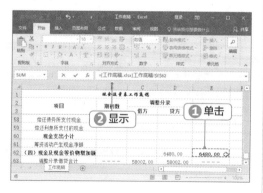

STEP 3　查看不同工作簿中单元格的引用

按【Enter】键完成引用操作，自动返回"现金流量表.xlsx"工作簿，C29单元格显示为引用值"6480.00"，编辑栏显示为"=工作底稿.xlsx!$E$62"。

STEP 4　再次选择单元格

❶选择"现金收支汇总"工作表；❷选择B3单元格；❸在编辑栏中输入"="号。

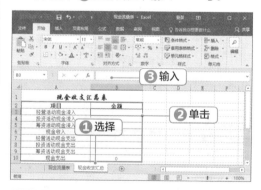

STEP 5　引用不同工作表中的单元格

❶选择"现金流量表"工作表；❷选择C7单元格；❸此时"现金流量表"工作表中的编辑栏显示为"=现金流量表!C7"。

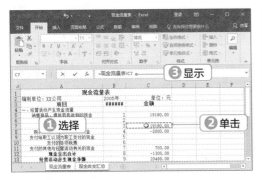

STEP 6　查看不同工作表中单元格的引用

按【Enter】键完成引用操作，自动返回"现

金收支汇总"工作表，B3 单元格显示为引用值
"19180"，编辑栏显示为"= 现金流量表 !C7"。

6.3.4　引用定义名称的单元格——计算实发工资

默认情况下，单元格是由列标 + 行号命名，在计算工作簿中的数据时用户可以根据实际情况自定义单元格名称，并在公式或函数中使用。下面以"计件工资 1.xlsx"工作簿为例定义并引用单元来计算数据，操作步骤如下。

引用定义名称的单元格

素材：素材 \ 第 6 章 \ 计件工资 1.xlsx

效果：效果 \ 第 6 章 \ 计件工资 1.xlsx

STEP 1　打开"新建名称"对话框

❶打开"计件工资 1.xlsx"工作簿，选择 K5:K16 单元格区域；❷在选择的任意单元格上单击鼠标右键，再在打开的快捷菜单中选择"定义名称"选项。

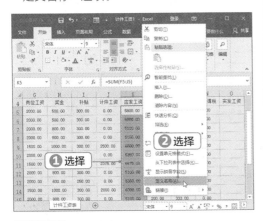

STEP 2　定义名称

❶打开"新建名称"对话框，在"名称"

文本框中输入"应发工资"；❷单击"确定"按钮。

STEP 3　定义其他单元格名称

与步骤 1、步骤 2 同理，将 L5:L16 单元格区域定义为"扣养老金"；将 M5:M16 单元格区域定义为"请假扣款"；将 N5:N16 单元格区域定义为"扣所得税"。

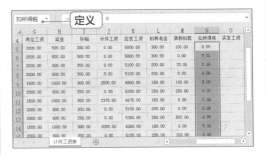

形状时按住鼠标左键不放，将其拖动到 O16 单元格。

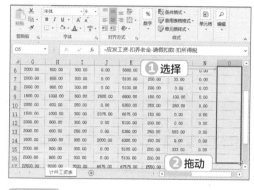

取消单元格的自定义名称

要删除自定义的单元格名称，需在【公式】/【定义的名称】组中单击"名称管理器"按钮，打开"名称管理器"对话框，在列表框中选择名称，然后单击"删除"按钮即可删除所选的单元格名称。

STEP 4 输入公式

❶选择 O5 单元格；❷将光标定位到编辑栏中，在编辑栏中输入"= 应发工资 – 扣养老金 – 请假扣款 – 扣所得税"，按【Enter】键完成输入。

STEP 6 查看引用定义名称的效果

在 O5:O16 单元格区域内，编辑栏中均显示为"= 应发工资 – 扣养老金 – 请假扣款 – 扣所得税"，并在单元格中显示计算出的结果。

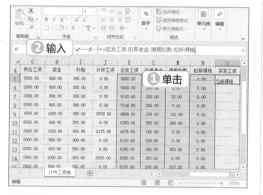

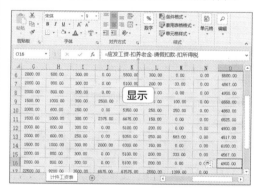

STEP 5 快速填充公式

❶选择 O5 单元格，将鼠标指针移到该单元格右下角的控制柄上；❷当鼠标指针变成 +

6.4　筛选数据

在数据量较多的表格中查看具有特定条件的数据时，单个操作起来将非常麻烦，此时可使用数据筛选功能快速将符合条件的数据显示出来，并隐藏表格中的其他数据。本节将详细介绍使用自动筛选、自定义筛选和高级筛选 3 种筛选数据的方法。

6.4.1　自动筛选——筛选指定颜色的商品

自动筛选数据是根据用户设定的筛选条件，自动将表格中符合条件的数据显示出来，而将表格中的其他数据隐藏。下面以"商场进货表 .xlsx"工作簿为例对颜色进行筛选，操作步骤如下。

自动筛选

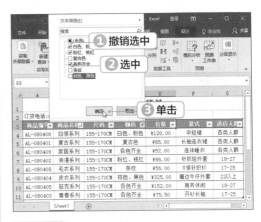

素材：素材 \ 第 6 章 \ 商场进货表 .xlsx

效果：效果 \ 第 6 章 \ 商场进货表 .xlsx

STEP 1　进入筛选状态

打开"商场进货表 .xlsx"工作簿，在【数据】/
【排序和筛选】组中单击"筛选"按钮，即可
进入筛选状态。

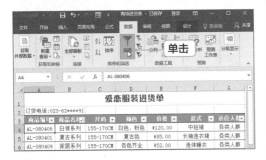

STEP 2　设置筛选条件

❶单击"颜色"下拉按钮，在打开的列表
框中撤销选中"全选"复选框；❷单击选中"白
色、粉色""粉红、桃红""各色齐全"复选框；
❸单击"确定"按钮。

技巧秒杀

关键字筛选内容

在"搜索"文本框中直接输入想要筛
选的内容的关键字，即可筛选出含有该关
键字的内容。

STEP 3　查看筛选结果

Excel 表格中只显示颜色为"白色、粉
色""粉红、桃红""各色齐全"的数据信息，
其他数据将全部隐藏，效果如下图所示。

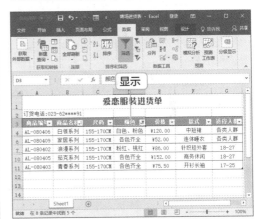

6.4.2　自定义筛选——筛选商场进货表中的价格

自定义筛选一般用于筛选数值型数据，通过设定筛选条件，可将符合条件
的数据筛选出来。下面以"商场进货表 1.xlsx"工作簿为例对价格大于等于"100"
的数据进行筛选，操作步骤如下。

自定义筛选

素材：素材 \ 第 6 章 \ 商场进货表 1.xlsx

效果：效果 \ 第 6 章 \ 商场进货表 1.xlsx

**STEP 1　打开"自定义自动筛选方式"对
话框**

❶打开"商场进货表 1.xlsx"工作簿，进

入筛选状态，单击"价格"单元格的下拉按钮；
❷在打开的下拉列表中选择"数字筛选"选项；
❸在打开的子列表中选择"自定义筛选"选项。

143

② 选择

① 单击

③ 单击

STEP 2 设置筛选条件

①打开"自定义自动筛选方式"对话框，在"价格"栏左侧的下拉列表框中选择"大于或等于"；②在右侧的文本框中输入"100"；③单击"确定"按钮，完成筛选条件的设置。

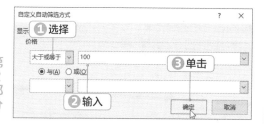

① 选择

③ 单击

② 输入

STEP 3 查看筛选结果

完成后可看到 Excel 表格中只显示价格大于或等于"100"的数据信息，其他数据将全部隐藏。

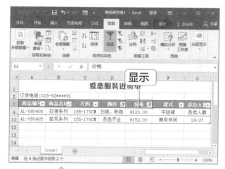

显示

技巧秒杀

设置自定义筛选

在"自定义自动筛选方式"对话框左侧的下拉列表框中只能执行选择操作，而右侧的下拉列表框可直接输入数据，在输入筛选条件时，可使用通配符代替字符或字符串，如用"?"代表任意单个字符，用"*"代表任意多个字符。

6.4.3 高级筛选——对多条件下的数据进行筛选

自定义筛选是根据 Excel 提供的条件对数据进行筛选，高级筛选则是根据自己设置的条件进行筛选。下面以"计件工资 2.xlsx"工作簿为例对"应发工资"小于"5500"，并且"请假扣款"大于"100"的数据进行筛选，操作步骤如下。

高级筛选

素材：素材\第6章\计件工资 2.xlsx

效果：效果\第6章\计件工资 2.xlsx

STEP 1 打开"高级筛选"对话框

①打开"计件工资 2.xlsx"工作簿，在F18:G19单元格区域中分别输入"应发工资""请假扣款""<5500"">100"；②选择【数据】/【排序和筛选】组，单击"高级"按钮。

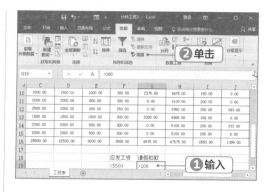

② 单击

① 输入

STEP 2 高级筛选

❶打开"高级筛选"对话框，在"列表区域"文本框中输入"工资表 !$C$3:$L$16"；❷在"条件区域"文本框中输入"工资表!$F$18:$G$19"；❸单击"确定"按钮。

STEP 3 查看筛选结果

Excel 表格中只显示"应发工资"小于"5500"，并且"请假扣款"大于"100"的数据。

6.5 数据排序

在 Excel 中，数据排序能按一定的方式将表格中的数据重新排列。数据排序常用于数据量较大的统计工作中，有助于更好地组织并查找所需的数据。本节将详细介绍数据排序中简单排序、关键字排序和自定义排序的操作。

6.5.1 简单排序

简单排序是处理数据时最常用的排序，它根据工作表中的相关数据或字段名将表格重点数据进行排序。简单排序有升序（从低到高）或降序（从高到底）两种排序方法。下面介绍具体内容。

1. 对整个工作表排序

若需要对整个工作表进行排序，则只需要选择排序目标列中的任意一个单元格，再单击"升序"按钮或"降序"按钮即可。

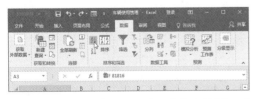

此处以"车号"为标准进行排序，选择"A3"单元格，在【数据】/【排序和筛选】组中单击"升序"按钮，即可完成升序排序。

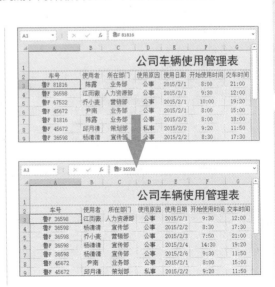

2. 对特定的区域排序

若需要对特定的区域进行排序，则只需要选择该区域，再单击"升序"按钮或"降序"按钮即可。

如下图所示，在工作表中选择 F4:G14 单元格区域，在【数据】/【排序和筛选】组中单击"降序"按钮，即可完成对所选区域的降序排序操作。

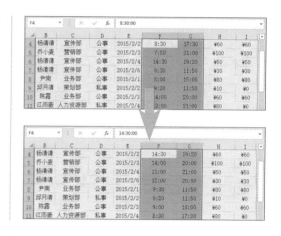

6.5.2 关键字排序——按使用日期和车号排序

关键字排序是指根据指定关键字的单个或多个字段对数据进行排序，关键字排序主要用于同时对多列内容进行排序。下面以"车辆使用管理.xlsx"工作簿为例以"使用日期"和"车号"为关键字进行排序，操作步骤如下。

关键字排序

素材：素材\第6章\车辆使用管理.xlsx

效果：效果\第6章\车辆使用管理.xlsx

STEP 1 打开"排序"对话框

❶打开"车辆使用管理.xlsx"工作簿，选择 A1 单元格；❷在【数据】/【排序和筛选】组中单击"排序"按钮。

STEP 2 设置主要关键字

❶打开"排序"对话框，在"主要关键字"下拉列表框中选择"使用日期"选项；❷在"排序依据"下拉列表框中选择"数值"选项；

❸在"次序"下拉列表框中选择"降序"选项。

操作解谜

数字和字母排序

在Excel 2016中，除了可以对数字进行排序外，还可以对字母或文本进行排序。数字的大小按照熟知的大小进行排列；而字母的排序按照从 A~Z 的字母顺序进行排列，其中A~Z为升序，Z~A为降序。

STEP 3 设置次要关键字

❶单击"添加条件"按钮；❷在"次要关键字"下拉列表框中选择"车号"选项；❸在"排序依据"下拉列表框中选择"数值"选项；

④在"次序"下拉列表框中选择"升序"选项；

⑤单击"确定"按钮。

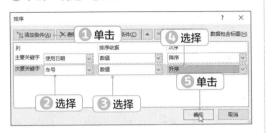

效果如下图所示。

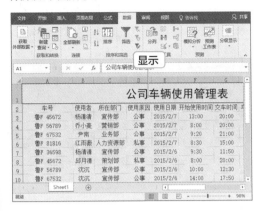

STEP 4 查看排序效果

返回工作簿，此时工作表中先按照"使用日期"降序排列，再按照"车号"升序排列，

6.5.3 自定义排序——按年龄段排序

若想以升序或降序之外的方式对工作簿进行排序，则需要设置自定义排序。下面以"商场进货表 2.xlsx"工作簿为例以"适应人群"为关键字自定义排序，操作步骤如下。

自定义排序

素材：素材 \ 第 6 章 \ 商场进货表 2.xlsx

效果：效果 \ 第 6 章 \ 商场进货表 2.xlsx

STEP 1 打开"Excel 选项"对话框

打开"商场进货表 2.xlsx"工作簿，选择【文件】/【选项】菜单命令。

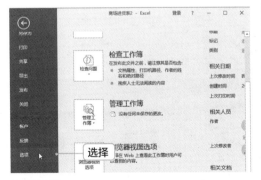

STEP 2 打开"自定义序列"对话框

❶打开"Excel 选项"对话框，在左侧的列表中选择"高级"选项；❷在右侧窗口的"常规"栏中单击"编辑自定义列表"按钮。

STEP 3 自定义序列

❶打开"自定义序列"对话框，在"输入序列"文本框中输入"17-25，18-27，22 以上，各类人群"；❷单击"添加"按钮，序列被添加到左侧的"自定义序列"列表框中；❸单击"确定"按钮。

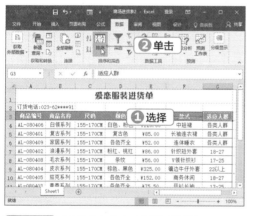

STEP 4 打开"排序"对话框

❶返回工作表编辑区，选择 G3 单元格；❷选择【数据】/【排序和筛选】组，单击"排序"按钮。

STEP 5 打开"自定义序列"对话框

❶打开"排序"对话框，在"主要关键字"下拉列表框中选择"适应人群"选项；❷在"排序依据"下拉列表框中选择"数值"选项；❸在"次序"下拉列表框中选择"自定义排序"选项。

STEP 6 选择序列

❶打开"自定义序列"对话框，在"自定义序列"列表框中选择"17-25，18-27，22以上，各类人群"选项；❷单击"确定"按钮。

STEP 7 完成排序

返回"排序"对话框，单击"确定"按钮完成排序。

STEP 8 查看自定义排序效果

返回工作簿，此时工作表按照以"适应人群"为关键字，"17-25，18-27，22 以上，各类人群"为次序排序，效果如下图所示。

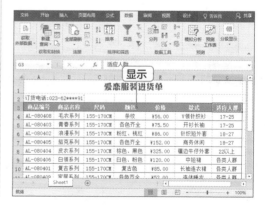

6.6 分类汇总

分类汇总指根据表格中的某一列数据将所有记录进行分类，然后再对每一类记录分别进行汇总，以便使表格的结构更清晰，使用户能更好地掌握表格中重要的信息。本节将详细介绍创建分类汇总、显示与隐藏分类汇总、多重分类汇总以及通过汇总级别查阅数据的操作。

6.6.1 创建分类汇总——按所在部门分类汇总

创建分类汇总，首先需要对数据进行排序，然后通过"分类汇总"对话框设置实现。下面以"车辆使用管理 1.xlsx"工作簿为例按"所在部门"和"车号"排序数据，并进行汇总操作，操作步骤如下。

创建分类汇总

素材：素材 \ 第 6 章 \ 车辆使用管理 1.xlsx

效果：效果 \ 第 6 章 \ 车辆使用管理 1.xlsx

STEP 1　打开"排序"对话框

❶打开"车辆使用管理 1.xlsx"工作簿，选择 A1 单元格；❷在【数据】/【排序和筛选】组中单击"排序"按钮。

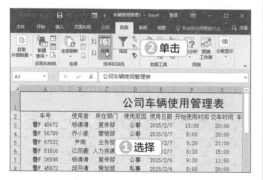

STEP 2　设置主要关键字

❶打开"排序"对话框，在"主要关键字"下拉列表框中选择"所在部门"选项；❷在"排序依据"下拉列表框中选择"数值"选项；❸在"次序"下拉列表框中选择"升序"选项。

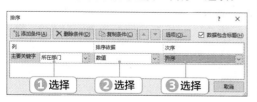

STEP 3　设置次要关键字

❶单击"添加条件"按钮；❷在"次要关键字"下拉列表框中选择"车号"选项；❸在"排序依据"下拉列表框中选择"数值"选项；❹在"次序"下拉列表框中选择"升序"选项；❺单击"确定"按钮。

STEP 4　打开"分类汇总"对话框

❶返回工作表编辑区，选择 A2:J24 单元格区域；❷在【数据】/【分级显示】组中单击"分类汇总"按钮。

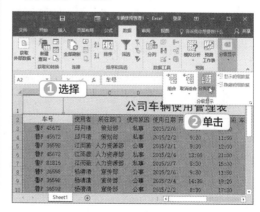

STEP 5 设置分类汇总

❶打开"分类汇总"对话框,在"分类字段"下拉列表框中选择"所在部门"选项;❷在"汇总方式"下拉列表框中选择"求和"选项;❸在"选定汇总项"列表框中单击选中"车辆消耗费""报销费""驾驶员补助费"复选框;❹单击"确定"按钮。

STEP 6 查看分类汇总效果

返回工作表编辑区,工作表中的数据按照"所在部门"分类,按"所在部门"和"车号"

先后排序,并汇总了"车辆消耗费""报销费""驾驶员补助费"。

操作解谜

分类汇总设置

在"分类汇总"对话框中单击选中"每组数据分页"复选框可按每个分类汇总自动分页;单击选中"汇总结果显示在数据下方"复选框可指定汇总行位于明细行的下面;单击"全部删除"按钮可删除已创建好的分类汇总。

6.6.2 多重分类汇总——进行多次分类汇总

默认情况下,在表格中只显示一种汇总方式,用户可根据需要设置多重分类汇总,方便对数据的分析。下面以"车辆使用管理 2.xlsx"工作簿为例按"使用原因"分类,并对"使用者"汇总,操作步骤如下。

素材:素材 \ 第 6 章 \ 车辆使用管理 2.xlsx
效果:效果 \ 第 6 章 \ 车辆使用管理 2.xlsx

STEP 1 打开"分类汇总"对话框

❶打开"车辆使用管理 2.xlsx"工作簿,选择 A2:J30 单元格区域;❷在【数据】/【分级显示】组中单击"分类汇总"按钮。

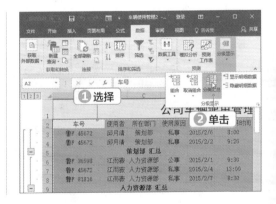

多重分类汇总

STEP 2　设置分类汇总

❶打开"分类汇总"对话框，在"分类字段"下拉列表框中选择"使用原因"；❷在"汇总方式"下拉列表框中选择"计数"；❸在"选定汇总项"列表框中单击选中"使用者"复选框；❹撤销默认选中的"替换当前分类汇总"复选框；❺单击"确定"按钮。

STEP 3　查看分类汇总效果

返回工作表编辑区，数据会按"所在部门"分类，按"所在部门"和"车号"先后排序，并

在汇总了"车辆消耗费""报销费""驾驶员补助费"的基础上，按"使用原因"分类，并对"使用者"的数量进行计数，效果如下图所示。

操作解谜

更改汇总方式

打开"分类汇总"对话框，撤销原先选中的"选定汇总项"，重新单击选中新的"选定汇总项"即可更改汇总方式。通过更改汇总方式，可以在原先分类的基础上，查看不同的汇总项目，了解更多的数据信息。

6.6.3　隐藏与显示分类汇总——通过汇总级别查看数据

创建分类汇总后，为了方便查看表格某部分的数据，可将分类汇总后暂时不需要的数据隐藏起来，当需要查看被隐藏起来的数据时，再将其显示出来。下面以"车辆使用管理 3.xlsx"工作簿为例查看"人力资源部"中由于"私事"使用车辆的情况，操作步骤如下。

隐藏与显示分类汇总

素材：素材\第 6 章\车辆使用管理 3.xlsx

效果：效果\第 6 章\车辆使用管理 3.xlsx

STEP 1　隐藏 2 级汇总数据内容

打开"车辆管理表 3.xlsx"工作簿，在分级显示框中单击 2 级汇总图标，则只展示 1 级和 2 级的文本内容。

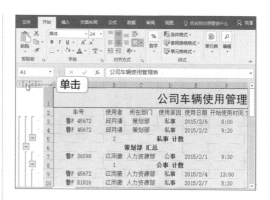

STEP 2　查看 2 级汇总情况

此时将显示 2 级汇总项目，而隐藏具体数据内容。

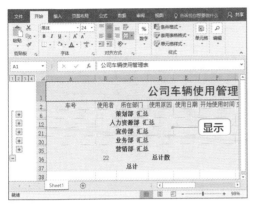

STEP 3　单击"人力资源部"汇总图标

单击 2 级汇总图标下对应"人力资源部"汇总情况的图标。

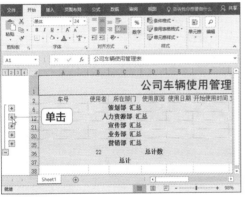

STEP 4　显示"人力资源部"汇总情况

此时显示"人力资源部"汇总情况下"公事"与"私事"汇总。

STEP 5　单击"公事"汇总图标

单击"人力资源部"汇总下对应的"公事"汇总图标。

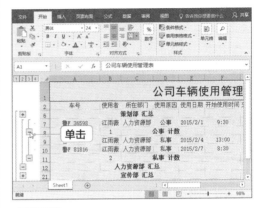

STEP 6　查看最终显示效果

此时在工作表中隐藏了"公事"汇总情况，仅显示"人力资源部"中由于"私事"使用车辆的情况。

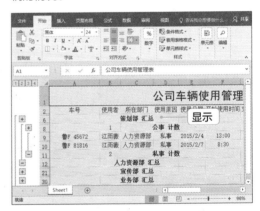

技巧秒杀

清除分级显示

选择【数据】/【分级显示】组，单击"取消组合"的下拉按钮，在打开的下拉列表中选择"清除分级显示"选项，可将分级显示框删除，只保留数据汇总结果。

第 2 部分

高手竞技场 ——数据计算与管理

1. 计算员工工资

打开"员工工资表 2.xlsx"工作簿，计算其中的数据，要求如下。

● 打开工作簿，输入公式计算 M3 单元格"实发金额"。

● 使用快速填充功能，填充 M4:M20 单元格。

● 追踪引用 M3 单元格区域的单元格。

● 实时监视 M4 单元格。

2. 管理车辆维修记录

打开"车辆维修记录表.xlsx"工作簿，对其中的数据进行分类汇总，要求如下。

● 以"品牌"列的数据按升序进行排列，且将其中值相同的数据以"价格"列的数据按升序进行排列。

● 以"品牌"相同的数据进行分类，以"所属部门"计数，进行分类汇总。

● 以"型号"相同的数据进行分类，以"所属部门"计数，再次进行分类汇总。

● 隐藏分类汇总，仅显示"品牌"为"宝马"，型号为"X1"的车辆维修记录。

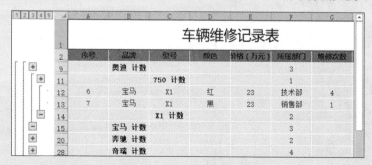

第7章

Excel 常用函数

本章导读

Excel 2016 提供很多种类的函数，包括数学函数、逻辑函数、文本函数、统计函数、时间和日期函数、查询和引用函数等，本章主要介绍了日常工作中常用的一些函数，掌握这些函数的使用方法并灵活运用，将大大提高办公中的工作效率。

某食品厂车间生产记录表

产品代码	产品名称	生产数量	单位	生产车间	合格率	是否通过检验	排名
hty001	山楂片	1000	袋	第一车间	92.7%	未通过	11
hty002	小米锅粑	1200	袋	第二车间	89.0%	未通过	17
hty003	通心卷	800	袋	第二车间	99.0%	通过	2
hty004	蚕豆	600	袋	第二车间	100.0%	通过	1
hty005	咸干花生	500	袋	第四车间	98.5%	通过	3
hty006	怪味胡豆	1300	袋	第四车间	96.0%	通过	6
hty007	五香瓜子	800	袋	第四车间	95.0%	未通过	9
hty008	红泥花生	750	袋	第四车间	91.7%	未通过	13
hty009	鱼皮花生	1500	袋	第二车间	90.0%	未通过	14

产品生产表

客户资料管理表

街道号	企业地址	联系人	联系电话	开户行	帐号	卡号是否有效
15号	解放路15号	李先生	13065547333	工商银行	955861021546256	TRUE
11号	应祥路11号	陈小姐	13165680013	工商银行	999955812546876	TRUE
117号	大海洋路117号	程先生	13526546560	交通银行	789456112302546	TRUE
28号	解放路28号	苏先生	13598921263	交通银行	456213589754612	TRUE
72号	太白路72号	张先生	13946546855	农业银行	12035647502101	FALSE
54号	宁夏路54号	李小姐	13755465662	光大银行	986599854376879	TRUE
56号	华联路56号	田小姐	13215466226	光大银行	231234664568975	TRUE
27号	观潮路27号	李女士	13346565665	光大银行	898991546897546	TRUE
68号	南应祥路68号	丁女士	13521656565	农业银行	234562136545897	TRUE
29号	青牛路29号	郑小姐	13656565000	工商银行	12564201300123	FALSE

客户资料管理表

7.1 数学函数

数学函数是 Excel 2016 提供的用来完成数学计算的函数，数学函数中常用的函数包括求和函数、绝对值函数、乘法函数、余数函数、四舍五入函数、保留小数函数等。通过使用数学函数，能够使一些复杂的运算变得简单，同时能够提高运算速度、提高工作效率。本节将详细介绍不同数学函数的使用方法。

7.1.1 求和函数 SUM——计算报销费用

求和函数 SUM 是用于计算单元格数值之和的函数，它是 Excel 2016 中最常用的函数之一。下面以"外勤报销单 .xlsx"工作簿为例计算 D6:D10 单元格区域值的和，操作步骤如下。

求和函数 SUM

素材：素材 \ 第 7 章 \ 外勤报销单 .xlsx
效果：效果 \ 第 7 章 \ 外勤报销单 .xlsx

STEP 1 打开"插入函数"对话框

❶打开"外勤报销单 .xlsx"工作簿，选择 D11 单元格；❷在【公式】/【函数库】组中单击"插入函数"按钮 f_x。

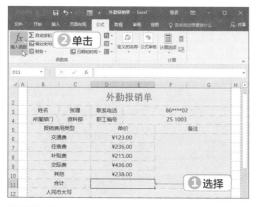

STEP 2 打开"函数参数"对话框

❶打开"插入函数"对话框，在"或选择类别"下拉列表框中选择"数学与三角函数"；❷在"选择函数"列表框中选择"SUM"选项；❸单击"确定"按钮。

STEP 3 设置函数参数

❶打开"函数参数"对话框，在"Number1"文本框中输入"D6:D10"文本；❷单击"确定"按钮。

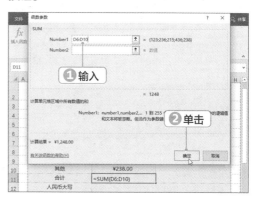

操作解谜

求和函数的语法结构及其参数

$SUM(number1,[number2],\cdots)$，number1,number2,$\cdots$为1到255个需要求和的数值参数。"=SUM(A1:A3)"表示计算A1:A3单元格区域中所有数字的和。

STEP 4　查看计算结果

返回工作表编辑区，即可看到单元格 D11 中显示使用求和函数得出的计算结果，D11 单元格对应的编辑栏中显示了求和函数。

7.1.2　绝对值函数 ABS——计算产品差额

绝对值函数 ABS 是将所有的负值转换为正值的函数，它仅改变数值前的符号，而不改变数值的大小。下面以"产品销售情况 .xlsx"工作簿为例计算预计销售额与实际销售额之间的产品差值，操作步骤如下。

绝对值函数 ABS

素材：素材＼第7章＼产品销售情况 .xlsx

效果：效果＼第7章＼产品销售情况 .xlsx

STEP 1　打开"插入函数"对话框

❶打开"产品销售情况 .xlsx"工作簿，选择 M4 单元格；❷在【公式】/【函数库】组中单击"插入函数"按钮。

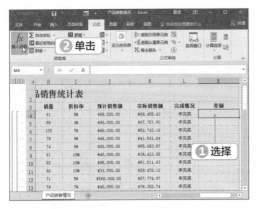

STEP 2　打开"函数参数"对话框

❶打开"插入函数"对话框，在"或选择

类别"下拉列表框中选择"数学与三角函数"选项；❷在"选择函数"列表框中选择"ABS"选项；❸单击"确定"按钮。

STEP 3　设置函数参数

❶打开"函数参数"对话框，在"Number"文本框中输入"K4-J4"文本；❷单击"确定"按钮。

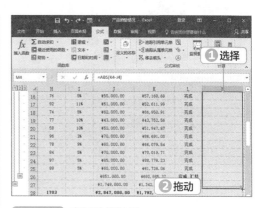

操作解谜

ABS 函数的语法结构及其参数

ABS(number)中，number表示需要取绝对值的对象，它可以是数值，也可以是公式或函数计算的结果，如ABS(−5)的结果为5，ABS(5−4)的结果为1。

STEP 4 快速填充函数

❶返回工作表编辑区，M4 单元格中显示了使用绝对值函数得出的计算结果，选择 M4 单元格，将鼠标指针移到该单元格右下角的控制柄上；❷当鼠标指针变成╋形状时按住鼠标左键不放，将其拖动到 M27 单元格。

STEP 5 查看计算结果

在 M4:M27 单元格区域内，自动填充函数，并计算出结果，效果如下图所示。

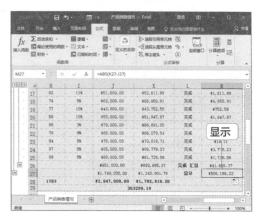

7.1.3 舍入计算函数

在处理小数位数过多的数据并需要保留小数时，往往会使用四舍五入函数 ROUND。而需要截取数据的整数部分时，会使用取整函数 TRUNC。下面介绍具体内容。

1. 四舍五入函数 ROUND

ROUND(number,num_digits) 是 ROUND 函数的语法结构。"number"表示需要进行四舍五入的数值；"num_digits"表示在执行 ROUND 函数操作时，指定舍入的小数位数。

● num_digits > 0：四舍五入到指定的小数位。

- num_digits = 0：四舍五入到最接近的整数位。

- num_digits < 0：在小数点左侧进行四舍五入。

技巧秒杀

与ROUND函数同类的两个函数

ROUND函数还有两个同类的函数：ROUNDDOWN、ROUNDUP。其中，ROUNDDOWN函数是按指定位数舍去数字指定位数后面的小数。如输入=ROUNDDOWN（8.365，2）则会出现数字8.36，将两位小数后的数字全部舍掉；ROUNDUP函数是按指定位数向上舍入指定位数后面的小数。如输入=ROUNDUP(5.682，2）则会出现数字5.69，将两位小数后的数字舍上去，除非其后为零。

2. 保留小数函数 TRUNC

TRUNC 函数可将数字的小数部分截去，返回整数。

TRUNC(number,num_digits) 是 TRUNC 函数的语法结构。"number"表示需要进行舍弃操作的数值；"num_digits"表示

指定的位数在执行 TRUNC 函数操作时，指定保留的小数位数。

- num_digits > 0：保留指定的小数位。

- num_digits = 0：保留整数位。

- num_digits < 0：保留在小数点左侧位数的整数。

- num_digits 为空：默认保留整数位。

7.2 逻辑函数

逻辑函数分为逻辑运算函数与逻辑判断函数，逻辑运算函数是指测试真假值的一类函数，如和函数 AND、或函数 OR、否函数 NOT 等；逻辑判断函数是指进行真假值判断，或者进行复合检验的一类函数，如条件函数 IF。本节将详细介绍逻辑运算函数和逻辑判断函数在 Excel 表格中的应用。

7.2.1　逻辑运算函数——检验学生补考情况

逻辑运算函数通常用来测试数据的真假值，参数返回为 TRUE 或 FALSE。下面以"成绩统计表 .xlsx"工作簿为例检验学生语文、数学和英语成绩是否及格，以及是否出现需要补考的情况，操作步骤如下。

逻辑运算函数

素材：素材 \ 第 7 章 \ 成绩统计表 .xlsx
效果：效果 \ 第 7 章 \ 成绩统计表 .xlsx

STEP 1 打开"插入函数"对话框

❶打开"成绩统计表 .xlsx"工作簿，选择 L4 单元格；❷在【公式】/【函数库】组中单击"插入函数"按钮。

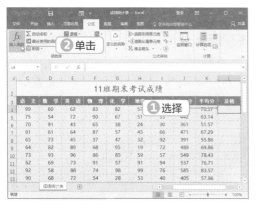

STEP 2 打开"函数参数"对话框

❶打开"插入函数"对话框，在"或选择类别"下拉列表框中选择"逻辑"选项；❷在"选择函数"列表框中选择"AND"选项；❸单击"确定"按钮。

操作解谜

AND 函数的语法结构及其参数

　　AND 函数的语法结构为：AND（logical1,logical2,…）。其中 logical1，logical2，…是 1 到 255 个待检测的条件，它们可以为 TRUE 或 FALSE。

STEP 3 设置函数参数

❶打开"函数参数"对话框，在"Logical1"文本框中输入"C4>=60"文本；❷在"Logical2"文本框中输入"D4>=60"文本；❸在"Logical3"文本框中输入"E4>=60"文本；❹单击"确定"按钮。

第 7 章　Excel 常用函数

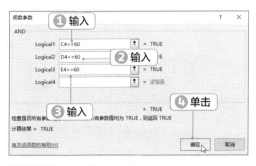

入"=NOT(L4)"文本。

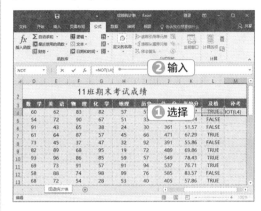

STEP 4 快速填充函数

❶选择 L4 单元格，将鼠标指针移到该单元格右下角的控制柄上；❷当鼠标指针变成✛形状时按住鼠标左键不放，将其拖动到 L19 单元格。

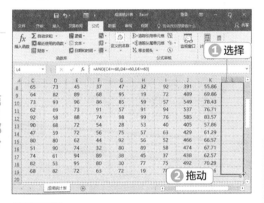

操作解谜

NOT 函数的语法结构及其参数

NOT函数的语法结构为：NOT(logical)，参数logical为一个可以计算出TRUE或FALSE的逻辑表达式，或者参数本身是一个逻辑值。如果logical为FALSE，函数NOT返回TRUE；如果logical为TRUE，则返回FALSE。

STEP 5 查看填充结果

返回工作簿，即可看到在 L4:L19 单元格区域内自动填充了函数，查看是否及格。

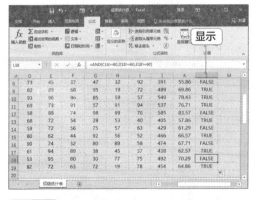

STEP 7 复制粘贴函数

❶选择 M4 单元格，按【Ctrl+C】组合键复制该单元格；❷选择 M5:M19 单元格区域，单击鼠标右键；❸在打开的快捷菜单"粘贴选项"栏内执行"公式"命令。

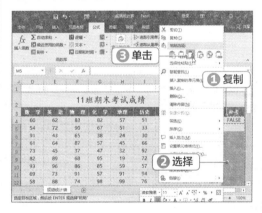

STEP 6 输入否函数 NOT

❶单击选择 M4 单元格；❷在编辑栏中输

STEP 8 查看复制粘贴结果

返回工作簿，即可在 M5:M19 单元格区域内查看数值，确认学生是否需要参加补考。

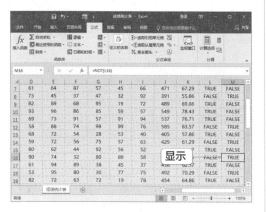

7.2.2 逻辑判断函数——判断报销金额

逻辑判断函数是对真假值进行判断，或者进行复核检验的函数，它可以确定条件为真还是假，并由此返回不同的值。下面以"通信费年度统计表 .xlsx"工作簿为例，使用 IF 函数判断报销金额大小，当通讯设备为"手机"时，报销金额为 15 000；当通信设备为"座机"时，报销金额为 600，操作步骤如下。

逻辑判断函数

素材：素材 \ 第 7 章 \ 通信费年度统计表 .xlsx

效果：效果 \ 第 7 章 \ 通信费年度统计表 .xlsx

STEP 1 打开"插入函数"对话框

❶打开"通信费年度统计表 .xlsx"工作簿，选择 J4 单元格；❷在【公式】/【函数库】组中单击"插入函数"按钮。

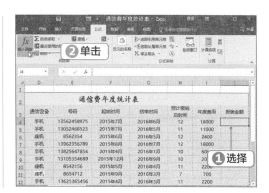

STEP 2 打开"函数参数"对话框

❶打开"插入函数"对话框，在"或选择类别"下拉列表框中选择"逻辑"；❷在"选择函数"列表框中选择"IF"选项；❸单击"确定"按钮。

STEP 3 设置函数参数

❶打开"函数参数"对话框，在"Logical_test"文本框中输入"D4="手机""文本；❷在"Value_if_true"文本框中输入"15000"文本；❸在"Value_if_false"文本框中输入"600"文本；❹单击"确定"按钮。

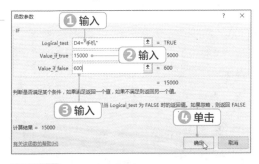

STEP 4 快速填充函数

❶选择 J4 单元格，将鼠标指针移到该单元格右下角的控制柄上；❷当鼠标指针变成✛形状时按住鼠标左键不放，将其拖动到 J20 单元格。

操作解谜

IFNA 函数与 IFERROR 函数

IFNA函数与IFERROR函数也为逻辑判断函数，其语法结构与功能如下。

IFNA函数的语法结构为：IFNA(value,value_if_na)，其作用是：如果表达式的解析为#N/A，则返回指定的值，否则返回表达式的结果。

IFERROR函数的语法结构为：IFERROR (value,value_if_error)，其作用是：如果表达式是一个错误，则返回value_if_error，否则返回表达式自身的值。

STEP 5 查看计算结果

返回工作簿，即可查看每人的年度通信费报销金额。

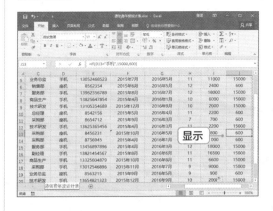

7.3 统计函数

统计函数通过统计的方法来捕捉数据特征，它是办公中常用的函数之一。通过以平均数、条目、排位等不同角度对数据进行统计，能更加清晰地了解并分析工作簿中的数据。本节将详细介绍使用平均数、条目、排位、最大值和最小值函数统计数据的操作方法。

7.3.1 平均数函数

平均数函数是获取设置值总数除以设置值数量得到的值的函数，它是制作 Excel 表格时分析数据的常用函数之一。常用的平均函数分类有：一般平均数函数、条件平均数函数。下面介绍其具体内容。

1. 一般平均数函数

平时处理数据常用的 AVERAGE 函数和 AVERAGEA 函数便属于一般平均数函数。

● AVERAGE 函数：AVERAGE(number1, number2…) 是 AVERAGE 函数的语法结构，它返回所有参数的算术平均值。参数 number1,number2…可以是数值，或包含数值的名称数组，也可以是引用。

操作解谜

多个参数的设置

AVERAGE函数和SUM函数的参数设置类似，它们都只需选择单元格区域。选择单元格区域时，它们都可以将连续的单元格区域设置在一个参数下，也可以将非连续的单元格区域设置在一个或多个参数下。

● AVERAGEA 函数：AVERAGEA(value 1,value2…) 是 AVERAGEA 函数的语法结构，它返回所有参数的算术平均值。参数 value1,value2…可以是数值、包含数值的名称数组以及引用，也可以是字符串、逻辑值。字符串和逻辑值 FALSE 相当于 0，逻辑值 TRUE 相当于 1。

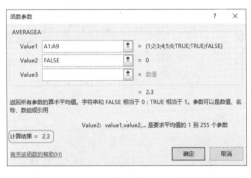

2. 条件平均数函数

条件平均数函数能够返回指定区域内满足给定条件的所有单元格的平均值。

● AVERAGEIF函数：AVERAGEIF(range, criteria,average_range)是AVERAGEIF 函数的语法结构，它返回指定条件的单元格的算术平均值。"range"表示选择的区域，"criteria"表示设置的条件，"average_range"表示计算平均值的实际单元格集，若不设置"average_range"，则视为引用"range"中的单元格。

实际单元格，criteria_range1 表示要为特定条件计算的单元格区域，criteria1 表示设置的条件；AVERAGEIFS 函数中 criteria_range 参数必须设置。

● AVERAGEIFS 函数：AVERAGEIFS (average_range,criteria_range1, criteria1,criteria_range2,criteria2，…) 是 AVERAGEIFS 函数的语法结构，它返回指定条件的单元格的算术平均值。参数 average_range 表示用于计算平均值的

7.3.2　排位函数 RANK.AVG——学生成绩排名

排位函数 RANK.AVG RANK.AVG

排位函数 RANK.AVG 是 RANK.AVERAGE 的简称，它是按设定的区域对数据进行排名的函数。RANK.AVG 返回一个数字在数字列表中的排位，如果多个值相同，它返回多个相同值的平均排位。下面以"成绩统计表 1.xlsx"工作簿为例对学生成绩进行排位，操作步骤如下。

第2部分

素材：素材 \ 第 7 章 \ 成绩统计表 1.xlsx

效果：效果 \ 第 7 章 \ 成绩统计表 1.xlsx

STEP 1　打开"**插入函数**"对话框

❶打开"成绩统计表 1.xlsx"工作簿，选择 M4 单元格；❷在【公式】/【函数库】组中单击"插入函数"按钮。

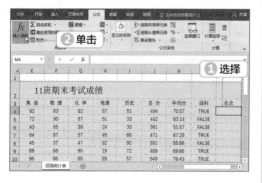

STEP 2　打开"**函数参数**"对话框

❶打开"插入函数"对话框，在"或选择类别"下拉列表框中选择"统计"；❷在"选择函数"列表框中选择"RANK.AVG"选项；❸单击"确定"按钮。

STEP 3 设置函数参数

❶打开"函数参数"对话框,在"Number"文本框中输入"K4"文本;❷在"Ref"文本框中输入"$K$4:$K$19"文本;❸在"Order"文本框中输入"0",它代表以降序的方式排序;❹单击"确定"按钮。

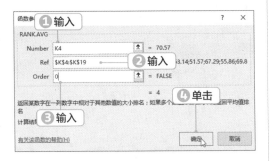

形状时按住鼠标左键不放,将其拖动到 M19 单元格。

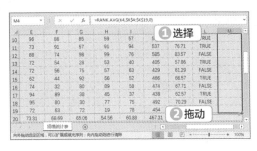

STEP 5 查看计算结果

返回工作簿,即可看到在 M4:M19 单元格区域内自动填充了函数,并计算出了结果。

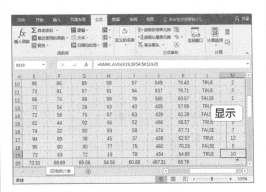

操作解谜

RANK.AVG 函数的语法结构及其参数

RANK.AVG(number,ref,order),其中number表示需要找到排位的数字;ref表示数字列表数组或对数字列表的引用,ref中的非数值型参数将被忽略;order表示数字,指明排位的方式。如果order为零或省略,那么对数字的排位是基于参数ref并按照降序排列的列表。如果order不为零,对数字的排位是基于ref并按照升序排列的列表。

STEP 4 快速填充函数

❶选择 M4 单元格,将鼠标指针移到该单元格右下角的控制柄上;❷当鼠标指针变成✚

技巧秒杀

RANK.EQ函数

最早的排位函数是RANK函数,后续新增了RANK.EQ和RANK.AVG两个排位函数,之前的RANK函数就取消了。如果想提高对重复值的排名精度,则应选择RANK.AVG函数;如果想对相同数值返回相同的排名值,需要选择RANK.EQ函数。

7.3.3 最大值函数和最小值函数

最大值函数 MAX 用于返回一组数据中的最大值,最小值函数 MIN 用于返回一组数据中的最小值。合理使用这两种函数,能够在冗杂数据的工作簿中快速获得需要的数据。下面介绍其具体内容。

1. 最大值函数 MAX

MAX(number1,number2,…) 是 MAX 函数的语法结构。number1、number2…表示 1 到 255 个需要计算最大值的数值参数。

2. 最小值函数 MIN

MIN(number1,number2,…) 是 MIN 函数的语法结构。number1、number2…表示 1 到 255 个需要计算最小值的数值参数。

技巧秒杀

自动求最大值

如果要计算的单元格连续，且存放结果的单元格与之相邻，那么可以选择【公式】/【函数库】组，单击"自动求和"的下拉按钮，在打开的下拉列表中选择"最大值"选项，进行数据的自动求值。

7.4 文本函数

文本函数是 Excel 提供的用来获取文本特定信息的函数。文本函数中常用的函数包括文本串联函数、文本字符统计函数、返回指定字符函数和比较字符串函数等。本节详细介绍了通过使用文本函数，对文本进行提取、替换、返回特定字符的操作。

7.4.1 文本串联函数 CONCATENATE——获取企业地址

文本串联函数是连接多个字符串并将其输出的函数。下面以"客户资料管理表 .xlsx"工作簿为例通过"企业所在街道"与"街道号"获取"企业地址"，操作步骤如下。

文本串联函数 CONACTNATE

素材：素材 \ 第 7 章 \ 客户资料管理表 .xlsx
效果：效果 \ 第 7 章 \ 客户资料管理表 .xlsx

STEP 1 打开"插入函数"对话框

❶打开"客户资料管理表 .xlsx"工作簿，选择 F4 单元格; ❷在编辑栏中单击"插入函数"按钮。

STEP 2 打开"函数参数"对话框

❶打开"插入函数"对话框，在"或选择类别"下拉列表框中选择"文本"选项; ❷在"选择函数"列表框中选择"CONCATENATE"选项; ❸单击"确定"按钮。

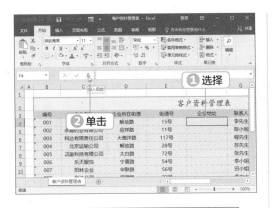

元格右下角的控制柄上；❷当鼠标指针变成⊞形状时按住鼠标左键不放，将其拖动到 F20 单元格。

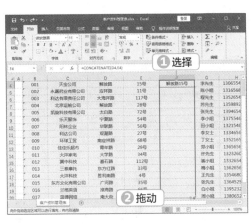

STEP 5 查看文本串联结果

返回工作簿，即可看到在 F4:F20 单元格区域内自动填充了函数，并计算出了结果。

STEP 3 设置函数参数

❶打开"函数参数"对话框，在"Text1"文本框中输入"D4"文本；❷在"Text2"文本框中输入"E4"文本；❸单击"确定"按钮。

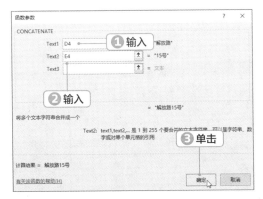

STEP 4 快速填充函数

❶选择 F4 单元格，将鼠标指针移到该单

操作解谜

CONCATENAT 函数的语法结构及其参数

CONCATENAT(text1,text2,…)是CONCATENAT函数的语法结构。参数text1,text2…表示需要合并1到255个文本字符串或区域。

7.4.2 返回文本字符数函数 LEN——检查银行卡号码位数

返回文本字符数函数能够检索文本中有多少字符数，它主要用于检验身份证号码或银行卡号码位数是否正确。下面以"客户资料管理表 1.xlsx"工作簿为例检查客户的银行卡号码位数是否正确，操作步骤如下。

返回文本字符数函数 LEN

素材：素材 \ 第 7 章 \ 客户资料管理表 1.xlsx

效果：效果 \ 第 7 章 \ 客户资料管理表 1.xlsx

STEP 1 打开"插入函数"对话框

❶打开"客户资料管理表 1.xlsx"工作簿，选择 K4 单元格；❷在【公式】/【函数库】组中单击"插入函数"按钮。

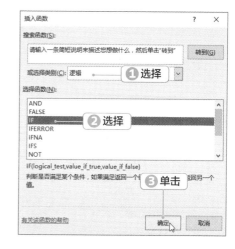

STEP 2 打开"函数参数"对话框

❶打开"插入函数"对话框，在"或选择类别"下拉列表框中选择"逻辑"；❷在"选择函数"列表框中选择"IF"选项；❸单击"确定"按钮。

STEP 3 设置函数参数

❶打开"函数参数"对话框，在"Logical_test"文本框中输入"LEN(J4)=15"文本；❷在"Value_if_true"文本框中输入"TRUE"文本；❸在"Value_if_false"文本框中输入"FALSE"文本；❹单击"确定"按钮。

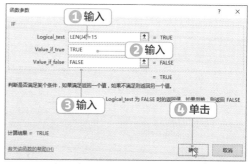

操作解谜

使用 LEN 函数的注意事项

LEN(text)是 LEN 函数的语法结构。其中 text 是要查找其长度的文本，空格也将作为字符进行计数。LEN 函数只能返回数值，若想确认身份证位数、银行卡位数是否正确，需在 IF 函数中嵌套 LEN 函数才能实现。

STEP 4 快速填充函数

❶选择 K4 单元格，将鼠标指针移到该单元格右下角的控制柄上；❷当鼠标指针变成 ➕ 形状时按住鼠标左键不放，将其拖动到 K20 单元格。

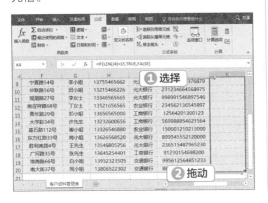

STEP 5 查看计算结果

返回工作簿，即可看到在 K4:K20 单元格区域内自动填充了函数，并计算出了结果。

7.4.3 返回指定字符函数

返回指定字符函数包括返回指定位置开始的字符函数 MID、返回首字符开始的字符函数 LEFT、返回尾字符开始的字符函数 RIGHT。合理使用返回指定字符函数，能快速得到数字账号和文本指定的文本字符串。下面介绍具体内容。

1. 返回指定位置开始的字符函数 MID

MID(text,start_num,num_chars) 是 MID 函数的语法结构。参数 text 表示要提取字符的文本字符串；start_num 表示文本中要提取的第一个字符的位置；num_chars 表示指定希望 MID 函数从文本中返回字符的个数。

2. 返回首字符开始的字符函数 LEFT

LEFT(text,number_chars) 是 LEFT 函数的语法结构。参数 text 表示从首字符开始要提取字符的文本字符串；number_chars 表示指定希望 LEFT 函数从文本中返回字符的个数。

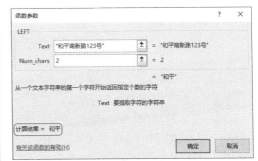

3. 返回尾字符开始的字符函数 RIGHT

RIGHT(text,number_chars) 是 RIGHT 函数的语法结构。参数 text 表示从尾字符开始要提取字符的文本字符串；number_chars 表示指定希望 RIGHT 函数从文本中返回字符的个数。

7.4.4　比较字符串函数 EXACT——确认员工是否更换部门

EXACT 函数是用于比较两个字符串是否完全相同的函数，如果它们完全相同，则返回 TRUE，否则返回 FALSE。下面以"员工信息表 .xlsx"工作簿为例确认员工是否更换部门，操作步骤如下。

比较字符串函数 EXACT

素材：素材 \ 第 7 章 \ 员工信息表 .xlsx
效果：效果 \ 第 7 章 \ 员工信息表 .xlsx

STEP 1　打开"插入函数"对话框

❶打开"员工信息表 .xlsx"工作簿，选择 K5 单元格；❷在【公式】/【函数库】组中单击"插入函数"按钮。

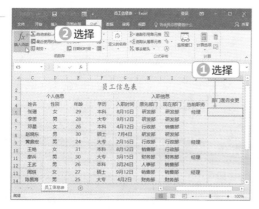

STEP 2　打开"函数参数"对话框

❶打开"插入函数"对话框，在"或选择类别"下拉列表框中选择"文本"；❷在"选择函数"列表框中选择"EXACT"选项；❸

单击"确定"按钮。

操作解谜

EXACT 函数语法结构及其参数

EXACT(text1,text2)中的text1为待比较的第一个字符串，text2为待比较的第二个字符串。利用EXACT函数可以测试在文档内输入的文本。需要注意的是，EXACT函数区分大小写，但忽略格式上的差异。

第 2 部分

STEP 3 设置函数参数

❶打开"函数参数"对话框，在"Text1"文本框中输入"H5"文本；❷在"Text2"文本框中输入"I5"文本；❸单击"确定"按钮。

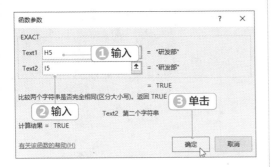

形状时按住鼠标左键不放，将其拖动到 K17 单元格。

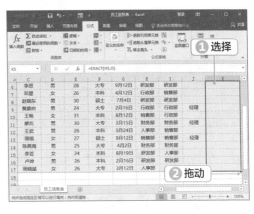

STEP 5 查看计算结果

返回工作簿，即可看到在 K5:K17 单元格区域内自动填充了函数，并计算出了结果。

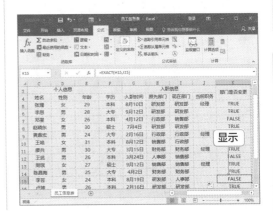

操作解谜

EXACT 函数与 IF 函数的区别

EXACT函数和IF函数都可以用于比较两个文本字符串，但其返回的值却有所差异。EXACT函数要区分大小写，但忽略格式上的差异；IF函数既不区分大小写，也不区别格式上的差异。

STEP 4 快速填充函数

❶选择 K5 单元格，将鼠标指针移到该单元格右下角的控制柄上；❷当鼠标指针变成✛

7.5 时间和日期函数

时间和日期函数是 Excel 提供的用来提取时间和计算天数的函数。时间和日期函数中的常用函数包括提取系统日期函数、提取特定时间函数、计算实际天数函数等。本节将详细介绍通过使用时间和日期函数，快速获得当前或指定的时间，并准确计算出实际天数的操作方法。

7.5.1　系统日期函数 TODAY——获取当前系统日期

系统日期函数 TODAY

TODAY 函数能准确反馈当前系统的日期，而且会随着系统日期更新而更新显示。使用 TODAY 函数可以省去输入当前日期的操作。下面以"差旅费报销单 .xlsx"工作簿为例获取申报报销单当前系统的日期，操作步骤如下。

素材：素材 \ 第 7 章 \ 差旅费报销单 .xlsx

效果：效果 \ 第 7 章 \ 差旅费报销单 .xlsx

STEP 1　打开"插入函数"对话框

❶打开"差旅费报销单 .xlsx"工作簿，选择 M2 单元格；❷在【公式】/【函数库】组中单击"插入函数"按钮。

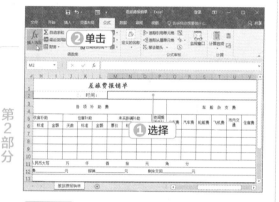

STEP 2　打开"函数参数"对话框

❶打开"插入函数"对话框，在"或选择类别"下拉列表框中选择"日期与时间"选项；❷在"选择函数"列表框中选择"TODAY"选项；❸单击"确定"按钮。

STEP 3　打开"函数参数"对话框

❶打开"函数参数"对话框，显示"该函数不需要参数"文本；❷单击"确定"按钮。

STEP 4　查看显示结果

返回工作簿，即可看到在 M2 单元格区域内显示当前系统时间，M2 单元格对应的编辑栏中显示"=TODAY()"文本。

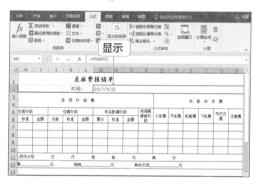

技巧秒杀

系统日期和时间函数NOW

NOW()为NOW函数的语法结构，它不需要设置参数，而是直接提取系统的日期与时间。TODAY函数和NOW函数都是Excel中与日期时间相关的函数，二者的不同之处是：TODAY函数不显示时间信息，只有当前日期；NOW函数除了当前日期信息外，还会显示时间信息。

第 2 部分

7.5.2 提取特定时间函数

在 Excel 中，常用的提取特定时间的函数包括提取年份函数 YEAR、提取月份函数 MONTH 以及提取日期函数 DAY 等。下面介绍提取特定时间函数的具体用法。

1. 提取年份函数 YEAR

YEAR(serial_number) 是 YEAR 函数的语法结构。serial_number 表示将要计算其年份数的日期，该参数能够引用日期格式的文本、引用含日期的单元格、引用系统日期等。YEAR 函数代表返回日期的年份值，返回值为 1900 ~ 9999 之间的数字。

2. 提取月份函数 MONTH

MONTH(serial_number) 是 MONTH 函数的语法结构。serial_number 表示将要计算其月份数的日期，该参数能够引用日期格式的文本、引用含日期的单元格、引用系统日期等。MONTH 函数代表返回日期的月份值，返回值为 1 ~ 12 之间的数字。

3. 提取日期函数 DAY

DAY(serial_number) 是 DAY 函数的语法结构。serial_number 表示将要计算的日期，该参数能够引用日期格式的文本、引用含日期的单元格、引用系统日期等。DAY 函数代表返回一个月中第几天的数值，介于 1~31 之间。

7.5.3 工作日函数 WORKDAY——计算交货日期

WORKDAY 函数是用来计算相隔指定工作日后日期的函数，它常用于计算预期时间。下面以"产品生产时间表 .xlsx"工作簿为例通过"当前日期"和"工作日"计算"交货日期"，操作步骤如下。

工作日函数 WORKDAY

素材：素材 \ 第 7 章 \ 产品生产时间表 .xlsx

效果：效果 \ 第 7 章 \ 产品生产时间表 .xlsx

STEP 1 **打开"插入函数"对话框**

❶打开"产品生产时间表 .xlsx"工作簿，选择 H4 单元格；❷在编辑栏中单击"插入函数"按钮。

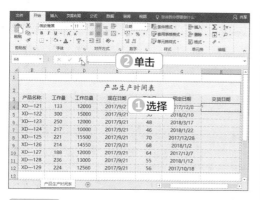

STEP 2　打开"函数参数"对话框

❶打开"插入函数"对话框，在"或选择类别"下拉列表框中选择"时间与日期"选项；❷在"选择函数"列表框中选择"WORKDAY"选项；❸单击"确定"按钮。

操作解谜

日期函数的语法结构及其参数

WORKDAY(start_date,days,holidays)是WORKDAY函数的语法结构。参数Start_date表示开始日期；Days表示从指定日期开始向前或向后推算的天数；若Days为正值，则从指定日期向前推算，若Days为负值，则从指定日期向后推算。Holidays表示周末或假期的天数，如国庆有7天假期，此时Holiday的值为7。若不设置该函数，系统会自动获得日期序列。

STEP 3　设置函数参数

❶打开"函数参数"对话框，在"Start_date"文本框中输入"E4"文本；❷在"Days"文本框中输入"F4"文本；❸单击"确定"按钮。

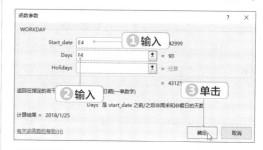

STEP 4　快速填充函数

❶选择 H4 单元格，将鼠标指针移到该单元格右下角的控制柄上；❷当鼠标指针变成＋形状时按住鼠标左键不放，将其拖动到 H12 单元格。

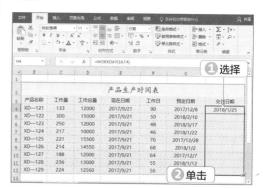

STEP 5　查看计算结果

返回工作簿，即可看到在 H4:H12 单元格区域内自动填充了函数，并计算出了结果。

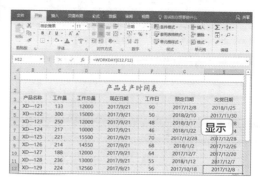

7.6 查找和引用函数

查找与引用类函数与其他类型的函数相比数量较少，但其实用性较高，它通常与其他函数联合使用。查找类函数主要包括普通查找函数 LOOKUP、引用查找函数 MATCH 和 INDEX 等，引用类函数主要包括引用单元格区域函数 OFFSET、转换数据区域行或列函数 TRANSPOSE 等。本节将详细介绍查找函数和引用函数的使用。

7.6.1 普通查找函数 LOOKUP——查找指定的单价数据

LOOKUP 函数是从单行、单列区域或数组中查找相应数据的函数，它具有向量形式和数组形式两种语法形式。下面以"采购明细表 1.xlsx"工作簿为例查找单间为"650"的货品，操作步骤如下。

普通查找函数 LOOKUP

素材：素材 \ 第 7 章 \ 采购明细表 1.xlsx
效果：效果 \ 第 7 章 \ 采购明细表 1.xlsx

STEP 1 打开"插入函数"对话框

❶打开"采购明细表 1.xlsx"工作簿，选择 D17 单元格；❷在编辑栏中单击"插入函数"按钮。

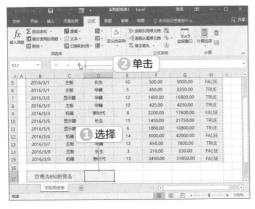

STEP 2 打开"选定参数"对话框

❶打开"插入函数"对话框，在"或选择类别"下拉列表框中选择"查找与引用"选项；❷在"选择函数"列表框中选择"LOOKUP"选项；❸单击"确定"按钮。

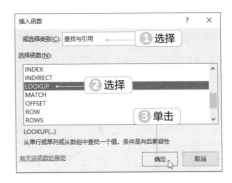

操作解谜

LOOKUP 向量形式语法结构及其参数

LOOKUP 的向量形式用于在单行区域或单列区域中查找数值，再将数值返回至第二个单行区域或单列区域中的相同位置，当要查找的值列表较大或值可能随时间发生改变时，可使用该向量形式。其语法结构为：LOOKUP(lookup_value,lookup_vector,result_vector)。其中，lookup_value 可以是数字、文本或逻辑值，表示 LOOKUP 在第一个向量中搜索的值；lookup_vector 可以是文本、数字或逻辑值，表示 LOOKUP 只包含一行或一列的区域；result_vector 是可选参数，只包含一行或一列的区域，它必须与 lookup_vector 大小相同。

175

STEP 3 打开"函数参数"对话框

❶打开"选定参数"对话框,在"参数"列表框中选择 LOOKUP 向量形式"lookup_value,lookup_vector,result_vector"选项;❷单击"确定"按钮。

STEP 4 设置函数参数

❶打开"函数参数"对话框,在"Lookup_value"文本框中输入"650"文本;❷在"Lookup_vector"文本框中输入"F4:F15"文本;❸在"Result_vector"文本框中输入"C4:C15"文本;❹单击"确定"按钮。

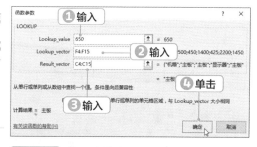

STEP 5 查看计算结果

返回工作簿,可看到在 D17 单元格内返回

了 C4:C15 单元格区域中价格为 650 的货品。

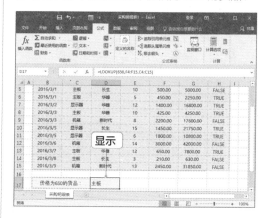

技巧秒杀

与LOOKUP函数同类的两个函数

LOOKUP函数还有两个同类的函数,它们是VLOOKUP函数和HLOOKUP函数。其中,VLOOKUP函数是Excel中的一个纵向查找函数,它是按列查找,最终返回该列所需查询列序所对应的值,它的语法结构为:VLOOKUP(lookup_value,table_array,col_index_num,range_lookup);HLOOKUP是在数据区域按水平方向进行查找和搜索,它的语法结构为:HLOOKUP(lookup_value,table_array,row_index_num,range_lookup)。

7.6.2 引用查找函数

MATCH 函数和 INDEX 函数均属于引用查找函数,其中 MATCH 函数可返回指定内容所在的位置,而 INDEX 函数可以返回指定位置所对应的数据。两者各有优点,可以单独应用,也可以联合使用。下面介绍其具体内容。

1. 返回单元格所在位置函数 MATCH

MATCH 函数可在单元格区域中搜索指定项,然后返回该项在单元格区域中的相对位置。MATCH(lookup_value,lookup_array,match_type) 是 MATCH 函数的语法结构。参数 lookup_value 表示查找的值;lookup_array 表示要搜索的单元格区域;match_type 是可选参数,用于指明以哪种方式查找"lookup_ value"。

- match_type= 1：在查找按升序方式排列的数据时，如果需要查找小于或等于指定内容的最大值，则输入"1"。

- match_type= 0：在无法确定查找区域的排列顺序时，如果需要查找等于指定内容的第 1 个数值，则输入"0"。

- match_type= -1：在查找按降序方式排列的数据时，如果需要查找大于或等于指定内容的最小值，则输入"-1"。

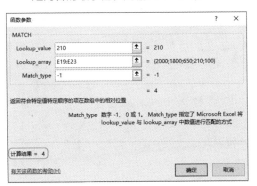

2. 返回值与值的引用函数 INDEX

INDEX 函数返回表格或区域中的值与值的引用，它分为连续区域引用和非连续区域引用。

- 连续区域引用：INDEX(array,row_num, column_num) 为连续区域引用的语法结构。参数 array 表示单元格区域或数组常量；row_num 表示指定返回行序号；colum_num 表示指定返回的列序号。

- 非连续区域引用：INDEX(reference, row_unm,column_num,area_num) 为非连续区域引用的语法结构。参数 reference 表示单元格区域或数组常量；row_num 表示指定返回行序号；colum_num 表示指定返回的列序号；area_num 表示引用该区域中的单元格。

操作解谜

Reference 参数的设置

Reference参数可以设置一个单元格区域，也可以设置多个单元格区域。当Reference设置多个单元格区域时，Excel无法正常显示引用区域，但实际上能够正常引用。当Reference参数只设置一个单元格区域时，Area_num参数设置为"1"。

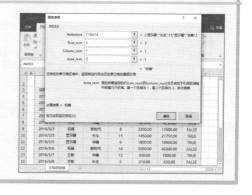

7.6.3 定位引用函数 OFFSET——查找员工工资信息

OFFSET 函数是以指定的单元格或单元格区域为参考系，按照设置的上下左右偏移的参数进行偏移，以此引用新的单元格或单元格区域的函数。下面以"工资发放明细表 .xlsx"工作簿为例查询编号为"0005"的员工信息，操作步骤如下。

定位引用函数 OFFSET

素材：素材 \ 第 7 章 \ 工资发放明细表 .xlsx

效果：效果 \ 第 7 章 \ 工资发放明细表 .xlsx

STEP 1 打开"插入函数"对话框

❶打开"工资发放明细表 .xlsx"工作簿，选择 C20 单元格；❷在【公式】/【函数库】组中单击"插入函数"按钮。

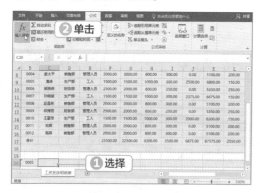

STEP 2 打开"函数参数"对话框

❶打开"插入函数"对话框，在"或选择类别"下拉列表框中选择"查找与引用"选项；❷在"选择函数"列表框中选择"OFFSET"

选项；❸单击"确定"按钮。

STEP 3 设置函数参数

❶打开"函数参数"对话框，在"Reference"文本框中输入"B4"文本；❷在"Rows"文本框中输入"MATCH(0005,$B5:$B16,0)"文本；❸在"Cols"文本框中输入"MATCH("姓名",$C4:$P4,0)"文本；❹在"Height"文本框中输入"1"文本；❺在"Width"文本框中输入"1"文本；❻单击"确定"按钮。

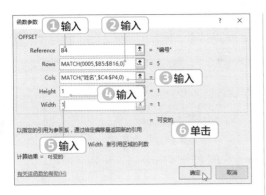

成 ⊞ 形状时按住鼠标左键不放，将其拖动到 O20 单元格。

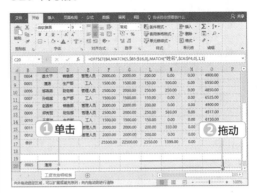

操作解谜

OFFSET 函数语法结构及其参数

OFFSET(reference,rows,cols,height,width) 是 OFFSET 函数的语法结构。其中，reference 是偏移量参照系的引用区域，该区域为单元格或相连单元格区域；rows 是相对于偏移量参照系的左上角单元格，上（下）偏移的行数；cols 是相对于偏移量参照系的左上角单元格，左（右）偏移的列数；height 是为返回引用区域的行数；width 是为返回引用区域的列数。

操作解谜

OFFSET 中引用参数解析

参数 "row" 中引用文本 "MATCH (0005,$B5:$B16,0)" 表示在 B5:B16 单元格区域中，引用 "0005" 单元格所在行；参数 "Cols" 中引用文本 "MATCH ("姓名", $C4:$P4,0)" 表示在 C4:P4 单元格区域中，引用 "姓名" 单元格所在列。因为在填充单元格时会相对引用单元格，导致无法正常查找数据，所以需要混合引用 MATCH 函数中的 "$B5:$B16" "$C4:$P4" 单元格区域。

STEP 4 查看计算结果

返回工作簿，即可看到 C20 单元格中填充了员工姓名 "潘涛"。

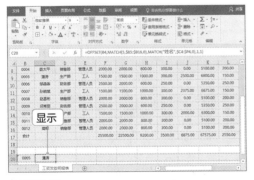

STEP 5 快速填充函数

❶ 选择 C20 单元格，将鼠标指针移到该单元格右下角的控制柄上；❷ 当鼠标指针变

STEP 6 查看计算结果

返回工作簿，即可看到 D20:O20 单元格区域中填充了潘涛的工资信息。

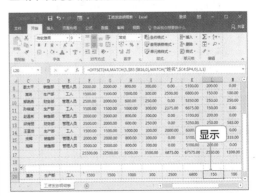

第 **7** 章 Excel 常用函数

高手竞技场 ——*Excel 常用函数*

1. 编辑"产品生产表"工作簿

打开"产品生产表 .xlsx"工作簿，对表格进行编辑，要求如下。

- 打开工作簿，使用 SUM 函数，根据"生产数量"计算"生产数量总和"。
- 使用 LOOKUP 函数的向量形式和 MAX 函数，查询"合格率"最高的产品是什么。

  提示：（LOOKUP(MAX(***),***,***)）
- 使用 IF 函数，根据"合格率"确认产品是否合格
- 使用 RANK 函数，对产品的"合格率"进行排名。

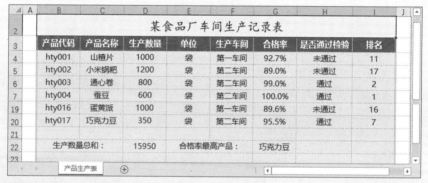

2. 编辑"商店信息登记表"工作簿

打开"商店信息登记表 .xlsx"工作簿，对表格进行编辑，要求如下。

- 打开工作簿，使用 NOW 函数提取当前系统日期与时间。
- 使用 CONCATNATE 函数，根据"企业所在街道"和"街道号"得到企业地址。
- 使用 IF 函数和 LEN 函数，判断客户"账号"是否有效。提示：IF(LEN(***),***,***)
- 使用 OFFSET 函数和 MATCH 函数，查询编号为"005"的公司信息。

  提示：OFFSET(***,MATCH(***),MATCH(***),***,***)

第 8 章

分析 Excel 数据

/ 本章导读

　　图表的使用能够使 Excel 表格中的数据更加清晰直观，通过使用预测线、误差线等辅助观测工具，能够更好地帮用户分析数据。数据透视表和数据透视图则进一步提升了数据分析的效果，在清晰显示数据结构的基础上，透视图和透视表同分类汇总一样，能从复杂的数据中筛选出需要的数据进行分析。

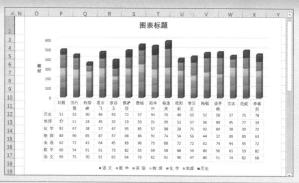

8.1 创建图表

Excel 2016 提供了 10 多种标准类型和多个自定义类型的图表，它们经常被运用到不同场景中。在学习创建图表的操作前，需要认识图表的类型及其应用场景。认识图表后即可创建图表。本节将详细介绍图表类型、插入图表、修改图表数据、调整图表大小和位置，以及更改图表类型等创建图表的操作。

8.1.1 认识图表类型

Excel 2016 提供了多种图表类型和多个自定义类型的图表。在使用图表之前，必须先了解图表的类型，以便知道什么格式的表格适合应用哪些类型的图表。工作中最常使用的图表包括柱形图、折线图、条形图、饼图和散点图等。下面介绍具体内容。

● 柱形图：柱形图是显示某段时间内数据的变化或进行数据比较的图表。

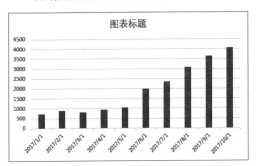

● 折线图：折线图主要用于以等时间间隔显示数据的变化趋势，强调的是时间性和变动率，而非数量变动。

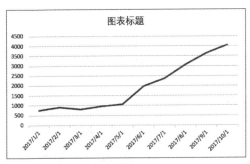

● 条形图：条形图类似于柱形图交换横纵坐标和图形后的效果，用来描绘各项目之间数据的差别情况的图表。

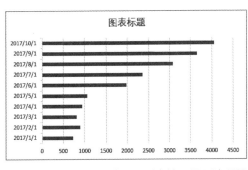

● 饼图：饼图显示数据系列中的项目和该项目数值总和的比例关系。如果有几个系列同时被选择，则只会显示其中的一个系列。因此，在需要强调某项重要的数据时，饼图十分有用。

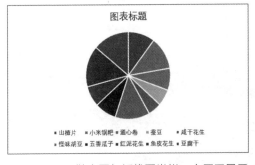

● 散点图：散点图与折线图类似，它用于显示一个或多个数据系列在某种条件下的变化趋势。

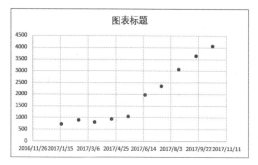

● **面积图：** 面积图显示每个数值的变化量，强调数据随时间变化的幅度。通过显示数值

的总和，它还能直观地表现出整体和部分的关系。

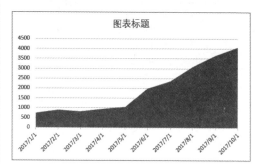

认识图表类型后，便可根据表格的内容创建合适的图表。下面以"家居产量图表 .xlsx"工作簿为例绘制过去 10 个月内公司的家居产量、指数平均值以及标准误差的图表，操作步骤如下。

插入图表

素材：素材 \ 第 8 章 \ 家居产量图表 .xlsx

效果：效果 \ 第 8 章 \ 家居产量图表 .xlsx

STEP 1　打开"插入图表"对话框

❶打开"家居产量图表 .xlsx"工作簿，选择 B3:E13 单元格区域；❷在【插入】/【图表】组中单击"对话框启动器"按钮。

STEP 2　设置图表类型

❶打开"插入图表"对话框，单击"所有图表"选项卡；❷在左侧列表框中选择"组合"选项；❸在右侧列表框中的"系列名称"栏中，

设置"家居产量（件）"的图表类型为"簇状柱形图"；❹设置"指数平均值"的图表类型为"簇状柱形图"；❺设置"标准误差"的图表类型为"带标记的堆积折线图"；❻单击"确定"按钮，完成设置。

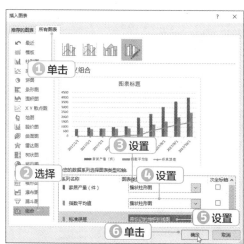

STEP 3　输入图表标题

返回工作簿，即可看到在工作表中成功插入了一个图表。单击"图表标题"文本，将其

183

改为"家居产量图"。

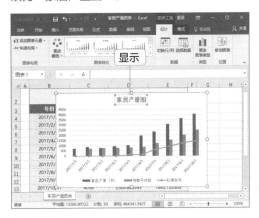

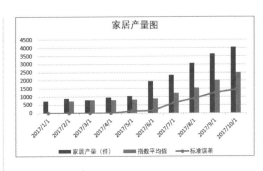

利用"快速分析"按钮插入图表

在表格区域中选择单元格区域后，其右下角会显示"快速分析"按钮，单击该按钮，在打开的列表中单击"图表"选项卡，在其中选择一种图表类型也可插入图表。

STEP 4　查看图表效果

插入图表的效果如下图所示。

8.1.3　调整图表的大小和位置

新创建图表的位置、大小等往往不符合用户的需求，比如图表通常浮于工作表上方，可能会挡住其中的数据，图表过小也不利于用户查看等，此时需要对图表的位置和大小进行调整。下面介绍其具体内容。

1. 调整图表的位置

将鼠标指针移动至图表区的空白处，当指针变为✛时，按住鼠标左键不放，即可将图表拖动至合适的位置。

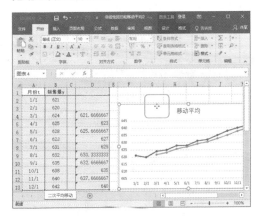

2. 调整图表的大小

将鼠标指针移动至图表右侧的控制点上，当指针变为↗时，按住鼠标左键不放，当指针形状变为➕即可拖动鼠标调整图表的大小。

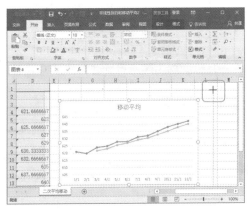

8.2 编辑与美化图表

创建图表后，根据需要可以对图表以及其中的数据或元素等进行编辑与美化，其操作主要是通过"设计"功能选项卡实现。本节将详细介绍设置图表样式、对图表快速布局、调整图表对象的显示与分布、添加趋势线、添加误差线等操作。

8.2.1 更新图表数据源——更新家电产量图表

图表依据工作表中选择的数据所创建，若创建图表时选择的数据区域有误或需要添加新的数据时，则需要更新图表数据源。下面以"家电产量图表 .xlsx"工作簿为例添加第三次指数平滑及标准误差，操作步骤如下。

更新图表数据源

素材：素材 \ 第 8 章 \ 家电产量图表 .xlsx

效果：效果 \ 第 8 章 \ 家电产量图表 .xlsx

STEP 1 **打开"选择数据源"对话框**

❶打开"家电产量图表 .xlsx"工作簿，选择"家电产量图表"图表；❷在【设计】/【数据】组中单击"选择数据"按钮。

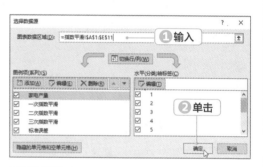

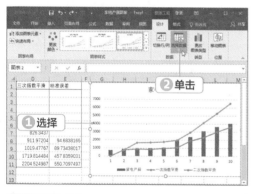

STEP 2 **选择需要更新的单元格区域**

❶打开"选择数据源"对话框，在"图表数据区域"文本框中输入"= 指数平滑 !\$A\$1：\$E\$11"；❷单击"确定"按钮，完成数据更新。

STEP 3 **查看图表效果**

返回工作簿，可发现图表中更新了第三次指数平滑以及标准误差的数据。

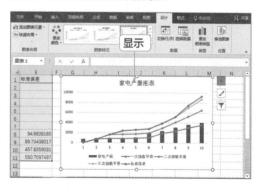

8.2.2 切换图表行和列

有时当前数据的行坐标和列坐标无法满足用户的需求，直接切换行和列，图表便会发生相应变化，能为用户节省时间，提高工作效率。下面介绍具体内容。

1. 在功能区中切换

❶选择图表；❷在【设计】/【数据】组中单击"切换行/列"按钮，即切换行、列坐标轴上的数据。

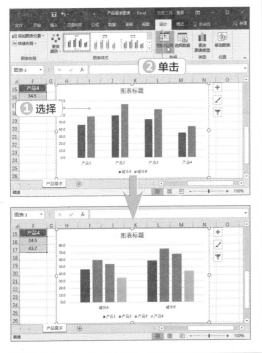

2. 在"选择数据源"对话框中切换

在【设计】/【数据】组中单击"选择数据"按钮，打开"选择数据源"对话框，单击"切换行/列"按钮，即可交换下方"图例项"栏和"水平轴标签"栏中的数据。单击"确定"按钮即可完成行、列坐标轴上数据的切换。

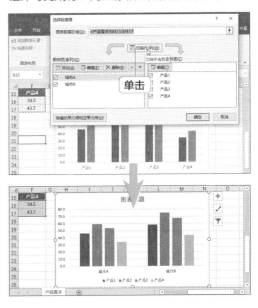

第2部分

8.2.3　美化图表——美化季度销售额图表

美化图表能给用户带来丰富的视觉体验。在表格中创建图表后，可通过更改图表类型、设置图表颜色、设置图表基础样式等达到美化图表的目的。下面以"季度销售额图表.xslx"工作簿为例设置图表的类型、颜色和基础样式，操作步骤如下。

美化图表

素材：素材\第8章\季度销售额图表.xlsx

效果：效果\第8章\季度销售额图表.xlsx

STEP 1　打开"更改图表类型"对话框

❶打开"季度销售额图表.xlsx"工作簿，选择"季度销售额"图表；❷在【设计】/【类型】组中单击"更改图表类型"按钮。

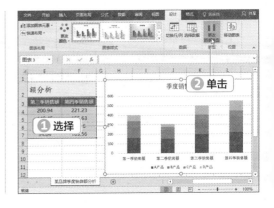

STEP 2　更改图表类型

❶打开"更改图表类型"对话框，在柱形图中选择"三维簇状柱形图"选项；❷单击"确定"按钮完成设置。

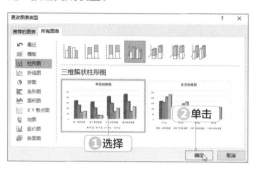

STEP 3　查看图表效果

返回工作簿，可看见图表类型更改为"三维簇状柱形图"图表。

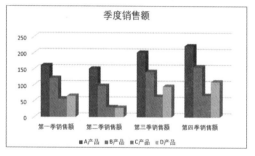

STEP 4　设置图表颜色

❶单击"季度销售额"图表，在【设计】/【图表样式】组中单击"更改颜色"按钮；❷在打开的下拉列表"单色"栏中选择"单色调色板 12"选项。

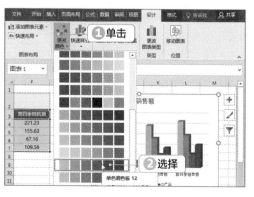

STEP 5　查看图表效果

返回工作簿，可看见图表颜色更改为单色"单色调色板 12"。

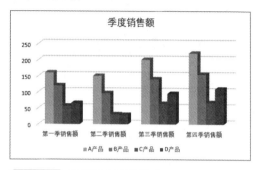

STEP 6　设置图表基础样式

单击"季度销售额"图表，选择【设计】/【图表样式】组，单击"快速样式"按钮，在打开的下拉列表中选择"样式 7"选项；

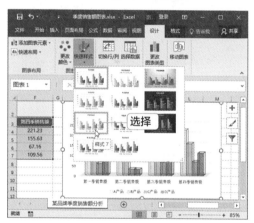

STEP 7　查看图表效果

返回工作簿，可看见图表样式更改为"样式 7"。

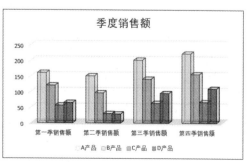

8.2.4 隐藏图表数据

制作好图表后，有时由于数据过多暂时不需要使用，就可以隐藏图表中的数据。在 Excel 2016 中隐藏数据可以使用"图表筛选器"，或在"选择数据源"对话框中设置隐藏。下面介绍具体操作。

1. 在图表筛选器中隐藏

选择图表后，在右侧将出现"图表筛选器"按钮，其作用是筛选数值的系列和名称，筛选器中"系列"对应图表的图例元素；"类别"对应图表的横坐标轴。撤销选中要隐藏的系列或类别前的复选框，单击"应用"按钮，完成数据隐藏。

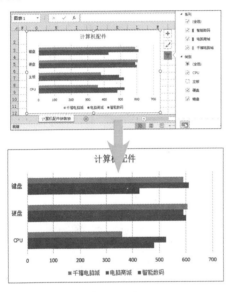

2. 在"选择数据源"对话框中隐藏

选择【设计】/【数据】组，单击"选择数据"按钮，打开"选择数据源"对话框，在"水平（分类）轴标签"栏中撤销选中"CPU"复选框，单击"确定"按钮，即可将"CPU"的数据隐藏。

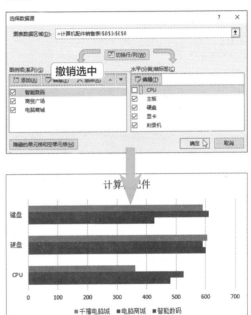

8.2.5 添加和删除图表元素——修改计算机配件销售图

图表元素是对图表进行补充说明、修饰、辅助判断的元素。为了符合更多用户的要求，默认创建的图表不会含有过多的图表元素，在实际制作过程中，用户可根据需要添加或删除图表元素。下面以"计算机配件销售图表 .xlsx"工作簿为例添加坐标轴标题等图表元素，操作步骤如下。

添加和删除图表元素

素材：素材 \ 第 8 章 \ 计算机配件销售图表 .xlsx
效果：效果 \ 第 8 章 \ 计算机配件销售图表 .xlsx

STEP 1 添加纵坐标轴标题

❶打开"计算机配件销售图表 .xlsx"工作簿，选择"计算机配件销售"图表；❷在【设计】/

【图表布局】组中单击"添加图表元素"按钮；③在打开的下拉列表中选择"坐标轴标题"选项，接着在打开的子列表中选择"主要纵坐标轴"选项。

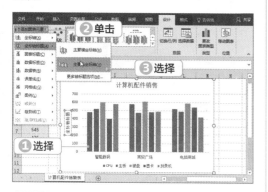

修改纵坐标轴标题

①返回工作簿，在"计算机配件销售"图表上显示了纵向的"坐标轴标题"，单击"坐标轴标题"，将其修改为"销售额"；②在【开始】/【字体】组中，将标题字体设置为"楷体"，字号设置为"12"。

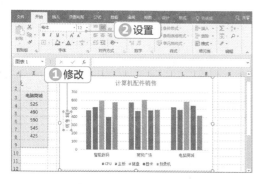

技巧秒杀

坐标轴与图表标题的添加和删除

坐标轴与图表标题是创建图表时自带的图表元素，它们也能够通过选择【设计】/【图表布局】组，在"添加图表元素"下拉列表中进行添加或删除操作。

STEP 3 **添加数据标签**

①选择"计算机配件销售"图表，单击图

表右侧出现的"图表元素"按钮；②在打开的"图表元素"列表中单击选中"数据标签"复选框。

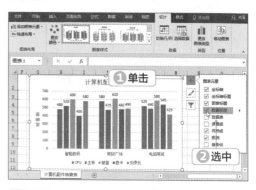

STEP 4 **删除网格线**

在"图表元素"列表中撤销选中"网格线"复选框。

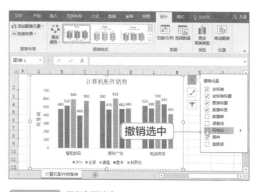

STEP 5 **删除图例**

在"图表元素"列表中撤销选中"图例"复选框。

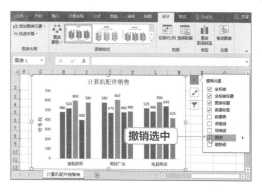

STEP 6 添加数据表

❶选择"计算机配件销售"图表；❷在【设计】/【图表布局】组中单击"添加图表元素"按钮；❸在打开的下拉列表中选择"数据表"选项，接着在打开的子列表中选择"显示图例项标示"选项，显示图标的图例。

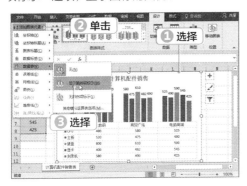

STEP 7 打开"添加趋势线"对话框

❶接着在【设计】/【图表布局】组中单击"添加图表元素"按钮；❷在打开的下拉列表中选择"趋势线"选项，接着在打开的子列表中选择"线性"选项。

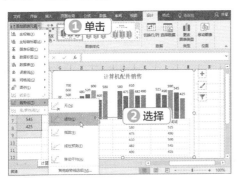

操作解谜

趋势线的基础概念

趋势线是以图形方式表示数据系列的变化趋势并对以后的数据进行预测的线，主要应用于利用图表进行回归分析的情况。三维图表、堆积型图表、雷达图、饼图及圆环图的数据系列中不能添加趋势线。

STEP 8 添加趋势线

❶打开"添加趋势线"对话框，在"添加基于系列的趋势线"栏中选择"CPU"选项；❷单击"确定"按钮，完成趋势线的添加。

STEP 9 查看图表效果

返回工作簿，即可看到图表中添加了基于CPU的线性趋势线。

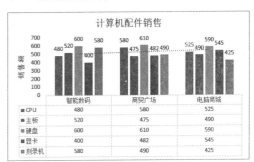

STEP 10 添加误差线

❶选择"计算机配件销售"图表；❷然后在【设计】/【图表布局】组中单击"添加图表元素"按钮；❸在打开的下拉列表中选择"误差线"选项，接着在打开的子列表中选择"标准误差"选项。

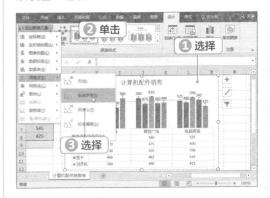

操作解谜

误差线的基础概念

误差线常用于统计或分析数据，显示潜在的误差或系列中每个数据标志的不确定程度。

STEP 11 查看图表效果

返回工作簿，即可看到图表中添加了误差线。调整图表大小，完成对图表元素的设置。

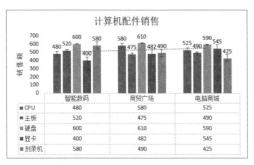

操作解谜

图表的快速布局

选择【图表工具 设计】/【图表布局】组，单击"快速布局"按钮，在打开的下拉列表中可以选择一种图表布局样式，其中包括标题、图例、数据系列和坐标轴等，图表布局样式中不包括趋势线和误差线等元素。

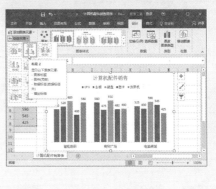

8.3 数据透视表

数据透视表是一种快速汇总数据的交互式报表，它集筛选、排序、分类汇总等功能于一身，是 Excel 中重要的分析性报告工具。由于数据透视表能够快速合并和分析大量的数据，因此它能够对数据深入分析并回答一些预计不到的数据问题。本节将详细介绍创建并编辑数据透视表的操作。

8.3.1 创建数据透视表——创建员工性别数据透视表

创建数据透视表可以在表格中选择需要创建数据透视表的区域，也可以在打开的"创建数据透视表"对话框中选择需要的单元格区域。下面以"员工信息表 .xlsx"工作簿为例创建数据透视表，操作步骤如下。

创建数据透视表

素材：素材 \ 第 8 章 \ 员工信息表 .xlsx

效果：效果 \ 第 8 章 \ 员工信息表 .xlsx

STEP 1 打开"创建数据透视表"对话框

❶打开"员工信息表 .xlsx"工作簿，选择 B2:I21 单元格区域；❷在【插入】/【表格】组中单击"数据透视表"按钮。

第 **8** 章 分析 Excel 数据

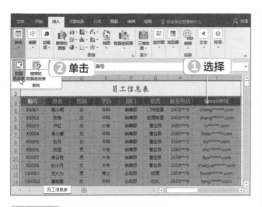

将其在"行"栏中显示；❷将"性别"字段拖动至"列"栏；❸将"编号"字段拖动至"值"栏。

STEP 2　设置数据透视表位置

❶打开"创建数据透视表"对话框，在"选择放置数据透视表的位置"栏下单击选中"现有工作表"单选项；❷单击"位置"文本框右侧的 按钮；❸单击 K3 单元格，"位置"文本框中显示"员工信息表!$K$3"文本；❹单击"确定"按钮，完成数据透视表位置的设置。

第2部分

STEP 3　添加字段

❶在"数据透视表字段"窗格列表框中单击选中"编号""姓名""性别""部门"字段，

STEP 4　查看数据透视表

返回工作簿，即可看到基于选择的区域创建出的数据透视表。

计数项:编号	列标签		
行标签	男	女	总计
⊟行政部			
杜月		1	1
李芳		1	1
李长青	1		1
卢晓鸥		1	1
张锦程		1	1
行政部 汇总	2	3	5
⊟企划部			
李丽丽		1	1
刘大为	1		1
马小燕		1	1
唐艳霞		1	1
张恬		1	1
企划部 汇总	1	4	5

技巧秒杀

删除数据透视表

删除数据透视表时，需将数据透视表全部选中，按【Delete】键即可删除，若只选择部分单元格，则无法正常删除。

8.3.2　在数据透视表中筛选数据——筛选员工所在部门

与筛选数据的方式类似，通过在"行标签"和"列标签"下拉列表中设置筛选条件，能对数据进行有效的筛选。下面以"员工信息表 1.xlsx"工作簿为例筛选出有 3 人以上本科学历员工的部门，操作步骤如下。

在数据透视表中筛选数据

素材：素材 \ 第 8 章 \ 员工信息表 1.xlsx

效果：效果 \ 第 8 章 \ 员工信息表 1.xlsx

STEP 1 筛选"本科"学历的员工

❶打开"员工信息表 1.xlsx"工作簿，单击"列标签"下拉按钮；❷在打开的下拉列表中撤销选中"博士""大专"的复选框；❸单击"确定"按钮，即可成功筛选出学历为"本科"的员工。

STEP 2 打开"值筛选"对话框

❶单击"行标签"下拉按钮；❷在打开的下拉列表中选择"值筛选"选项；❸在打开的子列表栏中选择"大于"选项。

技巧秒杀

关键字筛选内容

在"搜索"文本框中直接输入想要筛选的内容的关键字，即可筛选出含有该关键字的内容。

STEP 3 设置筛选值

❶打开"值筛选"对话框，在"显示符合以下条件的项目"栏中保持默认的"计数项：编号""大于"；❷在最右侧文本框中输入"3"文本；❸单击"确定"按钮完成值的设置。

STEP 4 查看数据透视表筛选后结果

返回工作簿，即可看到数据透视表中筛选出了有 3 人以上本科学历员工的部门。

8.3.3 字段设置——设置车辆使用管理字段值

默认创建的字段有时需要更换字段值，来达到用户不同的目的，如重命名文本使透视表易读，或通过改变汇总方式显示其他数据信息等。下面以"车辆使用管理 .xlsx"工作簿为例设置"求和项：车辆消耗费"为"计数项：车辆消耗费"，再对设置好的所有汇总项进行重命名，操作步骤如下。

字段设置

素材：	素材\第8章\车辆使用管理.xlsx
效果：	效果\第8章\车辆使用管理.xlsx

STEP 1 打开"值字段设置"对话框

❶打开"车辆使用管理.xlsx"工作簿，单击选择数据透视表中的M4单元格"求和项：车辆消耗费"；❷在【分析】/【活动字段】组中单击"字段设置"按钮。

STEP 2 设置字段值

❶打开"值字段设置"对话框，在"值汇总方式"选项卡的计算类型列表框中选择"计数"选项；❷在"自定义名称"文本框中输入"车辆消耗计数"文本；❸单击"确定"按钮，完成值字段设置。

STEP 3 查看字段设置

返回工作簿，即可看见所有"求和项：车辆消耗费用"均更改为"车辆消耗计数"，且它的汇总方式更改为"计数"。

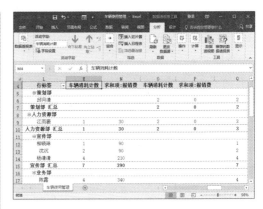

STEP 4 重命名"求和项：报销费"字段

❶双击"求和项：报销费"字段，打开"值字段设置"对话框；❷在"自定义名称"文本框中输入"报销费总金额"；❸单击"确定"按钮，完成重命名。

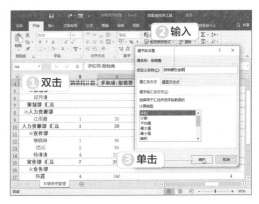

STEP 5 查看字段设置

返回工作簿，即可看见所有"求和项：报销费"均更改为"报销费总金额"。

第2部分

8.3.4　隐藏与显示数据明细

为了方便查看数据透视表某部分的数据，可将暂时不需要的字段隐藏起来，当需要查看被隐藏起来的数据时，再将其显示出来。下面介绍具体内容。

1. 隐藏数据明细

如果数据透视表的某个标签中存在多个字段，则可以利用折叠字段功能隐藏数据透视表中的一些字段，使结构更加清晰。

单击"行标签"下"采购部"左侧的折叠按钮■，即可将该字段折叠，此时折叠按钮■变为扩展按钮■。

求和项:年度费用	列标签					
	⊟手机		手机 汇总	⊟小灵通	小灵通 汇总	总计
行标签	FALSE	TRUE		TRUE		
⊟采购部						
name10				800	800	800
name11				1000	1000	1000
name15		9000	9000			9000
name8				700	700	700
采购部 汇总		9000	9000	2500	2500	11500
⊟服务部						
name12	18000		8000			18000
name4	18000		8000			18000

求和项:年度费用	列标签					
	⊟手机		手机 汇总	⊟小灵通	小灵通 汇总	总计
行标签	FALSE	TRUE		TRUE		
⊞采购部		9000	9000	2500	2500	11500
⊟服务部						
name12	18000		18000			18000
name4	18000		18000			18000
服务部 汇总	36000		36000			36000
⊟副经理						
name1	18000		18000			18000
name13	16500		16500			16500
副经理 汇总	34500		34500			34500

2. 显示数据明细

如果数据透视表的某个标签中存在已经被折叠的字段，则可以利用扩展字段功能显示数据透视表中的一些字段。

单击"行标签"下"销售部"左侧的扩展按钮■，即可将该字段扩展，此时扩展按钮■变为折叠按钮■。

name6		2000	2000			2000
name9		2200	2200			2200
技术研发 汇总		6200	6200			6200
⊞商品生产		12600	12600			12600
⊟销售部				2400	2400	2400
⊟业务总监						
name16				900	900	900
name2		11000	11000			11000
业务总监 汇总		11000	11000	900	900	11900
⊟总经理						
name7				2200	2200	2200
总经理 汇总				2200	2200	2200
总计	70500	38800	109300	8000	8000	117300

⊞商品生产		12600	12600			12600
⊟销售部						
name3				2400	2400	2400
销售部 汇总				2400	2400	2400
⊟业务总监						
name16				900	900	900
name2		11000	11000			11000
业务总监 汇总		11000	11000	900	900	11900
⊟总经理						
name7				2200	2200	2200
总经理 汇总				2200	2200	2200
总计	70500	38800	109300	8000	8000	117300

8.3.5　设置透视表样式——美化通信费年度统计透视表

创建并设置完数据透视表后，为了使数据透视表更加美观，可以为其设置数据透视表样式。下面以"通信费年度统计.xlsx"工作簿为例设置透视表样式和报表布局等，操作步骤如下。

素材：素材\第8章\通信费年度统计.xlsx

效果：效果\第8章\通信费年度统计.xlsx

设置透视表样式

STEP 1　设置报表布局

❶打开"通信费年度统计.xlsx"工作簿，选择数据透视表；❷在【设计】/【布局】组中

单击"报表布局"按钮；❸在打开的下拉列表中选择"以表格形式显示"选项。

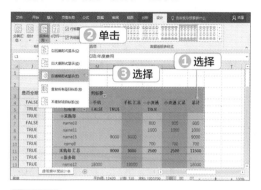

STEP 2　对行和列禁用总计

❶在【设计】/【布局】组中单击"总计"按钮；❷在打开的下拉列表中选择"对行和列禁用"选项。

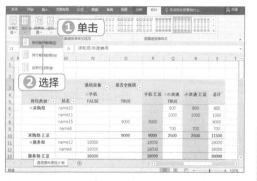

STEP 3　设置数据透视表样式选项

❶在【设计】/【数据透视表样式选项】组中撤销选中"行标题"复选框；❷单击选中"镶边行"复选框；❸单击选中"镶边列"复选框。

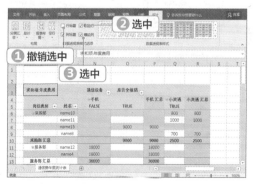

STEP 4　设置数据透视表样式

❶在【设计】/【数据透视表样式】组中单击列表框右下角的"其他"按钮；❷在打开的下拉列表框中选择"绿色，数据透视表中等样式 14"选项。

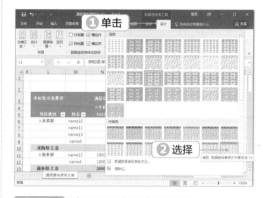

STEP 5　查看透视表样式的设置

返回工作簿，即可看到设置了布局和样式的数据透视表效果。

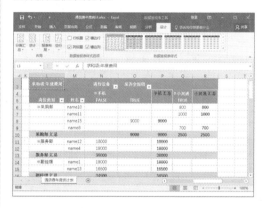

技巧秒杀

插入空行

可以在每个分组项之间添加一个空行，从而突出分组项。操作方法为：选择【设计】/【布局】组，单击"空行"按钮，在打开的下拉列表中选择"在每个项目后插入空行"选项，即可成功插入空行。

第 2 部分

8.3.6　使用切片器——筛选数据记录

使用切片器

切片器是能够直观地筛选数据的工具，同一工作表中可以插入多个切片器。创建切片器之后，切片器将和数据透视表一起显示在工作表中，如果有多个切片器，则分层显示。下面以"采购明细表 .xlsx"工作簿为例筛选在"华峰"购买"显示器"的数据记录，操作步骤如下。

素材：素材 \ 第 8 章 \ 采购明细表 .xlsx
效果：效果 \ 第 8 章 \ 采购明细表 .xlsx

STEP 1　打开"插入切片器"对话框

❶打开"采购明细表 .xlsx"工作簿，选择数据透视表；❷在【分析】/【筛选】组中单击"插入切片器"按钮。

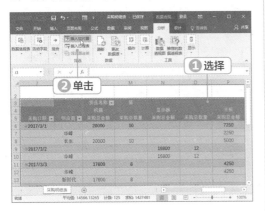

STEP 2　插入切片字段

❶打开"插入切片器"对话框，单击选中"货品名称"复选框；❷单击选中"供应商"复选框；❸单击"确定"按钮，完成切片字段的插入。

STEP 3　筛选字段

❶在"货品名称"切片器中选择"显示器"选项；❷在"供应商"切片器中选择"华峰"选项。此时数据透视表仅显示供应商为"华峰"、货品名称为"显示器"的数据。

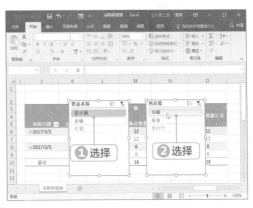

STEP 4　删除切片器

❶按【Ctrl】键同时选择"货品名称"和"供应商"切片器；❷单击鼠标右键，在打开的快捷菜单中执行"删除切片器"命令。

STEP 5 查看筛选结果

删除切片器后，数据透视表不会恢复成筛选前的状态，仍然只显示货品名称为"显示器"、供货商为"华峰"的数据。

8.4 数据透视图

数据透视图是用图形的形式来显示数据透视表，它的字段与数据透视表的字段相互对应。在数据透视图中可查看不同级别的明细数据，也可筛选数据，而且还具备将数据以图形显示的特点。本节将详细介绍创建并编辑、美化数据透视图的操作。

8.4.1 创建数据透视图——创建生产数量透视图

数据透视图的创建与数据透视表的创建相似，都是基于工作表中的数据进行创建。下面以"产品生产表.xlsx"工作簿为例创建数据透视图，操作步骤如下。

创建数据透视图

素材：素材\第8章\产品生产表.xlsx
效果：效果\第8章\产品生产表.xlsx

STEP 1 打开"创建数据透视图"对话框

❶打开"产品生产表.xlsx"工作簿，选择B3:I20单元格区域；❷在【插入】/【图表】组中单击"数据透视图"的下拉按钮；❸在打开的下拉列表中选择"数据透视图"选项。

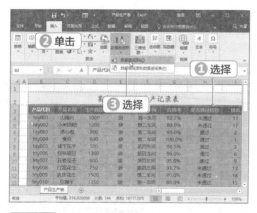

STEP 2 设置数据透视表位置

❶打开"创建数据透视图"对话框，在"选

择放置数据透视图的位置"栏中单击选中"现有工作表"单选项；❷在"位置"文本框中输入"产品生产表!$K$4"文本；❸单击"确定"按钮，完成数据透视表位置的设置。

STEP 3 添加字段

❶返回工作簿，在工作簿右侧打开的"数据透视图字段"窗口中选择要添加到报表的字段，单击选中"生产车间"复选框，它将在"轴

（类别）"区域中显示；❷单击选中"生产数量"复选框，它将在"值"区域中显示；❸单击选中"产品名称"复选框，它将在"轴（类别）"区域中显示。

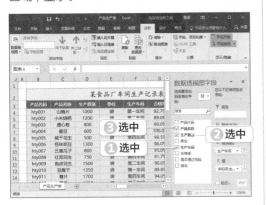

STEP 4　查看数据透视表

关闭数据透视图字段，返回工作簿，即可看到基于选择的区域创建出的数据透视图。

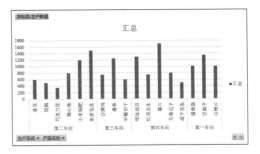

技巧秒杀

基于数据透视表创建透视图

选择数据透视表，在【分析】/【工具】组中单击"数据透视图"按钮，再在打开的"插入图表"对话框中选择合适的数据透视图进行创建。

8.4.2　移动数据透视图——单独显示数据透视图

在分析数据时，为了更好地显示数据透视图，有时可以将其单独放置到一个工作表中。下面以"产品生产表 1.xlsx"工作簿为例创建数据透视图，具体操作如下。

移动数据透视图

素材：素材 \ 第 8 章 \ 产品生产表 1.xlsx
效果：效果 \ 第 8 章 \ 产品生产表 1.xlsx

STEP 1　打开"移动图表"对话框

❶打开"产品生产表 1.xlsx"工作簿，选择"生产数量"透视图；❷在【设计】/【位置】组中单击"移动图表"按钮。

STEP 2　设置移动位置

❶打开"移动图表"对话框，单击选中"新工作表"单选项；❷在右侧的文本框中输入"生产数量"文本；❸单击"确定"按钮。

第 **8** 章　分析 Excel 数据

操作解谜

移动数据透视图和移动数据透视表的区别

两者的操作基本相同，区别是移动数据透视表后，表格的列宽通常会发生变化，需要重新调整。

STEP 3 查看图表移动情况

此时数据透视图将移动到自动新建的"生产数量"工作表中，该图表成为工作表中的唯

一对象，并随工作表大小的变化而自动变化。

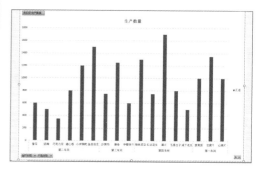

8.4.3 筛选数据透视图中的数据

与图表相比，数据透视图中多出了几个按钮，这些按钮分别和数据透视表中的字段相对应，被称作字段标题按钮，通过这些按钮可对数据透视图中的数据系列进行筛选，从而观察所需数据。下面介绍具体内容。

在"车辆使用管理"数据透视图中单击"所在部门"按钮，在打开的下拉列表中撤销选中"业务部"复选框，单击"确定"按钮，即可在透视图中看到只显示"策划部"、"人力资源部"、"宣传部"和"营销部"4个部门。

 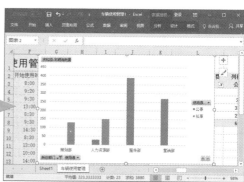

8.4.4 美化数据透视图——美化计件工资透视图

与美化图表的操作相似，默认创建的数据透视图有时不能满足用户的实际需求，因此可以调整透视图的图表类型和布局等。下面以"计件工资.xlsx"工作簿为例美化数据透视图，操作步骤如下。

美化数据透视图

第 2 部分

| 素材：素材 \ 第 8 章 \ 计件工资 .xlsx |
| 效果：效果 \ 第 8 章 \ 计件工资 .xlsx |

STEP 1　重命名标题

❶打开"计件工资 .xlsx"工作簿，选择"计件工资图"工作表；❷双击选择图表标题，将其重命名为"计件工资"。

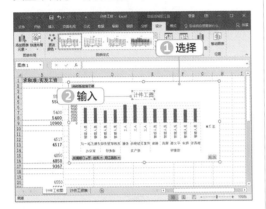

STEP 2　设置主要纵坐标轴

❶在【设计】/【图表布局】组中单击"添加图表元素"按钮；❷在打开的下拉列表中选择"坐标轴"选项；❸在打开的子列表中选择"主要纵坐标轴"选项。

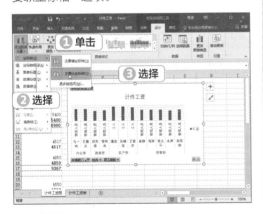

STEP 3　设置数据标签

❶在【设计】/【图表布局】组中单击"添加图表元素"按钮；❷在打开的下拉列表中选择"数据标签"选项；❸在打开的子列表中选择"数据标签外"选项。

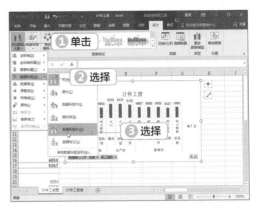

STEP 4　删除图例

❶在【设计】/【图表布局】组中单击"添加图表元素"按钮；❷在打开的下拉列表中选择"图例"选项；❸在打开的子列表中选择"无"选项。

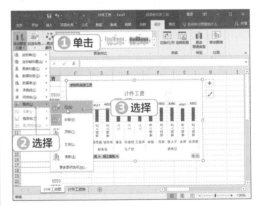

STEP 5　查看数据透视图

返回工作簿，即可看到美化后的数据透视图。

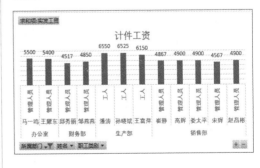

高手竞技场 ——分析 Excel 数据

1. 创建并美化"成绩统计表"图表

打开"成绩统计表.xlsx"工作簿，根据表格创建并美化图表，要求如下。

- 打开工作簿，选择 B3:I19 单元格区域，创建"簇状柱形图"图表并调整位置与大小。
- 将标题命名为"成绩统计表"，更改图表类型为"三维堆积柱形图"，设置图表样式为"样式 5"。
- 添加纵坐标轴标题"成绩"，并设置字符格式为"微软雅黑，白色，12 号"。
- 添加"数据表"和"主轴主要垂直网格线"2 个图表元素。

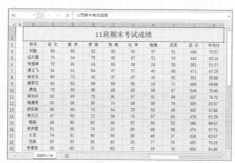
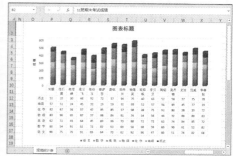

2. 分析"部门费用统计表"工作簿

打开"部门费用统计表.xlsx"工作簿，创建数据透视表和透视图，并对表格进行分析，要求如下。

- 在新工作表中创建数据透视表，以报表形式显示，并重命名行标签为"总入额"和"总出额"。
- 撤销选中"行标题"复选框，设置透视表样式为"蓝色 数据透视表样式中等深浅 9"。
- 在新工作表中创建数据透视图，筛选"销售部"和"企划部"2 月份的数据。
- 设置图表样式为"样式 7"，添加"数据标签""数据表"2 个图表元素，删除"图例"图表元素。

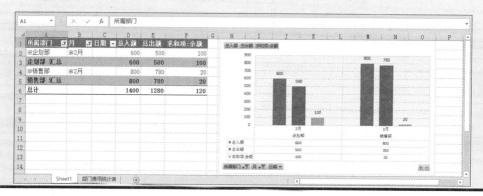

第9章

制作 PowerPoint 演示文稿

本章导读

　　PowerPoint 2016 能创建并播放生动形象、图文并茂的幻灯片，它是制作公司简介、会议报告、产品说明、培训计划、教学课件等演示文稿的首选软件，因此受到广大用户的青睐。在商务办公过程中，需要掌握制作 PowerPoint 的相关基础知识，具体包括演示文稿的基本操作、幻灯片的基本操作、使用文本丰富 PowerPoint、整体美化 PowerPoint 等。

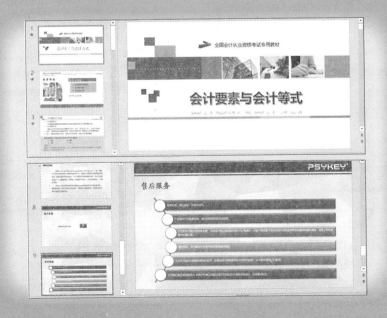

9.1 演示文稿的基本操作

在认识了 PowerPoint 2016 的工作界面、了解了演示文稿和幻灯片的概念及其之间的相互关系后，就需要了解演示文稿的基础操作。密码保护演示文稿的操作与密码保护 Word 2016、Excel 2016 的操作类似，在此不做过多介绍。本节主要讲解如何新建和保存演示文稿、打开演示文稿的操作，下面进行详细介绍。

9.1.1 新建并保存演示文稿——新建员工培训演示文稿

新建并保存演示文稿

要使用 PowerPoint 2016 制作所需的演示文稿，首先应学会新建并保存演示文稿。下面以新建"员工培训 .pptx"为例，讲解新建演示文稿并将其保存到计算机中的方法，操作步骤如下。

素材：无
效果：效果 \ 第 9 章 \ 员工培训 .pptx

STEP 1 启动 PowerPoint 2016

❶在桌面左下角处单击"开始"按钮；❷在打开的开始菜单中选择"PowerPoint 2016"命令。

STEP 2 选择"空白演示文稿"选项

在打开的 PowerPoint 界面右侧选择"空白演示文稿"选项。

STEP 3 单击"更多选项"超链接

❶进入 PowerPoint 工作界面，单击"文件"

选项卡；❷在打开的界面左侧的列表中选择"保存"或"另存为"选项；❸在"另存为"界面中选择"这台电脑"选项；❹在打开的右侧界面中选择"文档"选项。

STEP 4 保存演示文稿

❶打开"另存为"对话框，设置演示文稿的保存路径；❷在"文件名"文本框中输入"员工培训"文本；❸单击"保存"按钮，完成保存。

STEP 5 返回并关闭演示文稿

❶返回演示文稿并查看，此时标题栏中显示文件名称；❷单击演示文稿右上角的"关闭"按钮⊠，即可关闭 PowerPoint 2016。

第 3 部分

9.1.2　打开演示文稿

在保存演示文稿后，如果想要对演示文稿进行编辑就需要打开该演示文稿，此时就涉及演示文稿的打开操作。

1. 双击打开演示文稿

打开演示文稿所在的文件夹，双击演示文稿即可成功打开。

2. 单击鼠标右键打开演示文稿

打开演示文稿所在的文件夹，选择需要打开的演示文稿，单击鼠标右键，在打开的快捷菜单中选择"打开"命令，即可成功打开演示文稿。

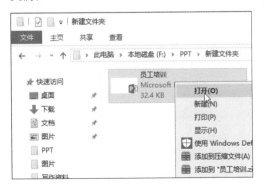

3. 拖动打开演示文稿

打开演示文稿所在的文件夹，拖动演示文稿至已经打开的演示文稿中，即可成功打开演示文稿。

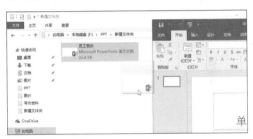

4. 通过选项卡打开演示文稿

单击"文件"选项卡，选择"打开"选项，在右侧窗口中可选择最近编辑的文件进行打开，也可选择"浏览"选项，在"打开"对话框中选择文件进行打开。

技巧秒杀

打开并修复演示文稿

如果采用前面介绍的方法都不能打开文档，同时提示演示文稿有错误，可以在"打开"对话框中选择文档后，单击"打开"下拉按钮，在打开的下拉列表中选择"打开并修复"选项。

9.2　幻灯片的基本操作

幻灯片从属于演示文稿，它是内容的载体，幻灯片的制作是 PowerPoint 的基础操作。本节主要讲解如何选择幻灯片、插入和删除幻灯片、复制和移动幻灯片、隐藏和显示幻灯片、新增节以及播放幻灯片，下面进行详细介绍。

9.2.1　选择幻灯片

幻灯片的基本操作建立在选择幻灯片的基础上，选择幻灯片后才能对其进行复制、移动、隐藏、显示等基础操作，并对幻灯片中的内容进行编辑。

- 选择单张幻灯片：在幻灯片窗格中单击一个幻灯片缩略图，可选择单张幻灯片。
- 选择多张连续的幻灯片：在幻灯片窗格中单击要连续选择的第一张幻灯片，按住【Shift】键不放，再单击需选择的最后一张幻灯片，则两张幻灯片之间的所有幻灯片均被选择。

- 选择多张不连续的幻灯片：在幻灯片窗格中单击要选择的第一张幻灯片，按住【Ctrl】键不放，再依次单击多张不连续的幻灯片。
- 选择全部幻灯片：在幻灯片窗格中按【Ctrl+A】组合键，可选择当前演示文稿中所有的幻灯片。

9.2.2　插入和删除幻灯片

PowerPoint 2016 在默认情况下只有一张幻灯片，当需要插入新的幻灯片，或删除多余幻灯片时，就涉及幻灯片的插入和删除操作。

1. 插入幻灯片

新建的演示文稿默认只有一张幻灯片，当需要通过插入新的幻灯片来充实演示文稿内容时，就涉及幻灯片的插入操作，插入幻灯片的方法如下。

- 通过快捷键插入：在演示文稿左侧的幻灯片窗格中选择需要插入的相同版式的幻灯片，按【Enter】键即可在该幻灯片下方插入一张相同版式的幻灯片。
- 通过功能区插入：在演示文稿左侧的幻灯片窗格中选择需要插入幻灯片的位置，然后选择【开始】/【幻灯片】/【新建幻灯片】命令，即可在选择的幻灯片下方插入一张新的幻灯片。

第3部分

● 通过快捷菜单插入：在演示文稿左侧的幻灯片窗格中选择需要插入幻灯片的位置，单击鼠标右键，在打开的快捷菜单中选择"新建幻灯片"命令，即可插入一张新的幻灯片。

2. 删除幻灯片

当需要删除演示文稿中多余的幻灯片时，涉及幻灯片的删除操作。

● 通过快捷键删除：在演示文稿左侧的幻灯片窗格中选择需要删除的幻灯片，按【Delete】键即可完成删除。

● 通过快捷菜单删除：在演示文稿左侧的幻灯片窗格中选择需要删除的幻灯片，单击鼠标右键，在打开的快捷菜单中选择"删除幻灯片"命令，即可成功删除该幻灯片。

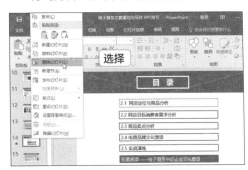

9.2.3　移动和复制幻灯片

移动幻灯片就是在制作演示文稿时，根据需要对各幻灯片的顺序进行调整；而复制幻灯片则是在制作演示文稿时，如果需要新建的幻灯片与某张已经存在的幻灯片非常相似，可以复制该幻灯片后再对其进行编辑。

1. 移动幻灯片

当需要调整幻灯片位置时，涉及幻灯片的移动操作。

● 通过拖动移动幻灯片：选择需移动的幻灯片，按住鼠标左键不放，将其拖动到目标位置后释放鼠标完成移动操作。

● 通过快捷键移动幻灯片：选择需要移动的幻灯片，按【Ctrl+X】组合键，然后在目标位置按【Ctrl+V】组合键，可移动幻灯片。

● 通过菜单命令移动幻灯片：选择需要移动的幻灯片，在其上单击鼠标右键，在打开的快捷菜单中选择"剪切"命令。在目标位置单击鼠标右键，在打开的快捷菜单中选择"粘贴选项"栏中的相关命令，即可直接移动幻灯片。

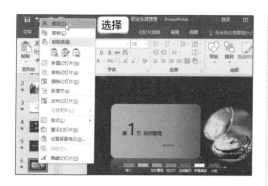

2. 复制幻灯片

通过复制幻灯片的操作能节省大量的工作时间，提高工作效率。

●通过拖动复制幻灯片：选择需复制的幻灯片后，按住【Ctrl】键的同时按住鼠标左键不放拖动到目标位置后释放鼠标，可实现幻灯片的复制。

●通过快捷键复制幻灯片：选择需复制的幻灯片，按【Ctrl+C】组合键，然后在目标位置按【Ctrl+V】组合键，可复制幻灯片。

●通过菜单命令复制幻灯片：选择需复制的幻灯片，在其上单击鼠标右键，在打开的快捷菜单中选择"复制幻灯片"命令，即可直接复制幻灯片并粘贴至所选幻灯片的后面。

9.2.4　隐藏和显示幻灯片

所有幻灯片均在幻灯片窗格中显示，隐藏某张幻灯片不会使该幻灯片从幻灯片窗格中消失，而是以未激活状态显示。隐藏幻灯片的主要作用是在播放幻灯片时，使该幻灯片不被放映出来。

1. 隐藏幻灯片

在幻灯片窗格中选择需要隐藏的幻灯片，单击鼠标右键，在打开的快捷菜单中选择"隐藏幻灯片"命令，该幻灯片左侧的数字便会被加上一条划线，且幻灯片窗格中该幻灯片呈未激活状态，表示已经被隐藏。

2. 显示幻灯片

在幻灯片窗格中选择需要显示的幻灯片，单击鼠标右键，在打开的快捷菜单中选择"隐藏幻灯片"命令，该幻灯片左侧数字的划线便会去掉，且幻灯片窗格中该幻灯片呈激活状态，表示已经被显示。

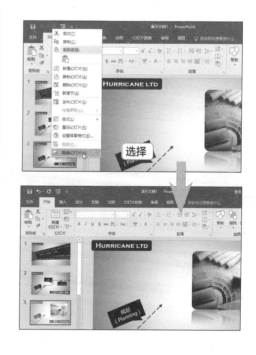

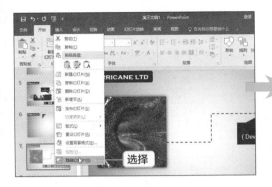

9.2.5 节的管理——新增与重命名节

在创建了多张幻灯片后，为了方便用户管理便涉及"节"的管理。PowerPoint 中的"节"与 Word 中"大纲级别"一样，能够体现出内容的层次。下面以"职业生涯管理 .pptx"演示文稿为例，介绍新增节，并重命名"默认节"的方法，具体操作如下。

节的管理

 素材：素材\第 9 章\职业生涯管理 .pptx

效果：效果\第 9 章\职业生涯管理 .pptx

STEP 1　打开"重命名节"对话框

打开"职业生涯管理 .pptx"演示文稿，在第 5、6 页幻灯片之间单击鼠标右键，在打开的快捷菜单中选择"新增节"命令。

命名"按钮，即可完成新增节的操作。

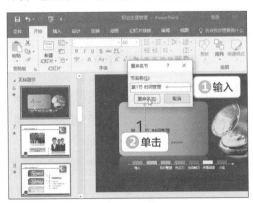

STEP 3　再次新增节

在第 8、9 页之间新增"第 2 节 知识管理"，在第 12、13 页之间新增"第 3 节 先见力"，在第 16、17 页之间新增"第 4 节 劝说能力"，在第 18、19 页之间新增"第 5 节 矛盾调试能力"。

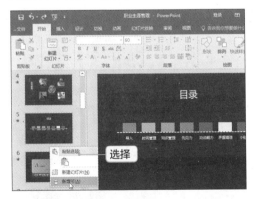

STEP 2　新增节

❶打开"重命名节"对话框，在"节名称"文本框中输入"第 1 节 时间管理"；❷单击"重

STEP 4 打开"重命名节"对话框

❶用鼠标右键单击第 1 张幻灯片前的"默认节"按钮；❷在打开的快捷菜单中选择"重命名节"命令。

STEP 5 重命名节

❶打开"重命名节"对话框，在"节名称"文本框中输入"前言"；❷单击"重命名"按钮，即可完成新增节的操作。

STEP 6 折叠节选项

❶用鼠标右键单击第 1 张幻灯片前的"前

言"按钮；❷在打开的快捷菜单中选择"全部折叠"命令。

STEP 7 查看演示文稿

返回演示文稿，可看见左侧幻灯片窗格中的幻灯片被折叠，并以节的名称显示。

技巧秒杀

展开节选项

在幻灯片窗格中单击节选项左侧的"展开"按钮▶，即可展开节选项；或在任意节选项上单击鼠标右键，在打开的快捷菜单中选择"全部展开"命令，即可全部展开节选项。

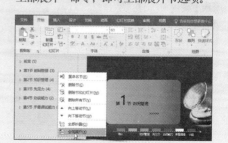

9.3 使用文本丰富 PowerPoint

文本是 PowerPoint 中最基本的要素，通常新建的幻灯片中只有一些提示性文本，用户需要自己输入并编辑文本来展现想要表达的事物。本节主要讲解占位符、输入文本、设置字体格式和段落格式、设置项目符号和编号、使用艺术字等，下面进行详细介绍。

9.3.1 认识占位符

在新建的幻灯片中常会出现本身含有"单击此处添加标题""单击此处添加文本"等文字的文本输入框，这种文本输入框就是占位符，在其中可直接输入文本内容。根据放置内容的不同，占位符主要分为以下 3 种类型。

● 标题占位符：用于输入幻灯片标题文本的占位符。

● 副标题占位符：用于输入幻灯片副标题文本的占位符。

● 内容占位符：用于输入幻灯片中主要内容文本的占位符。在内容占位符中可直接输入文本，单击中心的 6 个按钮，也可在内容占位符中插入相应的项目。

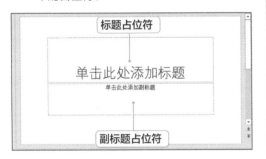

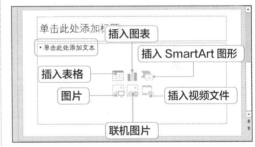

9.3.2 输入并编辑文本——完善职业经理人培训

在 PowerPoint 中插入文本框，即可在文本框中输入文本内容。PowerPoint 中设置字体格式和段落格式的方法与 Word 和 Excel 中的设置方法类似，在此仅做部分讲解。下面将在"职业经理人培训 .pptx"演示文稿中输入职业经理人的相关文本，并设置字体格式和段落格式，具体操作如下。

输入并编辑文本

素材：素材 \ 第 9 章 \ 职业经理人培训 .pptx
效果：效果 \ 第 9 章 \ 职业经理人培训 .pptx

STEP 1 插入文本框

❶ 打开"职业经理人培训 .pptx"演示文稿，

选择【插入】/【文本】组，单击"文本框"按钮；❷在幻灯片中绘制文本框。

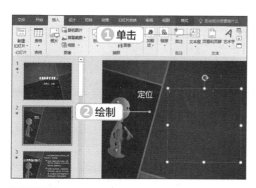

STEP 2　输入文本

单击文本框，在文本框内输入如下图所示的内容。

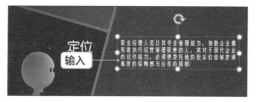

STEP 3　设置字体格式

❶选择文本框或文本框中的文字；❷将字号设置为"32"号；❸单击"文字阴影"按钮 S，设置文字阴影。

STEP 4　设置段落格式

❶拖动文本框周围的大小控制点，调整至合适大小，再拖动文本框实线的部分，调整至合适位置；❷在【开始】/【段落】组中单击"居中"按钮，使文本在文本框内居中；❸在【开始】/【段落】组中单击"行距"下拉按钮，在打开的下拉列表中选择"1.5"选项。

STEP 5　设置文本样式

❶选择文本框中的所有文字；❷在【开始】/【绘图】组中单击"快速样式"的下拉按钮；❸在打开的下拉列表中的"预设"栏中选择"半透明 – 青绿 强调颜色6 无轮廓"选项。

STEP 6　查看幻灯片效果

返回演示文稿，即可看到幻灯片中设置文本样式后的效果。

9.3.3 设置项目符号和编号——设置培训内容的符号和编号

项目符号和编号是放在文本前的符号或数字，合理使用项目符号和编号，能使文档层次清晰、结构分明。下面将在"职业经理人培训 1.pptx"演示文稿中为第 3 页幻灯片设置项目符号，为第 9 页幻灯片设置编号，操作步骤如下。

设置项目符号和编号

素材：素材 \ 第 9 章 \ 职业经理人培训 1.pptx
效果：效果 \ 第 9 章 \ 职业经理人培训 1.pptx

STEP 1 打开"项目符号和编号"对话框

❶打开"职业经理人培训 1.pptx"演示文稿，选择第 3 张幻灯片；❷选择"K 指的是拥有充足……"文本；❸在【开始】/【段落】组中单击"项目符号"下拉按钮；❹在打开的下拉列表中选择"项目符号和编号"选项。

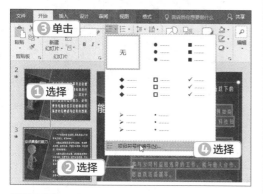

STEP 2 打开"符号"对话框

打开"项目符号和编号"对话框，单击"自定义"按钮。

STEP 3 设置项目符号

❶打开"符号"对话框，在列表框中选择"双剑号"符号；❷单击"确定"按钮，完成项目符号的设置。

STEP 4 查看项目符号设置效果

返回演示文稿，即可看到选择的文本前设置了项目符号。

STEP 5 打开"项目符号和编号"对话框

❶选择第 9 张幻灯片；❷选择"注重仪容仪表……"文本；❸在【开始】/【段落】组中单击"编号"下拉按钮；❹在打开的下拉列表中选择"项目符号和编号"选项。

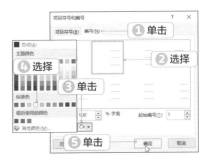

STEP 6 设置编号

❶打开"项目符号和编号"对话框,单击"编号"选项卡;❷选择"1.2.3.……"选项;❸单击"颜色"按钮;❹在打开的下拉列表中选择"黄色"选项;❺单击"确定"按钮,完成编号的设置。

STEP 7 查看编号设置效果

返回演示文稿,即可看到选择的文本前设置了编号。

9.3.4 文本转换为 SmartArt 图形——转换售后服务内容

SmartArt 图形能够快速、轻松、有效地传递信息,是常用的视觉表现手法。下面将在"商业模式创新 .pptx"演示文稿中将售后服务的文本转换为 SmartArt 图形,操作步骤如下。

文本转换为 SmartArt 图形

素材:素材 \ 第 9 章 \ 商业模式创新 .pptx

效果:效果 \ 第 9 章 \ 商业模式创新 .pptx

STEP 1 打开"选择 SmartArt 图形"对话框

❶打开"商业模式创新 .pptx"演示文稿,选择第 9 张幻灯片;❷选择"免费安装……"文本框;❸单击"转换为 SmartArt"按钮;❹在打开的下拉列表中选择"其他 SmartArt 图形"选项。

STEP 2 选择 SmartArt 图形

❶打开"选择 SmartArt 图形"对话框，在左侧列表框中选择"列表"选项；❷在更新的右侧列表框中选择"垂直曲形列表"；❸单击"确定"按钮，完成 SmartArt 图形的选择。

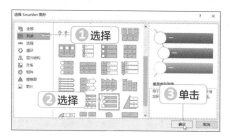

STEP 3 查看转换效果

返回演示文稿，可看到文本被转换为 SmartArt 图形。

STEP 4 更改 SmartArt 图形颜色

❶选择 SmartArt 图形，在【SmartArt 工具 设计】/【SmartArt 样式】组中单击"更改颜色"按钮；❷在打开的下拉列表框中选择"渐变循环 – 个性色 1"选项。

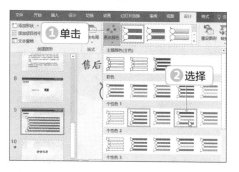

STEP 5 更改 SmartArt 图形样式

❶选择 SmartArt 图形，在【SmartArt 工具 设计】/【SmartArt 样式】组中单击"其他"按钮 ；❷在打开的下拉列表框中选择"强烈效果"选项。

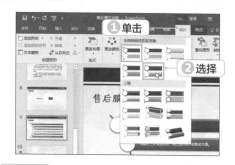

STEP 6 查看 SmartArt 图形设置效果

返回演示文稿，可查看 SmartArt 图形更改颜色和样式后的效果。

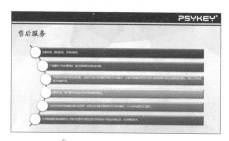

技巧秒杀

更改SmartArt布局

选择SmartArt图形，在【SmartArt工具 设计】/【版式】组中单击"更改布局"按钮，在打开的下拉列表框中选择"连续图片列表"选项，即可更改SmartArt布局。

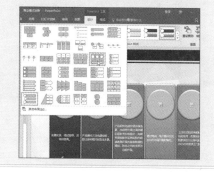

9.3.5 插入并编辑艺术字——编辑课件标题

在演示文稿中使用艺术字不仅能突出想要表达的文字内容，还能美化幻灯片，丰富演示效果。下面将在"会计要素与会计等式.pptx"演示文稿中以艺术字形式插入课件的标题，并对其进行编辑，操作步骤如下。

插入并编辑艺术字

素材：素材\第9章\会计要素与会计等式.pptx
效果：效果\第9章\会计要素与会计等式.pptx

STEP 1 插入艺术字

❶打开"会计要素与会计等式.pptx"演示文稿，在【插入】/【文本】组中单击"艺术字"按钮；❷在打开的下拉列表中选择"填充：黑色，文本色1；边框：白色，背景色1；清晰阴影：白色，背景色1"选项。

STEP 2 输入文本

返回演示文稿，幻灯片中显示"请在此放置您的文字"文本框，将其更改为"会计要素与会计等式"文本。

STEP 3 更改形状样式

❶选择"会计要素与会计等式"艺术字，在【绘图工具 格式】/【形状样式】组中单击"其他"按钮；❷在打开的下拉列表框中的"主题样式"栏中选择"彩色轮廓－白色 强调颜色3"选项。

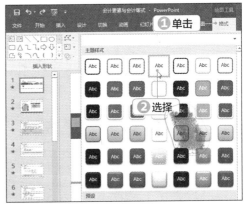

STEP 4 添加形状效果

❶选择"会计要素与会计等式"艺术字，在【绘图工具 格式】/【形状样式】组中单击"形状效果"按钮；❷在打开的下拉列表框中选择"映像"选项；❸在打开的子列表的"映像变体"栏中选择"紧密映像：8磅 偏移量"选项。

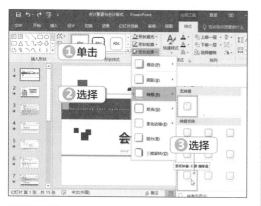

STEP 5 查看艺术字设置效果

返回演示文稿，可查看艺术字更改样式、添加形状后的效果。

技巧秒杀

更改艺术字样式

选择艺术字，在【绘图工具 格式】/【形状样式】组中单击"快速样式"按钮，在打开的下拉列表中选择"图案填充：白色，主题色3，窄横线；内部阴影"选项，即可更改为如下图所示的效果。

9.4　整体美化 PowerPoint

整体美化 PowerPoint 既能衬托出当前演示的主题，也能给观看者留下良好的视觉体验。通过调整页面长宽比、快速设置合适的主题能够使幻灯片更加美观，通过制作母版，能够节省用户在制作幻灯片过程中的时间。本节主要介绍页面设置、主题设置、制作幻灯片母版等相关知识。

9.4.1　页面设置——设置宽屏 PowerPoint

旧版幻灯片长宽比例为 4：3，而现在显示比例通常都是 16：9，因此需要对幻灯片页面的长宽进行设置。下面以"品牌形象宣传.pptx"演示文稿为例，介绍将幻灯片的长宽比设置为宽屏的方法，操作步骤如下。

页面设置

素材：素材\第9章\品牌形象宣传.pptx

效果：效果\第9章\品牌形象宣传.pptx

STEP 1 选择"宽屏（16:9）"选项

❶打开"品牌形象宣传.pptx"演示文稿，在【设计】/【自定义】组中单击"幻灯片大小"按钮；❷在打开的下拉列表中选择"宽屏（16：9）"选项。

STEP 2 确保屏幕适合

❶在打开的提示对话框中选择"确保适合"选项；❷单击"确保适合"按钮，完成设置。

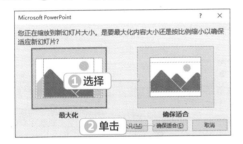

STEP 3 查看页面设置的效果

返回演示文稿，即可看到幻灯片长宽比被设置为宽屏。

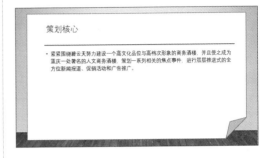

技巧秒杀

自定义长宽比

在【设计】/【自定义】组中单击"幻灯片大小"按钮，再在打开的下拉列表中选择"自定义幻灯片大小"选项，在打开的对话框中可自定义幻灯片的长宽尺寸。其中宽度为19.05厘米、长度为33.86厘米是经常设置的宽屏尺寸。

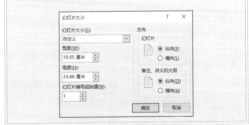

9.4.2 主题设置——美化销售计划大纲

主题是由颜色、字体和背景效果3个部分组成，通过设置主题效果，可快速更改幻灯片的样式。下面将在"销售计划大纲.pptx"演示文稿中将幻灯片的主题设置为"环保"，并在此基础上更改颜色、字体与背景效果，操作步骤如下。

主题设置

素材：素材\第9章\销售计划大纲.pptx

效果：效果\第9章\销售计划大纲.pptx

STEP 1 设置主题效果

打开"销售计划大纲.pptx"演示文稿，在【设计】/【主题】组中选择"环保"选项。

STEP 2 设置主题颜色

❶在【设计】/【变体】组中单击"其他"按钮，再在打开的下拉列表中选择"颜色"选项；❷在打开的子列表的"Office"栏中选择"橙红色"选项。

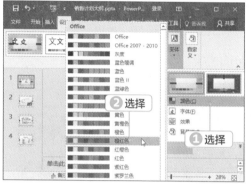

STEP 3 设置主题字体

❶在【设计】/【变体】组中单击"其他"按钮⊡，再在打开的下拉列表中选择"字体"选项；❷在打开的子列表的"Office"栏中选择"Corbel 华文楷体"选项。

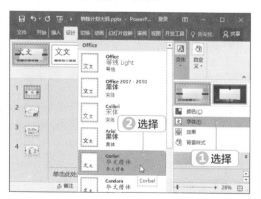

STEP 4 打开"设置背景格式"窗格

❶在【设计】/【变体】组中单击"其他"按钮⊡，再在打开的下拉列表中选择"背景样式"选项；❷在打开的子列表中选择"设置背景格式"选项。

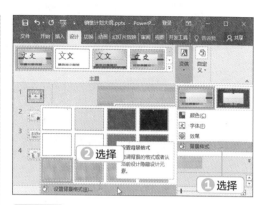

STEP 5 图片或纹理填充

❶在打开的"设置背景格式"窗格中选择"填充"选项；❷在填充栏中单击选中"图片或纹理填充"单选项。

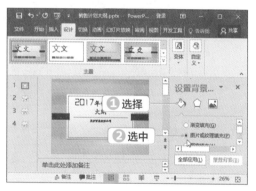

STEP 6 设置艺术效果

❶在"设置背景格式"窗格中选择"效果"选项，在艺术效果栏中单击"艺术效果"按钮；❷在打开的下拉列表中选择"纹理化"选项。

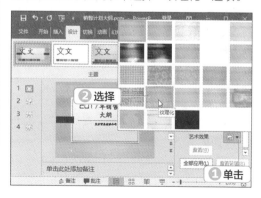

STEP 7 调整亮度对比度

❶在"设置背景格式"窗格中选择"图片"选项,在"图片校正"栏中单击"亮度/对比度"下方的"预设"下拉按钮;❷在打开的下拉列表中选择"亮度 0,对比度 +20%"选项。

STEP 8 查看幻灯片效果

返回演示文稿,查看设置背景格式后的效果。

9.4.3 设置幻灯片母版——整体美化商务演讲

幻灯片母版能够存储主题、背景、文字、图片以及动画元素,通过它可以快速制作出多张版式相同的幻灯片,以节省用户时间,提高工作效率。下面以"商务演讲.pptx"演示文稿为例,介绍设置幻灯片母版的方法,操作步骤如下。

设置幻灯片母版

素材:无

效果:效果\第9章\商务演讲.pptx

STEP 1 进入幻灯片母版

新建"商务演讲.pptx"演示文稿,在【视图】/【母版视图】组中单击"幻灯片母版"按钮。

STEP 2 设置主题

❶在【幻灯片母版】/【编辑主题】组中单击"主题"按钮;❷在打开的下拉列表中的Office 栏中选择"平面"选项。

STEP 3 设置主题颜色

❶在【幻灯片母版】/【背景】组中单击"颜色"按钮;❷在打开的下拉列表中的Office 栏中选择"蓝绿色"选项。

STEP 4 设置背景样式

❶在【幻灯片母版】/【背景】组中单击"背景样式"按钮;❷在打开的下拉列表中选择"样式 9"选项。

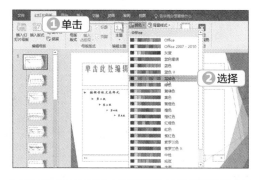

STEP 7 插入垂直 V 形列表

❶打开"选择 SmartArt 图形"对话框，选择"垂直 V 形列表"选项；❷单击"确定"按钮，完成列表图的插入。

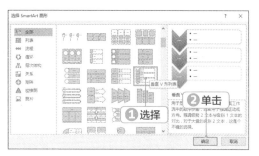

STEP 5 删除页脚

选择除第 1 张幻灯片的其他所有幻灯片，在【幻灯片母版】/【母版版式】组中撤消选中"页脚"复选框。

STEP 8 输入序号并删除多余文本

❶单击 V 形图标中的文本，分别输入"1""2""3"；❷删除列表中的"【文本】"。

STEP 6 打开"选择 SmartArt 图形"对话框

❶在幻灯片母版中选择第 2 张幻灯片，删除占位符，；❷在【插入】/【插图】组中单击"SmartArt"按钮。

STEP 9 重命名版式

❶打开"重命名版式"对话框，在幻灯片母版中选择第 2 张幻灯片，单击鼠标右键，在打开的快捷菜单中选择"重命名版式"命令；❷在打开的文本框中输入"目录"文本；❸单击"重命名"按钮，完成版式重命名。

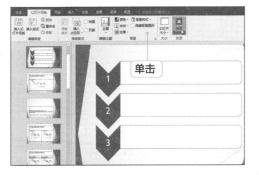

STEP 10 关闭幻灯片母版

在【幻灯片母版】/【关闭】组中单击"关闭母版视图"按钮，即可退出编辑状态。

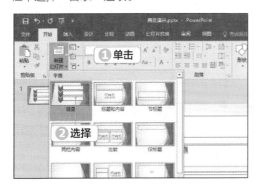

STEP 11 使用母版插入目录

❶在【开始】/【幻灯片】组中单击"新建幻灯片"按钮；❷在打开的下拉列表中的"平面"栏中选择"目录"选项。

STEP 12 查看插入效果

返回演示文稿，即可看到使用幻灯片母版插入了新的幻灯片。

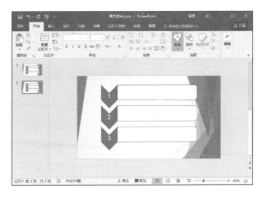

操作解谜

幻灯片母版的设置及应用

幻灯片母版中的幻灯片1为"自定义幻灯片方案"，用于设置幻灯片风格，包括主题、背景样式、颜色等。幻灯片1中设置的风格将会应用到幻灯片2以后的所有幻灯片中，如步骤2至步骤5设置的主题和背景。

幻灯片1之后自带PowerPoint 2016的默认版式，包括"标题幻灯片""标题和内容"等，修改幻灯片1之后的版式仅仅影响该幻灯片，而不影响幻灯片的整体风格，如步骤6至步骤9设置的"目录"。

高手竞技场——制作 PowerPoint 演示文稿

1. 新建并编辑"公司简介"演示文稿

新建"公司简介 .pptx"演示文稿,输入文本并进行编辑,要求如下。

- 新建演示文稿,重命名为"公司简介"。在幻灯片主标题占位符中输入"天明湖广告有限公司",设置样式为"填充: 蓝色,主题 2; 边框: 蓝色,主题 2",再在副标题中输入如下图所示的文本。
- 主题设置为"切片",主题颜色设置为"蓝色暖调",幻灯片页面设置为"宽屏"。
- 新建幻灯片,删除标题占位符,插入艺术字"公司历史",样式为"渐变填充,灰色"。
- 在文本占位符中输入如下图所示的文本,设置正文文本字体格式为"楷体,24 号,加粗,白色",添加项目编号"1. 2. 3.""、1.5 倍行间距。在幻灯片 3、4、5 中使用相同的方法输入文本。

 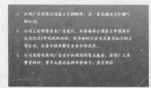 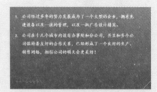

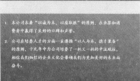 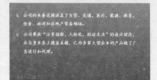 

2. 美化"菜谱宣传"演示文稿

打开"菜谱宣传 .pptx"演示文稿,对其中的幻灯片进行美化,要求如下。

- 打开演示文稿,进入幻灯片母版,删除页脚,设置页面为宽屏。
- 设置母版主题为"裁剪",字体为"Corbel 华文楷体",设置背景样式为图案填充效果"填充: 点线 5%,颜色: 金色,个性色 2,淡色 40%"。
- 应用母版主题,将第 1 页幻灯片设置为"标题幻灯片",其他幻灯片设置为"标题和内容"。

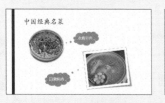  

第 10 章

PowerPoint 中对象的使用

/ 本章导读

幻灯片中的主要元素除了文字就是图形，为了使制作的演示文稿更加专业，并能引起观众的兴趣，可在幻灯片中添加图片和图形等对象，并对这些对象进行设置、美化。本章将对插入图片、形状、SmartArt 图形和表格的方法分别进行介绍。

10.1 图片的使用

使用合适的图片，可以使观众对演示文稿及其展示的内容有更加深刻的体会和清晰的认识；但刚刚插入的图片并不一定符合文档的使用要求，所以为了配合主题颜色，需要对图片进行设置。本节将主要介绍插入与编辑图片的相关知识，如图片的插入、裁剪、移动、排列、颜色调整等操作方法，下面进行详细介绍。

10.1.1 插入图片——为画册插入宣传图片

在 PowerPoint 2016 中插入与编辑图片的大部分操作与在 Word 2016 中相同，但由于 PowerPoint 2016 需要通过视觉体验吸引观众的注意，因此对图片的要求很高，编辑图片的操作也更加复杂和多样化。下面将为"宣传画册 .pptx"演示文稿插入不同的图片，操作步骤如下。

插入图片

素材：素材 \ 第 10 章 \ 宣传画册 .pptx、风景图片
效果：效果 \ 第 10 章 \ 宣传画册 .pptx

STEP 1 插入图片

❶打开"宣传画册"演示文稿，在幻灯片窗格中选择第 1 张幻灯片；❷在【插入】/【图像】组中单击"图片"按钮。

STEP 2 选择图片

❶在打开的"插入图片"对话框中选择插入图片的保存路径；❷在右侧的列表中选择"图片 1.jpg"文件；❸单击"插入"按钮。

STEP 3 查看插入图片效果

返回 PowerPoint 工作界面，可看到在第 1 张幻灯片中已经插入了选择的图片，调整图片位置，效果如下图所示。

STEP 4 插入其他图片

使用相同的方法，为第 2 张至第 6 张幻灯

片依次插入"风景图片"文件夹中的图片,效果如下图所示。

STEP 5 插入联机图片

❶在幻灯片窗格中选择第 7 张幻灯片;❷在【插入】/【图像】组中单击"联机图片"按钮。

STEP 6 搜索图片

❶在打开的"插入图片"界面的"必应图像搜索"栏的搜索框中输入要搜索的内容;❷单击右侧的"搜索"按钮。

STEP 7 插入图片

❶在打开的插入联机图片窗口中默认显示的是"仅知识共享"图片,选择需要的联机图片;❷单击"插入"按钮,插入联机图片。

STEP 8 查看插入图片效果

返回 PowerPoint 工作界面,可看到在第 7 张幻灯片中已经插入了选择的图片,使用鼠标调整图片的位置及大小,效果如下图所示,完成宣传画册的制作。

技巧秒杀

插入屏幕截图

在 PowerPoint 2016 中,除了可以插入本地图片和联机图片外,还可以插入屏幕截图和相册。其中插入屏幕截图的方法与 Word 一致,使用鼠标拖动,截取计算机屏幕窗口中需要的内容,即可插入到演示文稿界面中。

第 3 部分

10.1.2 应用电子相册

PowerPoint 2016 具有制作电子相册的相关功能，可以很方便地将各种图片制作成电子相册，而且还可以根据实际需要选择电子相册的主题和图片的排版方式，从而使制作的演示文稿更加个性化。下面介绍具体内容。

● 新建相册：启动 PowerPoint 2016，新建一个"演示文稿 1"空白演示文稿。选择【插入】/【图像】组，单击"相册"的下拉按钮，在打开的下拉列表中选择"新建相册"选项。打开"相册"对话框，在"相册内容"栏中单击"文件 / 磁盘"按钮，再在打开的"插入新图片"对话框中选择要插入图片的存储位置，选择要插入的图片，单击"插入"按钮，返回"相册"对话框，单击"创建"按钮。

● 编辑相册版式：选择【插入】/【图像】组，单击"相册"的下拉按钮，在打开的下拉列表中选择"编辑相册"选项。打开"编辑相册"对话框，再在"相册版式"栏中设置相册的图片版式、相框形状和主题，并在右侧预览。

● 编辑相册图片：在"编辑相册"对话框中单击选中"相册中的图片"列表框中的图片复选框，在列表框下方可对图片进行移动和删除。

10.1.3 编辑图片的基本操作

插入图片后，图片的位置、大小、颜色及边框等属性不一定符合制作者的要求，这就需要对其进行编辑。首先要选择图片，PowerPoint 工作界面上会显示"图片工具 格式"选项卡，单击选项卡可显示其功能区。下面介绍具体内容。

1. 调整图片大小

通过各种途径找到的图片有其固定的大小，但可能并不适合演示文稿页面，需要调整其图片大小。在 PowerPoint 2016 中，调整图片大小的方法与 Word 2016 类似，分为手动调整和输入数值精确调整，下面分别介绍两种调整方法。

● 手动调整：这种方法与 Word 2016 一致，即选择插入的图片，拖动图片四周的 8 个圆形控制点改变图片大小，优点是快捷，但同时会造成图片的失真。

227

● **精确调整**：选择插入的图片，选择【图片工具 格式】/【大小】组，在"宽度"或"高度"数字框中输入值，即可精确改变图片的大小。

2. 移动与旋转图片

为了达到演示文稿的设计效果，图片的位置及排列往往需要调整，通过图片的移动与旋转，可以对图片位置进行调整。操作方法为：将鼠标指针移动到图片上，当鼠标指针变为 ⊕ 时，按住鼠标左键进行拖动，可将图片移动到新的位置；将鼠标指针移动到图片上方控制点 ⊙ 上，当鼠标指针变为 ⊙ 形状时，按住鼠标左键进行拖动，可旋转图片。

3. 设置图片顺序

当几张图片或者图片与其他对象重叠在一起的时候，就需要分清楚对象间的前后顺序，将需要的内容显示在前端。刚插入的对象，其排列的先后顺序是混乱的，这就涉及顺序的调整，调整顺序的方法为：选择【图片工具 格式】/【排列】组，单击组中的"上移一层"或"下移一层"的下拉按钮，在打开的下拉列表中选择所需的选项，即可改变图片的叠放次序，实现图片顺序的调整。

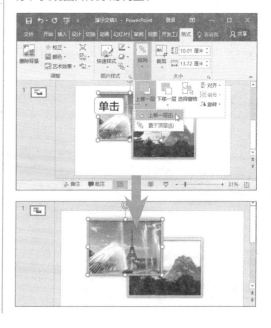

4. 裁剪图片

裁剪图片其实是调整图片大小的一种方式，通过裁剪图片，可以只显示图片中的某些部分，减少图片的显示区域。其操作方法为选择【图片工具 格式】/【大小】组，单击"裁剪"按钮，图片四周出现 8 个裁剪点，移动鼠标指针到裁剪点，按住鼠标左键不放进行拖动，即可对图片进行裁剪。如果单击"裁剪"下拉按钮，在打开的下拉列表中则可以设置裁剪形状和裁剪比例。在图片外单击，即可退出裁剪。

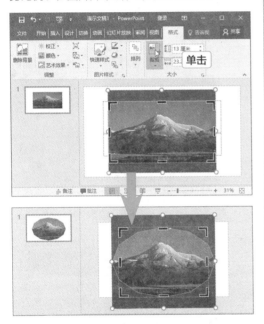

5. 组合图片

如果一张幻灯片中有多张图片，一旦调整其中一张，可能会影响其他图片的排列和对齐。通过组合图片，就可以将这些图片组合成一个整体，既能单独编辑单张图片，也能一起调整。操作方法为：使用【Shift】键选择需要组合的图形，在【图片工具 格式】/【排列】组中单击"组合"按钮，再在打开的下拉列表中选择"组合"选项，即可将多张图片组合成一个整体。

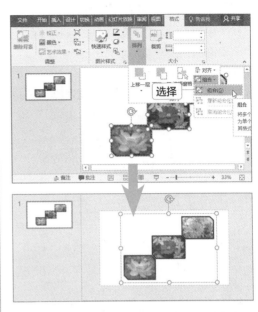

6. 排列和对齐图片

当一张幻灯片中有多张图片时，将这些图片有规则地放置，才能增强幻灯片的显示效果和美观程度，这时就需要对这些图片进行排列和对齐。操作方法为：选择【图片工具 格式】/【排列】组，单击"对齐"按钮，在打开的下拉列表中选择相应的选项，可调整图片达到需要的对齐效果。

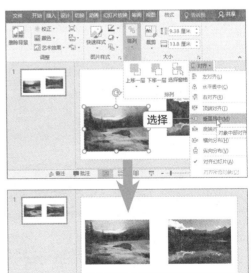

10.1.4 调整图片颜色及艺术效果——美化宣传册背景图片

调整图片颜色及艺术效果

PowerPoint 2016 有强大的图片调整功能，通过它可快速实现图片的颜色调整、设置艺术效果和调整亮度对比度等，使图片的效果更加美观，进而使演示文稿更具视觉效果。下面介绍在"菜品宣传册.pptx"演示文稿中设置图片的颜色及艺术效果的方法，操作步骤如下。

素材：素材 \ 第 10 章 \ 菜品宣传册 .pptx
效果：效果 \ 第 10 章 \ 菜品宣传册 .pptx

STEP 1 调整图片颜色

❶打开"菜品宣传册.pptx"演示文稿，在第 2 张幻灯片中选择插入的图片。再在【图片工具 格式】/【调整】组中单击"颜色"按钮；❷在打开的下拉列表的"重新着色"栏中选择"橙色，个性色 4 浅色"选项。

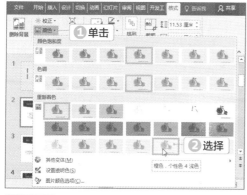

STEP 2 设置艺术效果

❶选择【图片工具 格式】/【调整】组，单击"艺术效果"按钮；❷在打开的下拉列表中选择"铅笔灰度"选项。

STEP 3 设置校正

❶选择【图片工具 格式】/【调整】组，单击"校正"按钮；❷在打开的下拉列表的"亮度 / 对比度"栏中选择"亮度：0%（正常）对比度：+40%"选项。

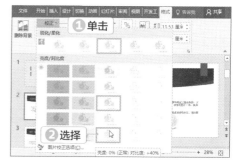

STEP 4 完成调整

返回演示文稿编辑区，查看图片调整后的效果。

操作解谜

其他设置图片颜色和艺术效果的方法

在【调整】组中单击"颜色"按钮，在打开的下拉列表中还可以设置图片的色调、饱和度和透明色等；选择"图片颜色选项"选项，还可以在PowerPoint工作界面的右侧打开"设置图片格式"窗格，对图片的颜色进行详细的设置。

10.1.5 设置图片样式——设置宣传册图片样式

PowerPoint 2016 提供了多种预设的图片外观样式，在【图像工具 格式】/【图片样式】组的列表中进行选择即可给图片应用相应的样式。除此以外，还可以为图片设置特殊效果和版式。下面将在"菜品宣传册 1.pptx"演示文稿中为图片设置样式，操作步骤如下。

设置图片样式

素材：素材 \ 第 10 章 \ 菜品宣传册 1.pptx
效果：效果 \ 第 10 章 \ 菜品宣传册 1.pptx

STEP 1 设置图片边框

❶在第 3 张幻灯片中选择右侧插入的图片；❷在【图片工具 格式】/【图片样式】组中单击"图片边框"的下拉按钮；❸在打开的下拉列表的"主题颜色"栏中选择"白色，背景 1，深色 35%"选项。

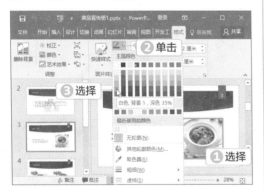

STEP 2 设置图片效果

❶在【图片样式】组中单击"图片效果"按钮；❷在打开的下拉列表中选择"预设"选项；❸在打开的子列表的"预设"栏中选择"预设 4"选项。

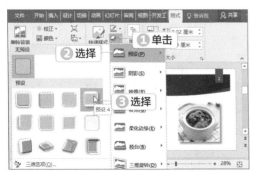

STEP 3 设置快速样式

❶在第 4 张幻灯片中选择左侧插入的图片，再在【图片工具 格式】/【图片样式】组中单击"快速样式"按钮；❷在打开的下拉列表中选择"旋转，白色"选项。

STEP 4 完成样式设置

使用相同的方法，为第 4 张幻灯片的另一张图片设置样式，完成样式的应用。

技巧秒杀

使用格式刷复制图片样式

选择拥有正确样式的对象，选择【开始】/【剪贴板】组，单击"格式刷"按钮，然后用鼠标左键单击需要复制样式的对象，单击的对象将自动应用第一次选择的对象样式。如果双击"格式刷"按钮，可将一个样式复制到多个对象上，直到再次单击"格式刷"按钮取消复制。

10.2 表格和图表的使用

表格是演示文稿中一种非常重要的数据显示工具，用好表格是提升演示文稿设计质量和效率的最佳途径之一。除了使用表格之外，还可以使用 PowerPoint 提供的图表功能，使各数据之间的关系或对比更直观、更明显。本节将主要介绍在演示文稿中插入、编辑和美化表格和图表的操作方法，下面进行详细介绍。

10.2.1 创建表格

在 PowerPoint 2016 中对表格的各种操作与在 Word 2016 中相似，可以通过插入表格和手动绘制表格两种方式来创建表格。下面介绍具体内容。

1. 插入表格

插入表格指直接插入指定行列数的表格，主要有两种插入的方式，一种是在列表中选择相应的行列数插入，但这种方法能输入的行列数有限，具有局限性，而另一种是在"插入表格"对话框的行列数数值框中输入相应的行列数，实现很多行或列的插入。下面介绍两种方法的具体操作。

- 通过"插入表格"列表插入：选择需要插入表格的幻灯片，在【插入】/【表格】组中单击"表格"按钮，再在打开的下拉列表的"插入表格"栏中拖动鼠标，选择插入的行数和列数。

- 通过"插入表格"对话框插入：选择需要

插入表格的幻灯片，在【插入】/【表格】组中单击"表格"按钮，再在打开的下拉列表中选择"插入表格"选项，或者在内容占位符中单击"插入表格"按钮，都将打开"插入表格"对话框，在其中的"列数"和"行数"数值框中输入要插入表格的行数和列数，单击"确定"按钮即可插入对应的表格。

2. 绘制表格

除了插入表格，在幻灯片中还可手动绘制表格，插入表格的单元格是大小相等的，而绘制表格的单元格往往不是大小相等的。绘制表格的具体操作为：选择需要插入表格的幻灯片，在【插入】/【表格】组中单击"表格"按钮，再在打开的下拉列表中选择"绘制表格"选项。当鼠标指针变为铅笔形状🖉时，在幻灯片中按住鼠标左键不放并拖动，绘制表格的外边界。

在【表格工具 设计】/【绘制边框】组中单击"绘制表格"按钮，当鼠标指针再次变为铅笔形状🖉时，移动鼠标指针到表格当中，按住鼠标左键不放并拖动，绘制单元格的边框线或斜线。

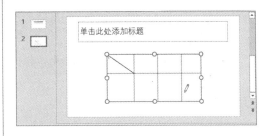

10.2.2 编辑表格——设置运营规划表格

刚刚插入的表格只是由多个单元格构成，没有文字等其他元素，同时表格的行列相对固定，若要制作一些特定的表格，则需要对表格进行编辑操作。下面介绍在"运营规划 .pptx"演示文稿中编辑表格的方法，操作步骤如下。

编辑表格

素材：素材 \ 第 10 章 \ 运营规划 .pptx
效果：效果 \ 第 10 章 \ 运营规划 .pptx

STEP 1 插入行

❶打开"运营规划 .pptx"演示文稿，选择第 4 张幻灯片，在幻灯片中选择表格左上角的空白单元格；❷在【表格工具 布局】/【行和列】组中单击"在上方插入"按钮，完成标题行的插入。

STEP 2 合并单元格

❶选择刚插入的标题行；❷在【表格工具 布局】/【合并】组中单击"合并单元格"按钮，合并第一行的所有单元格。

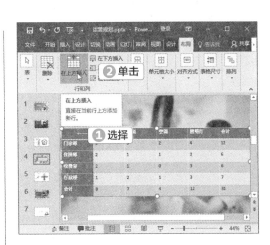

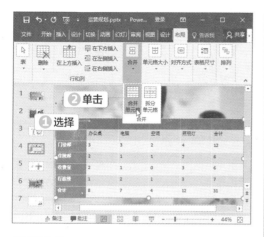

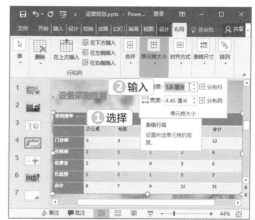

STEP 3 输入标题文字

❶选择第一行合并后的单元格；❷输入文本内容"采购清单"。

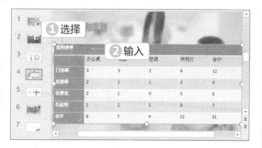

STEP 4 调整行高

❶选择第一行单元格；❷在【表格工具 布局】/【单元格大小】组中将表格行高设置为 "1.8 厘米"。

STEP 5 完成表格的编辑

在演示文稿编辑区查看编辑后的表格，完成表格的编辑。

操作解谜

选择单元格

要对表格进行编辑，首先需要选择相应的单元格，选择单个单元格的方法是将鼠标指针移动到表格中单元格的左端线上，当鼠标指针变为 形状时，单击鼠标即可。选择整行或整列的方法是将鼠标指针移动到表格边框的左边线的左侧或右边线的右侧，当鼠标指针变为 或 形状时，单击即可选择整行，选择整列的方法与此类似。

10.2.3 美化表格——完善运营规划表格

美化表格是对原有表格的颜色和线条等样式进行修改，使表格符合主题要求，达到数据展示效果。下面介绍在"运营规划 1.pptx"演示文稿中美化表格边框和主题样式的方法，操作步骤如下。

美化表格

素材：素材 \ 第 10 章 \ 运营规划 1.pptx

效果：效果 \ 第 10 章 \ 运营规划 1.pptx

STEP 1 设置表格样式

选择表格，在【表格工具 设计】/【表格样式】组中单击"其他"按钮，再在打开的下拉列表的"中"栏中选择"中度样式 1– 强调 1"选项。

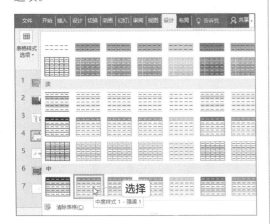

STEP 2 设置边框线样式

①选择表格；②在【表格工具 设计】/【绘制边框】组的"笔划粗细"下拉列表框中选择"3.0 磅"选项；③在"笔颜色"下拉列表的"主题颜色"栏中选择"蓝色，个性色 1"选项。

操作解谜

设置表格背景与设置表格底纹的区别

设置表格背景和设置表格的底纹是两种完全不同的操作，设置表格背景是将图片或者其他颜色完全铺垫在表格的底部，包括边框在内；而设置表格的底纹则是将图片或者其他颜色分别铺垫在表格的所有单元格内，不包括边框。

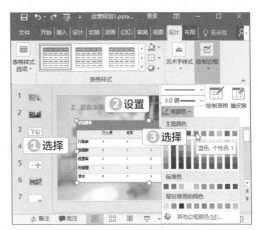

STEP 3 设置外侧边框线

①按【Ctrl+A】组合键全选表格；②选择【表格工具 设计】/【表格样式】组，单击"边框"旁的下拉按钮；③在打开的下拉列表中选择"外侧框线"选项。

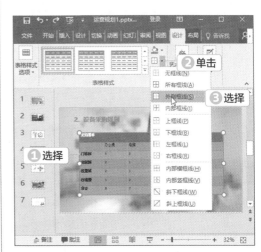

STEP 4 设置对齐方式

①选择表格；②在【表格工具 布局】/【对齐方式】中依次单击"居中"按钮和"垂直居中"按钮。

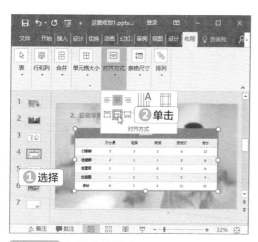

STEP 5 设置字符格式

❶选择表格第一行标题单元格的文本；
❷在【开始】/【字体】组中设置字号为"24"。

STEP 6 完成表格美化

在演示文稿编辑区查看编辑后的表格，完成表格的美化。

操作解谜

显示表格下方的图片背景

通过"插入表格"列表插入的表格都自带了表格样式或者底纹，如果为表格设置表格背景，无论是图片还是其他填充颜色，通常都无法显示出来。这时，需要将表格的底纹设置为"无填充颜色"，才能显示出设置的表格背景。

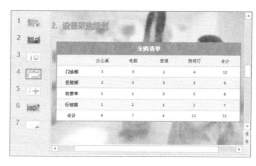

第3部分

10.2.4 插入图表

在 PowerPoint 2016 中，使用图表可显示复杂数据的对应关系，可以使多项数据显示得更清楚，各数据之间的关系或对比更直观、更明显。在 PowerPoint 中插入图表主要有两种方法，下面介绍具体内容。

1. 在功能区中插入

❶选择需要插入图表的幻灯片，在【插入】/【插图】组中单击"图表"按钮，打开"插入图表"对话框；❷在对话框左侧选择一种图表类型；❸然后在右侧的列表框中选择一种图表；❹单击"确定"按钮，在该幻灯片中即可显示创建的图表。同时，系统将自动启动 Excel 2016，进入编辑数据状态，可对数据系列和数据进行修改，关闭 Excel 表格，即可完成图表的插入。

2. 在占位符中插入

在幻灯片的内容框中单击占位符中的"插入图表"按钮，打开"插入图表"对话框，在对话框中选择需要的图表类型，单击"确定"按钮，可在编辑区中插入图表并打开 Excel

2016，编辑图表数据，关闭 Excel 表格，即可插入一个图表。

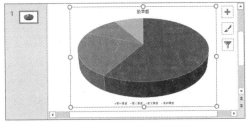

技巧秒杀

编辑图表数据

上文中提到在插入图表过程中会打开 Excel 2016，进入数据编辑状态，可对图表数据进行修改，也可以不修改。插入图表后，在【图表工具 设计】/【数据】组中单击"编辑数据"按钮，也可在打开的 Excel 2016 中编辑数据。

10.2.5　编辑图表——修改销售总结图表

编辑图表的操作主要包括调整图表的位置和大小、更改图表类型、编辑图表中的数据和更改图表布局等。下面将在"销售总结 .pptx"演示文稿中编辑图表，操作步骤如下。

编辑图表

 素材：素材 \ 第 10 章 \ 销售总结 .pptx

效果：效果 \ 第 10 章 \ 销售总结 .pptx

STEP 1　**更改图表类型**

❶打开"销售总结 .pptx"演示文稿，选

择第 2 张幻灯片中的"销售情况统计表"图表；
❷在【图表工具 设计】/【类型】组中单击"更改图表类型"按钮。

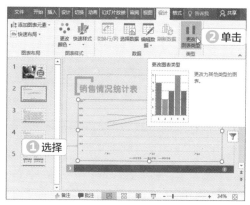

STEP 2　选择图表

❶打开"更改图表类型"对话框，在"所有图表"选项卡的左侧选择"柱形图"选项，在右侧选择"三维簇状柱形图"选项；❷单击"确定"按钮。

STEP 3　快速布局图表

❶选择【图表工具 设计】/【图表布局】组，单击"快速布局"按钮；❷在打开的下拉列表中选择"布局4"选项。

STEP 4　设置图表样式

❶选择【表格工具 设计】/【图表样式】组，单击"快速样式"按钮；❷在打开的下拉列表中选择"样式11"选项。

STEP 5　完善图表

添加图表标题，将标题更改为"销售情况统计表"，调整图表的位置和大小，完成图表的编辑。

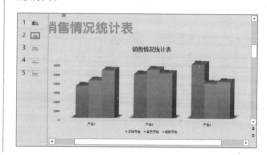

10.2.6　美化图表——完善销售总结图表

美化图表

美化图表主要是对图表中各元素的格式进行设置，包括设置各元素的颜色、形状以及文本格式等。下面介绍在"销售总结 1.pptx"演示文稿中美化图表形状样式和设置字体大小的方法，操作步骤如下。

| 素材：素材 \ 第 10 章 \ 销售总结 1.pptx |
| 效果：效果 \ 第 10 章 \ 销售总结 1.pptx |

STEP 1　选择图表区

❶选择【图表工具 格式】/【当前所选内容】组，单击"当前所选内容"按钮；❷在打开的下拉列表中单击"图表元素"下拉按钮；❸在打开的下拉列表中选择"图表区"选项。

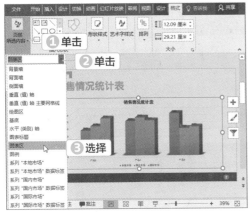

STEP 2　设置图表区样式

选择【图表工具 格式】/【形状样式】组，单击"其他"按钮▣，在打开的下拉列表的"主题样式"栏中选择"强烈效果 – 灰色，强调颜色 3"选项。

技巧秒杀

在图表中插入形状

在图表中插入形状可起到美化图表的作用。方法如下：选择【图表工具 格式】/【插入形状】组，单击"其他"按钮▣，在打开的下拉列表中选择要插入的形状即可。

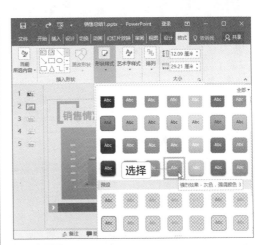

STEP 3　设置图表区域字体大小

选择【开始】/【字体】组，在"字号"下拉列表中选择"20"选项，即可将图表区中的文字字号设置为 20。

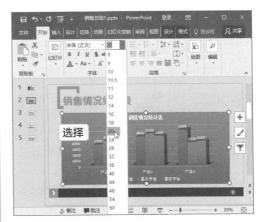

STEP 4　设置单个形状样式

选择图表中"国际市场"的图形，在【图表工具 格式】/【形状样式】组中单击"其他"按钮▣，再在打开的下拉列表的"主题样式"栏中选择"强烈效果 – 金色，强调颜色 4"选项。

第 **10** 章　PowerPoint 中对象的使用

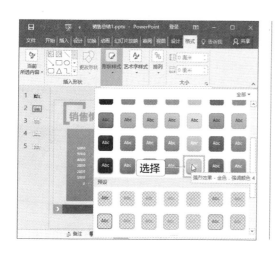

第
3
部
分

STEP 5 **完成美化图表**

返回演示文稿的图表编辑区，查看图表的美化效果，完成图表的美化。

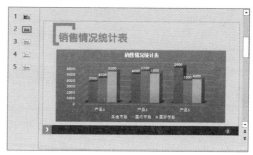

10.3 SmartArt 图形的使用

在演示文稿中插入 SmartArt 图形，可以说明一种层次关系、一个循环过程或一个操作流程等，不仅省去了繁杂的文字描述，使幻灯片所表达的内容更加突出和生动，同时也使演示文稿更加简洁美观。本节将主要介绍在演示文稿中插入、编辑和美化 SmartArt 图形的操作方法，下面进行详细介绍。

10.3.1 插入 SmartArt 图形

PowerPoint 的制作讲究简单美观，重点概括，用简单的方式表现复杂的内容，而 SmartArt 图形的出现则很好地达到了演示文稿的需求。在 PowerPoint 2016 中插入 SmartArt 图形的操作与在Word 2016 中基本相同，主要有两种方法。下面介绍具体内容。

1. 在功能区中插入

❶选择需要插入 SmartArt 图形的幻灯片，在【插入】/【插图】组中单击"SmartArt"按钮；❷打开"选择 SmartArt 图形"对话框，在对话框左侧选择 SmartArt 的类型；❸接着在中间的"列表"列表框中选择需要的布局样式，在右侧窗格中会显示该布局及对布局样式的具体说明；❹然后单击"确定"按钮，即完成 SmartArt 图形的插入。

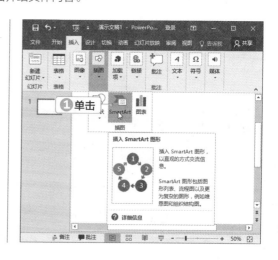

2. 在占位符中插入

在幻灯片的内容框中单击占位符中的"插入 SmartArt 图形"按钮，打开"选择 SmartArt 图形"对话框，在对话框中选择需要的 SmartArt 图形，单击"确定"按钮，即可插入一个 SmartArt 图形。

技巧秒杀

使用快捷键插入SmartArt图形

除了使用上述两种常见方法外，还可以使用【Alt+N+M】组合键，快速打开"选择SmartArt图形"对话框，插入SmartArt图形。

10.3.2 编辑 SmartArt 图形

刚插入的 SmartArt 图形使用的内容和样式都是默认的，需要通过编辑来完善和美化 SmartArt 图形。编辑 SmartArt 图形的操作有输入文本、调整布局、添加和删除形状、调整形状级别和图形位置及大小等。下面介绍具体内容。

1. 输入文本

插入到幻灯片中的 SmartArt 图形都不包含文本，这时可以在各形状中添加文本，主要可使用以下 3 种方法来添加文本。

● 直接输入：单击 SmartArt 图形中的一个形状，此时在其中出现文本插入点，直接输入文本即可。

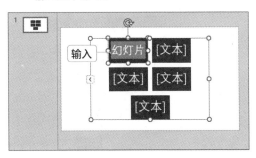

● 通过"文本窗格"输入：❶选择 SmartArt 图形，在【SmartArt 工具 设计】/【创建图形】组中单击"文本窗格"按钮；❷在打开的"在此处键入文字"窗格中输入所需的文字。

第 **10** 章 PowerPoint 中对象的使用

● 通过右键菜单输入：❶选择 SmartArt 图形，在需要输入文本的形状上单击鼠标右键；❷再在打开的快捷菜单中执行"编辑文字"命令。

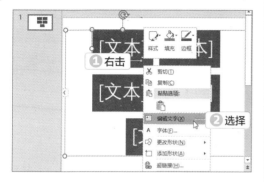

2. 调整布局

如果对初次创建的 SmartArt 图形的布局不满意，可随时更换为其他布局，同时，还可调整图形循环或指向的方向。

● 更换布局：❶选择 SmartArt 图形，在【SmartArt 工具 设计】/【版式】组中单击"更改布局"按钮，再在打开的下拉列表中可选择该类型的其他布局；❷若要更换为其他类型的布局，则在下拉列表中选择"其他布局"选项，打开"选择 SmartArt 图形"对话框，选择其他类型的布局。

● 调整指向方向：选择 SmartArt 图形，在【SmartArt 工具 设计】/【创建图形】组中单击"从右向左"按钮，可调整 SmartArt 图形中形状的指向或循环方向为从右向左。

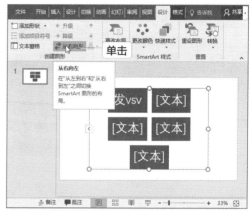

● 调整分支布局：用于部分层次结构类型的 SmartArt 图形，❶选择图形中的某个形状；❷在【SmartArt 工具 设计】/【创建图形】组中单击"组织结构图布局"按钮；❸在打开的下拉列表中选择不同选项可更改所选形状的分支布局。

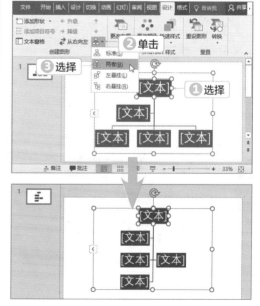

3. 添加和删除形状

在默认情况下，创建的 SmartArt 图形中的形状是固定的，而在实际制作时，形状可能不够或者多余，这时就需要添加或删除形状以满足需要。

（1）添加形状

❶在 SmartArt 图形中选择最接近新形状的添加位置的现有形状；❷在【SmartArt 工具 设计】/【创建图形】组中单击 "添加形状" 的下拉按钮；❸在打开的下拉列表中选择需要的选项来为新形状设置位置。

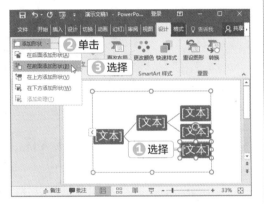

（2）删除形状

删除形状的方法很简单，选择需要删除的形状，按【Delete】键即可将其删除，但并不是所有的形状都可以删除，不同的布局，执行删除操作的结果是不同的，分别介绍如下。

● 如果在有 2 级形状的情况下删除 1 级形状，则第一个 2 级形状将提升为 1 级。

● 在包含图片内容形状的布局中，包含图片的形状不能删除，只能删除包含它的 1 级形状。此外，有背景的形状也不能删除，只能删除背景对应的文本框。

4. 调整大小和位置

在插入的 SmartArt 图形中，有时图形的大小和位置不符合要求，这时可调整 SmartArt 图形的大小，还可单独调整其中形状的大小及位置。

（1）调整大小

在 SmartArt 图形中调整大小主要有以下 3 种情况。

● 调整 SmartArt 图形的大小：选择 SmartArt 图形后，将鼠标指针移至边框四周的控制点上，按住鼠标左键不放并拖动，即可调整其大小。

● 调整形状的大小：在 SmartArt 图形中选择需要调整的形状，用调整 SmartArt 图形的方法调整其大小。

● 精确调整：选择图形或形状，通过【SmartArt 工具 格式】/【大小】组的 "宽度" 和 "高度" 数值框进行调整。

（2）调整位置

在 SmartArt 图形中调整位置有两种情况。

● 调整 SmartArt 图形的位置：选择 SmartArt 图形后，将鼠标指针移至 SmartArt 图形的边框上，当其变为图形状时，按住鼠标左键不放并拖动，可将其移动到新的位置。

● 调整形状的位置：在 SmartArt 图形中选择需要调整的形状，用调整 SmartArt 图形的方法移动其位置，但只能移动到 SmartArt 图形边框内的其他位置。

5. 调整形状级别

在编辑 SmartArt 图形的过程中，还可以根据需要对图形间各形状的级别进行调整，如将下一级的形状提升一级，或将上一级的形状下降一级。操作方法如下：❶选择需要升级或降级的形状；❷在【SmartArt 工具 设计】/【创建图形】组中单击 "升级" 按钮或 "降级" 按钮，将提升或降低形状的级别。

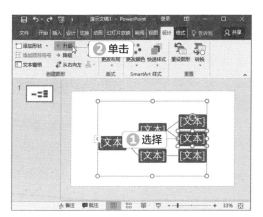

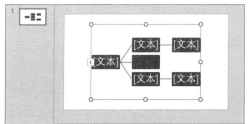

6. 将 SmarArt 图形转换为形状

在 PowerPoint 2016 中，还可将 SmartArt 图形转换为形状，操作方法如下：❶ 选择【SmartArt 工具 设计】/【重置】组；❷ 单击"转换"按钮；❸ 在打开的下拉列表中选择"转换为形状"选项，即可将图形转换为 SmartArt 形状。

10.3.3 美化 SmartArt 图形——优化职位职责演示文档

创建 SmartArt 图形后，图形的外观样式和字体格式都保持默认设置，用户可以根据实际需要对其进行各种设置，使 SmartArt 图形更加美观。美化 SmartArt 图形的操作包括设置颜色、样式、形状和文字等。下面介绍在"职位职责 .pptx"演示文稿中美化 SmartArt 图形的方法，操作步骤如下。

美化 SmartArt 图形

素材：素材 \ 第 10 章 \ 职位职责 .pptx
效果：效果 \ 第 10 章 \ 职位职责 .pptx

STEP 1 更改颜色

❶ 打开"职位职责 .pptx"演示文稿，在第 2 张幻灯片中选择幻灯片中的"组织结构"SmartArt 图形；❷ 在【SmartArt 工具 设计】/【SmartArt 样式】组中单击"更改颜色"按钮；❸ 在打开的下拉列表框的"主题颜色（主色）"栏中选择"深色 2 填充"选项。

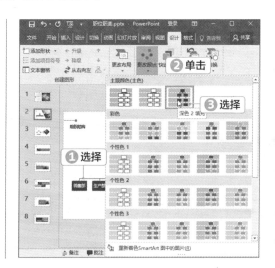

STEP 2 **更改其他图形的颜色**

使用相同的方法，为第 3 页幻灯片中的 SmartArt 图形设置相同的颜色。

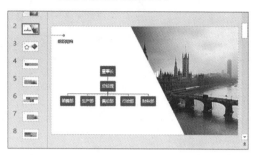

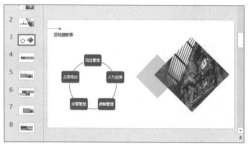

STEP 3 **设置样式**

①在【SmartArt 工具 设计】/【SmartArt 样式】组中单击"快速样式"按钮；②在打开的下拉列表的"文档的最佳匹配对象"栏中选择"强烈效果"选项。

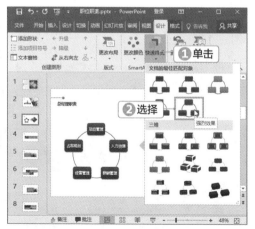

STEP 4 **查看应用样式后的效果**

使用相同的方法，为第 2 张幻灯片中的 SmartArt 图形设置相同的效果。

STEP 5 **更改形状**

①使用【Shift】键选择第 3 张幻灯片中 SmartArt 图形中的所有形状；②选择【SmartArt 工具 格式】/【形状】组，单击"更改形状"按钮；③在打开的下拉列表的"基本形状"栏中选择"椭圆"选项。

STEP 6 **设置形状大小**

选择【SmartArt 工具 格式】/【大小】组，在"宽度"和"高度"数值框中分别输入"2.5 厘米"，返回编辑区查看效果。

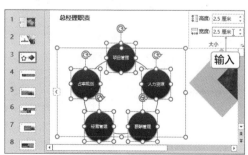

STEP 7 设置文本格式

❶选择第3张幻灯片中的SmartArt图形；❷在【开始】/【字体】组中设置字号为"16"。

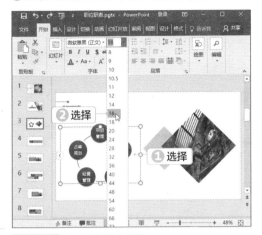

STEP 8 设置艺术字颜色

❶在【SmartArt工具 格式】/【艺术字样式】组中单击"快速样式"按钮；❷在打开的下拉列表中选择"填充：浅灰色，背景色2；内部阴影"选项。

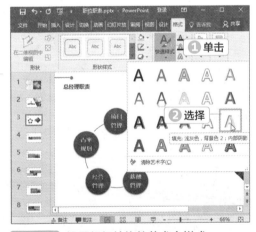

STEP 9 设置组织结构的艺术字样式

使用相同的方法，为第2张幻灯片设置相同的艺术字样式。

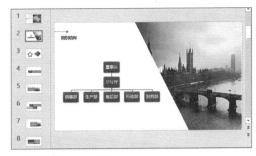

STEP 10 设置形状效果

❶在【SmartArt工具 格式】/【形状样式】组中单击"形状效果"按钮；❷在打开的下拉列表中选择"棱台"选项；❸在打开的子列表的"棱台"栏中选择"圆形"选项。

STEP 11 完成 SmartArt 图形的美化

使用相同的方法，为第3张幻灯片设置相同的形状格式，完成 SmartArt 图形的美化。

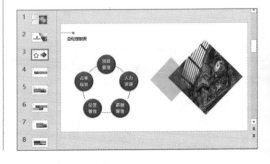

第3部分

高手竞技场——*PowerPoint 中对象的使用*

1. 制作"菜谱"演示文稿

为"菜谱 .pptx"演示文稿设置封面样式和图片样式，要求如下。

- 打开"菜谱 .pptx"演示文稿，在幻灯片中的"矩形"形状中输入文本内容"菜品介绍"，按两次【Enter】键，输入"心意满足餐厅"，设置"菜品介绍"字符格式为"微软雅黑，44；深红，个性色 1"，设置"心意满足餐厅"字符格式为"微软雅黑，20；深红，个性色 1"。
- 在"菜品介绍"和"心意满足餐厅"文本间插入"直线"形状，并设置颜色为"深红，个性色 1"。
- 在第 1 张幻灯片中插入"半闭框"形状，将形状旋转 180°，拖动形状边缘的淡黄色圆形控制点调整形状，将形状移动到右下角合适的位置，设置形状样式为"彩色填充 - 褐色，强调颜色 3，无轮廓"。
- 选择第 2 张幻灯片，进入幻灯片母版视图，插入"图片 1.jpg"图片，删除图片背景，调整颜色为"浅绿，背景颜色 2 浅色"，调整图片的位置到页面右下角，调整图片的大小。
- 选择第 3 张幻灯片，将其中的图片样式阴影设置为"内部中"；为第 4 张幻灯片中的图片设置快速样式"旋转，白色"。

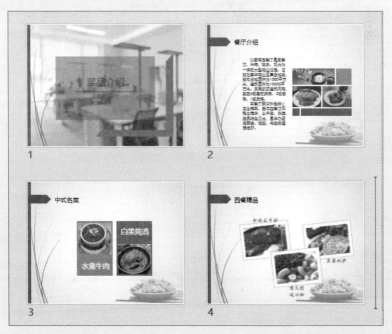

2. 制作"总结分析报告"演示文稿

为"总结分析报告 .pptx"演示文稿编辑并美化表格、图表和 SmartArt 图形，要求如下。

- 选择第 2 张幻灯片，设置幻灯片中 SmartArt 图形的第 2 个形状"市场分析"的颜色，在该形状后插入一个形状，输入文本内容"年度销量"，设置字符格式为"微软雅黑（标题），32"。

- 更改图形布局为"垂直项目符号列表"，调整其大小和位置，更改其颜色为"彩色 - 个性色"，样式为"强烈效果"。

- 选择第 4 张幻灯片中的图表，设置快速布局为"布局 3"，修改图表标题为"市场份额表"，更改布局为"簇状条形图"，设置快速样式为"样式 3"，更改颜色为"彩色调色板 1"。

- 将表中文本"2012"更改为"2016"，设置图表字号为"16"，设置"居中"的数据标签。

- 选择第 5 张幻灯片中的表格，在第一行上面插入一行标题行，合并单元格并输入文本内容"2017 年季度销量表"，设置此单元格高度为"2.5 厘米"，设置表格中文本的字符格式为"微软雅黑，28"，并将文本居中和垂直居中对齐。

- 设置表格样式为"中度样式 2- 强调 1"，并添加大小为"6 磅"、颜色为"白色，背景 1，深色 15%"的外边框，将表格水平居中。

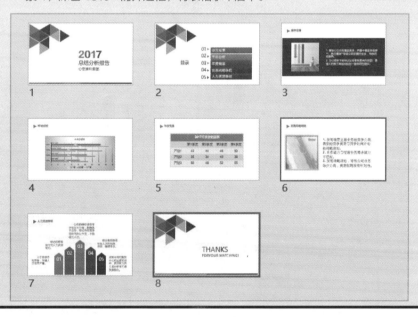

PowerPoint 应用

第 11 章

设置多媒体与动画

/ 本章导读

　　在幻灯片中导入声音和视频，可以使演示文稿更加形象生动。同时，在幻灯片中可以通过使用超链接、动作按钮和触发器，实现交互应用；通过为对象添加动画，让幻灯片中的内容更具有连贯性。演示文稿制作完成后，还可对演示文稿中的幻灯片和内容进行放映和输出。本章将对多媒体与动画的应用和放映输出的方法分别进行介绍。

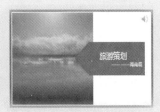

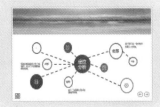

11.1 添加多媒体对象

为了使制作的演示文稿更吸引人，除了在幻灯片中添加图片等对象外，还可以为幻灯片添加声音和视频，将演示文稿中相对枯燥的文字内容用声音或视频进行表述，使制作完成的演示文稿更加生动形象，更加专业。本节将主要介绍在演示文稿中插入和编辑多媒体对象的相关操作方法，下面进行详细介绍。

11.1.1 添加音频——为茶具展示插入音乐

在幻灯片中可以添加声音，以达到强调或实现特殊效果的目的，声音的插入使演示文稿的内容更加丰富多彩。下面介绍在"茶具展示.pptx"演示文稿中插入音频，操作步骤如下。

添加音频

 素材：素材 \ 第 11 章 \ 茶具展示 .pptx、音频 .mp3
效果：效果 \ 第 11 章 \ 茶具展示 .pptx

STEP 1 插入音频

❶打开"茶具展示.pptx"演示文稿，在幻灯片窗格中选择第 1 张幻灯片；❷在【插入】/【媒体】组中单击"音频"按钮🔊；❸在打开的下拉列表中选择"PC 上的音频"选项。

STEP 2 选择音频文件

❶打开"插入音频"对话框，在上方地址栏中选择音频文件的保存路径；❷在中间的列表框中选择"音频 .mp3"选项；❸单击"插入"按钮。

STEP 3 查看添加音频效果

返回 PowerPoint 工作界面，在幻灯片中将显示一个声音图标和一个播放音频的浮动工具栏，将音频图标拖动至幻灯片右下角合适的位置，完成音频的插入。

11.1.2 编辑音频——设置茶具展示背景音乐

默认插入的音频文件只能在当前幻灯片中播放，且无法自动播放，根据演示文稿的需要，用户可对音频进行编辑，设置适合的播放时间和播放方式。下面将在"茶具展示 1.pptx"演示文稿中对插入的音频进行编辑，操作步骤如下。

编辑音频

素材：素材 \ 第 11 章 \ 茶具展示 1.pptx

效果：效果 \ 第 11 章 \ 茶具展示 1.pptx

STEP 1 打开"剪裁音频"对话框

❶选择音频图标；❷在【音频工具 播放】/【编辑】组中单击"剪裁音频"按钮。

STEP 2 剪裁音频

❶打开"剪裁音频"对话框，在"开始时间"数值框中输入"00:06.700"；❷在"结束时间"数值框中输入"02:02.000"，或者拖动中间滚动条上的滑块，确定开始和结束时间；❸单击"确定"按钮。

STEP 3 设置音量

❶在【音频选项】组中单击"音量"按钮；❷在打开的下拉列表中选择"高"选项。

STEP 4 设置音频选项

❶在【音频选项】组的"开始"下拉列表框中选择"自动"选项，表示幻灯片放映时，音乐自动开始播放；❷单击选中"放映时隐藏""跨幻灯片播放"和"循环播放，直到停止"复选框，分别表示放映时隐藏音频图标、切换幻灯片后继续播放音乐、循环播放音乐直到放映结束。

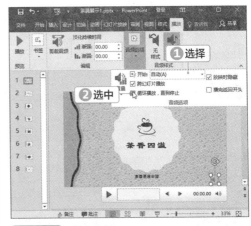

STEP 5 试听音频

在【预览】组中单击"播放"按钮，试听音频编辑后的效果。

第 **11** 章 设置多媒体与动画

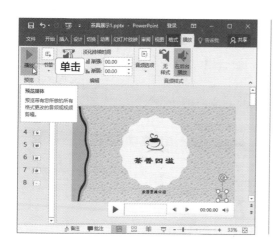

压缩和保存音频

技巧秒杀

插入其他音频文件

除了可以插入"PC上的音频",还可以插入"录制音频"、"联机音频"和"播放CD乐曲",其中"录制音频"可以通过录音设备将演讲者的声音录制下来并将其插入到幻灯片中;"联机音频"可以通过网络搜索并插入音频;"播放CD乐曲"可使CD中的乐曲伴随演示文稿的播放。

11.1.3 压缩和保存音频——压缩茶具展示音频文件

在进行剪裁操作后,可进行压缩和保存演示文稿的操作,压缩文件能减小文件的大小。下面介绍将"茶具展示 2.pptx"演示文稿进行压缩并保存的方法,操作步骤如下。

素材:素材 \ 第 11 章 \ 茶具展示 2.pptx
效果:效果 \ 第 11 章 \ 茶具展示 2.pptx

STEP 1 **打开"压缩媒体"对话框**

❶单击"文件"选项卡,在打开的界面的左侧选择"信息"选项;❷在打开的"信息"界面中单击"压缩媒体"按钮;❸在打开的下拉列表中选择"演示文稿质量"选项。

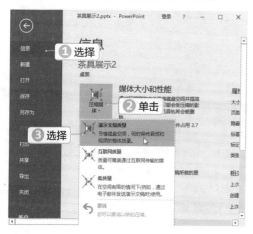

STEP 2 **压缩媒体**

打开"压缩媒体"对话框,其中显示了压缩音频的进度,压缩完成后单击"关闭"按钮。

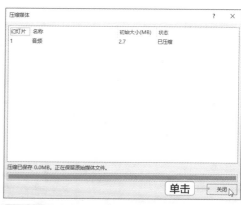

STEP 3 **保存演示文稿**

在"文件"列表中选择"保存"选项,即可完成音频的压缩和保存操作。

压缩媒体大小和性能

在压缩媒体时，除了可以压缩成演示文稿质量外，如果对质量要求更高，还可以使用"互联网质量"压缩；如果对质量要求不高，则可以使用"低质量"压缩，不同的质量在压缩时文件所占的空间大小不同，质量越高所占空间越大。

11.1.4　添加视频

除了可以在幻灯片中插入声音外，还可以插入视频，在放映幻灯片时，便可以直接在幻灯片中放映影片，使幻灯片看起来更加丰富多彩。与插入音频类似，通常在幻灯片中插入的视频都来自于文件夹，其操作与插入音频相似。下面介绍具体内容。

1. 插入 PC 上的视频

与插入音频类似，在计算机中也可以为幻灯片插入外部的影片，下载好视频文件后，方可在幻灯片中插入 PC 上的视频。插入的视频可支持的类型包括常见的 MP4 格式，也有 MKV、AVI、SWF 以及动态 GIF 文件等其他格式。插入计算机中保存的视频的方法有两种：一种是通过菜单命令插入，而另一种是通过占位符插入。

● 通过菜单命令插入：❶选择需要插入视频文件的幻灯片，在【插入】/【媒体】组中单击"视频"按钮；❷再在打开的下拉列表中选择"PC 上的视频"选项；❸打开"插入视频文件"对话框，然后在左侧栏中找到需要的视频的存储位置，最后在右侧选择视频文件；❹单击"插入"按钮，完成视频文件的插入。

● 通过占位符插入：❶单击占位符中的"插
入视频文件"按钮；❷打开"插入视频"
窗口，单击"来自文件"栏中的"浏览"
按钮，即可在对话框中选择需要插入的本
地视频。

2. 插入联机视频

与 PC 上的视频相比，网络中的视频资源
更加丰富，PowerPoint 2016 也提供了插入联
机视频的功能。操作方法为：选择【插入】/【媒
体】组，单击"视频"按钮，在打开的下拉列
表中选择"联机视频"选项，打开"插入视频"
窗口，在"YouTube"文本框中输入需要查找
视频的关键字，在"来自视频嵌入代码"文本
框中输入网络中视频的 HTML 代码，即可将该
视频插入到幻灯片中。

操作解谜

获取 HTML 代码

要获取HTML代码，可在打开的网站
中视频所在的网页直接复制该视频的HTML
代码，然后粘贴到"插入视频"窗口中的
"来自视频嵌入代码"文本框中即可，或
者将下面的播放网络视频的通用HTML代
码直接粘贴到"插入视频"窗口中的文本
框中，然后将代码中的"这里放置视频的
地址"替换为该视频的网络地址。<embed
pluginspage="http://www.macro***.com/go/
getflashplayer" src="这里放置视频的地址"
width="800" height="615" type="application/
x-shockwave-flash" play="false" loop="false"
menu="true" /></embed />

11.1.5　编辑视频——设置培训视频

在幻灯片中插入视频文件后，可在【视频工具 播放】选项卡中对视频进行
编辑，如设置音量、循环播放、播放视频的方式等。下面将在"培训.pptx"演
示文稿中编辑插入的视频，操作步骤如下。

编辑视频

| 素材：素材 \ 第 10 章 \ 培训 .pptx |
| 效果：效果 \ 第 10 章 \ 培训 .pptx |

STEP 1　设置视频选项

❶在第 2 张幻灯片中选择插入的视频；❷在【视频工具 播放】/【视频选项】组的"开始"下拉列表框中选择"按照单击顺序"选项，表示单击鼠标后开始播放视频；❸单击选中"播放完毕返回开头"复选框。

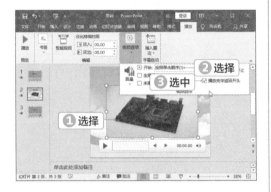

STEP 2　设置视频样式

❶选择【视频工具 格式】/【视频样式】组，单击"视频样式"按钮；❷在打开的下拉列表的"中等"栏中选择"中等复杂框架，黑色"选项。

STEP 3　剪裁视频

❶选择【视频工具 播放】/【编辑】组，单击"剪裁视频"按钮；❷打开"剪裁视频"对话框，在"结束时间"数值框中输入"01:52"；❸单击"确定"按钮。

STEP 4　设置音量

❶在【视频选项】组中单击"音量"按钮；❷在打开的下拉列表中选择"高"选项，完成音量设置。

STEP 5　保存并预览视频

❶拖动视频四周的控制点调整大小；❷在快速工具栏中单击"保存"按钮；❸在【预览】组中单击"播放"按钮预览视频。

② 单击

③ 单击

① 调整

选择合适的视频格式插入幻灯片

　　PowerPoint几乎支持所有的视频格式，但如果要在幻灯片中插入视频文件，最好使用WMV和AVI格式的视频文件，因为这两种视频文件也是Windows自带的视频播放器支持的文件类型。如果要在幻灯片中插入其他类型的视频文件，则需要在计算机中安装支持该文件类型的视频播放器，例如插入MP4视频文件，需要安装默认的视频播放器Apple QuickTime。否则，插入的其他视频文件将显示为音频文件样式。

11.2　设置动画效果

　　设置动画效果包括为幻灯片中各种对象设置的动画和切换幻灯片的动画，读者通过学习应能够熟练掌握设置动画效果的各种操作方法，让制作出来的演示文稿具有动态效果，增加演示文稿的吸引力。本节将主要介绍在演示文稿中设置动画效果的相关操作，并讲解一些常见的动画效果的制作方法，下面进行详细介绍。

11.2.1　添加幻灯片动画

　　PowerPoint 2016 中提供了多种预设的动画效果，用户可根据需要为幻灯片中的各个对象添加不同的动画效果，如进入、强调、退出和动作路径中的任意一种动画效果。另外，用户可以根据需要为一个对象设置单个动画效果或者多种动画效果，还可以为一张幻灯片中的多个对象设置统一的动画效果。下面介绍具体内容。

1. 添加单个动画

　　在幻灯片中选择一个对象后，就可以给该对象添加一种自定义动画效果，可设置为进入、强调、退出和动作路径中的任意一种动画效果，具体操作如下：❶在幻灯片中选择需添加动画的对象，在【动画】/【动画】组中单击"动画样式"按钮；❷再在打开的下拉列表框中选择一种动画样式，然后在幻灯片中将自动演示动

画效果，并在添加了动画效果的对象的左上方显示数字序号。

预览动画

　　添加动画后如果没有预览到动画效果，在【动画】/【预览】组中单击"预览"按钮，也可以预览动画效果。

2. 添加多个动画

在幻灯片中不仅可以为对象添加单个动画效果，还可以为对象设置多个动画效果，方法如下：❶设置单个动画之后，选择对象；❷选择【动画】/【高级动画】组，单击"添加动画"按钮；❸在打开的下拉列表框中选择一种动画样式，为对象添加另外一种动画效果。添加了多个动画效果后，幻灯片中该对象的左上方也将显示对应的多个数字序号，该序号表示动画的播放顺序。

为对象添加动画之后，在【动画】/【高级动画】组中单击"动画窗格"按钮，打开"动画窗格"窗格，显示了添加的动画效果列表，其中的选项将按照为对象设置动画的先后顺序而排序，并用数字序号进行标识。

3. 为多个对象添加动画

如果需要为对象设置不同的动画，只要分别选择对象，然后依次添加动画即可。如果要为多个对象设置同一种动画，则有下面两种比较快捷的方法。

● 利用【Ctrl】键或【Shift】键：❶在幻灯片中选择一个对象，然后按住【Ctrl】键或者【Shift】键不放，再选择其他对象，选择多个对象后，释放【Ctrl】键或【Shift】键；然后使用前面的方法（见步骤❷和❸）为它们添加动画。

第**11**章 设置多媒体与动画

- 利用"动画刷"按钮：❶为一个对象添加动画后，在【高级动画】组中双击"动画刷"按钮；❷当鼠标指针变成▣形状时，单击其他对象，即可为这些对象添加同样的动画，单击这几个对象的数字序号将按照单击的顺序进行排序。再次单击"动画刷"按钮，或者按【Esc】键都会取消动画刷功能。

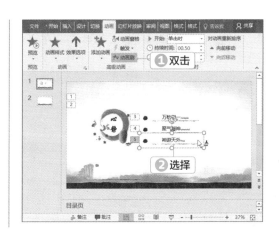

11.2.2 设置动画效果——完善课件动画效果

为幻灯片中的文本或对象添加了动画效果后，还可以对其进行一定的设置，如设置动画的方向、图案、形状、开始方式、播放速度和声音等。下面将在"课件.pptx"演示文稿中设置对象的动画效果，操作步骤如下。

设置动画效果

素材：素材 \ 第 11 章 \ 课件 .pptx

效果：效果 \ 第 11 章 \ 课件 .pptx

STEP 1 设置对象开始方式

❶打开"课件 .pptx"演示文稿，选择第 2 张幻灯片中的"目录"组合对象；❷在【动画】/【高级动画】组中单击"动画窗格"按钮；❸打开"动画窗格"窗格，单击第 1 个动画选项的下拉按钮；❹在打开的下拉列表中选择"从上一项开始"选项。

STEP 2 设置组合 4 开始方式

❶在"动画窗格"窗格中单击"组合 4"右侧的下拉按钮；❷在打开的下拉列表中选择"从上一项之后开始"。

STEP 3 设置其他动画开始方式

为"组合 3"和"组合 1"设置"从上一项之后开始"的开始方式。

操作解谜

设置动画的开始方式

选择"单击开始"选项，表示要单击鼠标后才开始播放该动画；选择"从上一项开始"选项，表示将与前一个动画同时播放；选择"从上一项之后开始"选项，表示将在前一个动画播放完毕后自动开始播放。设置后两种开始方式后，幻灯片中对象的序号将变得和前一个动画的序号相同。

STEP 4 设置效果选项

❶选择第 2 张幻灯片中"引言"组合对象；❷在【动画】/【动画】组中单击"效果选项"按钮；❸在打开的下拉列表中选择"自左侧"选项。

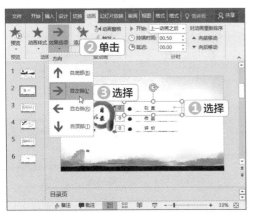

STEP 5 设置其他动画的效果选项

使用相同的方法，为"作品""评价"组合对象设置相同的效果选项，或选择【动画】/【高级动画】组，双击"动画刷"按钮，设置相同的动画效果。

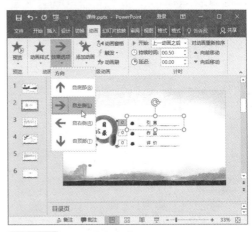

STEP 6 设置动画声音

❶选择第 2 张幻灯片中"引言"组合对象，在【动画】/【动画】组中单击"对话框启动器"按钮，打开"擦除"对话框，单击"效果"选项卡，再在"增强"栏的"声音"下拉列表中选择"单击"选项；❷单击"音量"按钮；❸在打开的下拉列表中拖动滑块来调整音量大小；❹单击"确定"按钮。

第 **11** 章 设置多媒体与动画

259

STEP 7 设置其他动画的声音

使用相同的方法，为"作品"和"评价"组合对象设置相同的声音效果。

STEP 8 打开计时

①选择【动画】/【高级动画】组，单击"动画窗格"按钮；②在打开的"动画窗格"窗格中单击"组合 4"右侧的下拉按钮，再在打开的下拉列表中选择"计时"选项。

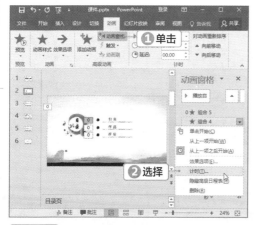

STEP 9 设置计时

①打开"擦除"对话框，单击"计时"选项卡；②在"期间"下拉列表中选择"快速（1秒）"选项；③单击"确定"按钮。

STEP 10 设置其他动画的计时方式

使用相同的方法，为"作品"和"评价"组合对象设置相同的计时效果。

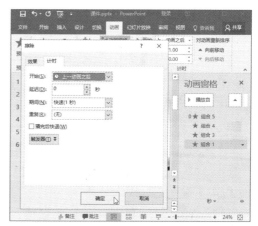

STEP 11 选择效果选项

①选择第 3 张幻灯片中的文本框；在"动画窗格"窗格中单击动画右侧的下拉按钮；②在打开的下拉列表中选择"效果选项"选项。

第 3 部分

STEP 12 设置文本动画效果

❶打开"淡出"对话框，在"动画文本"下拉列表中选择"按字 / 词"选项；❷单击"正文文本动画"选项卡；❸在"组合文本"下拉列表中选择"按第一级段落"选项；❹单击"确定"按钮。

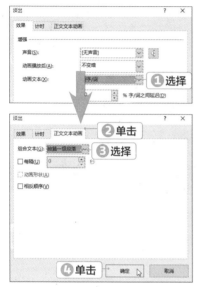

STEP 13 设置效果选项

为第 4 张和第 5 张幻灯片设置类似的动画效果。

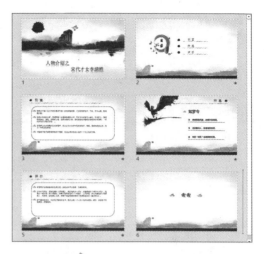

技巧秒杀

设置组合文本

在"正文文本动画"选项卡的"组合文本"下拉列表框中，若选择"作为一个对象"选项，则所有文本将组合为一个对象播放动画；若选择"所有段落同时"选项，则所有文本同时播放，但不作为一个对象；若选择其他选项，则每个段落的文本将作为单独的对象播放动画，且会按照不同的级别播放文本内容。

11.2.3　设置动画播放顺序

要制作出满意的动画效果，可能需要不断地查看动画之间的衔接效果是否合理，如果对设置的播放效果不满意，应及时对其进行调整。由于动画效果列表中各选项排列的先后顺序就是动画播放的先后顺序，因此要修改动画的播放顺序，应通过调整动画效果列表中各选项的位置来完成。调整动画播放顺序有以下两种方法，下面介绍具体内容。

● 通过拖动鼠标调整：❶在"动画窗格"窗格中选择要调整的动画选项；❷按住鼠标左键不放进行拖动，此时有一条红色的横线出现在两个动画之间并随之移动，当横线移动到需要的目标位置时释放鼠标即可。

261

● 通过单击按钮调整：❶在"动画窗格"窗格中选择要调整的动画选项；❷单击窗格上方的按钮或按钮，该动画选项会向上或向下移动一个位置。

技巧秒杀

对动画重新排序

要通过单击按钮设置动画的顺序，除了可在动画窗格中进行调整外，还可以选择【动画】/【计时】组，在"对动画重新排序"栏下单击"向前移动"按钮或"向后移动"按钮，实现对动画顺序的重新调整。

11.2.4 设置动作路径动画

"动作路径"动画效果是自定义动画效果中的一种表现方式，可为对象添加某种常用路径的动画效果，如"直线""弧形""圆形"等动作路径。PowerPoint 2016 提供了多种路径可供选择，甚至还可绘制自定义路径，使幻灯片中的对象更加突出。下面介绍具体内容。

● 选择动作路径：选择【动画】/【高级动画】组，单击"添加动画"按钮，在打开的下拉列表框的"动作路径"栏中可选择已有的路径，还可选择"其他动作路径"选项。打开"添加动作路径"对话框，在其中选择需要的动作路径即可，在幻灯片中将以虚线显示该动画的移动路径。

● 绘制动作路径：除了选择提供的动作路径外，还可手动绘制路径，方法如下：❶选择需要设置的对象，单击"添加动画"按钮；❷在打开的下拉列表框的"动作路径"栏中选择"自定义路径"选项；❸将鼠标指针移动到幻灯片中，当指针变为十形状时，按住鼠标左键不放并拖动，即可绘制所需的路径，绘制完成后按【Enter】键，

路径开始位置显示为绿色箭头，终止位置显示为红色箭头。

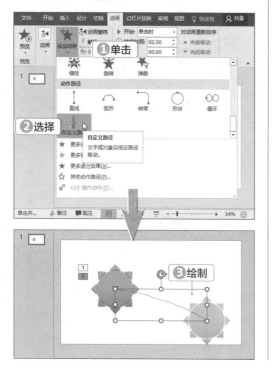

技巧秒杀

编辑动作路径

为对象添加动作路径动画后，在路径上双击，打开"自定义路径"对话框，可设置其开始方式、路径、速度，还可以调整路径的大小、方向和位置。

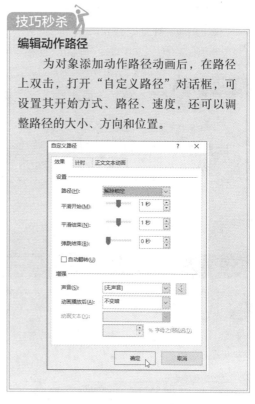

11.2.5 添加切换动画——快速应用相同切换效果

PowerPoint 中默认两张幻灯片之间没有切换动画，但在制作演示文稿的过程中，用户可根据需要添加切换动画，使演示文稿更加美观且更引人注意。下面将在"产品开发策划 .pptx"演示文稿中设置页面间的切换动画效果，操作步骤如下。

添加切换动画

素材：素材 \ 第 11 章 \ 产品开发策划 .pptx

效果：效果 \ 第 11 章 \ 产品开发策划 .pptx

STEP 1 选择切换动画样式

❶打开"产品开发策划 .pptx"演示文稿，选择第 1 张幻灯片；❷在【切换】/【切换到此幻灯片】组中单击"切换效果"按钮；❸在打开的下拉列表的"华丽型"栏中选择"蜂巢"选项。

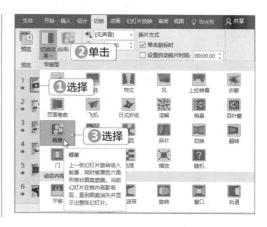

STEP 2 **为其他幻灯片应用切换动画**

在【切换】/【计时】组单击"全部应用"按钮，快速为所有页面设置相同的切换动画。

技巧秒杀

删除切换动画

如果要删除应用的切换动画，选择应用了切换动画的幻灯片，在切换动画样式列表框中选择"无"选项，即可删除应用的切换动画效果。

11.2.6 设置切换动画效果——设置换片声音和方式

为幻灯片添加切换效果后，还可对所选的切换效果进行设置，包括设置切换效果选项、声音、速度以及换片方式等，以增加幻灯片切换的灵活性。下面将在"产品开发策划 1.pptx"演示文稿中设置页面间的切换动画效果，操作步骤如下。

设置切换动画效果

素材：素材\第 11 章\产品开发策划 1.pptx
效果：效果\第 11 章\产品开发策划 1.pptx

STEP 1 **设置动画效果**

❶选择第 3 张幻灯片；❷在【切换】/【切换到此幻灯片】组中单击"效果选项"按钮；❸在打开的下拉列表中选择"粒子输出"选项。

STEP 2 **设置切换动画声音**

❶选择第 4 张幻灯片；❷在【切换】/【计时】组的"声音"下拉列表中选择"风铃"选项。

STEP 3 **设置切换速度**

❶选择第 2 张幻灯片；❷在【切换】/【计时】组的"持续时间"数值框中输入"01.00"，加快切换速度。

STEP 4 设置换片方式

❶在【切换】/【计时】组的"换片方式"栏中撤销选中"单击鼠标时"复选框；
❷单击选中"设置自动换片时间"复选框；

❸在其后的数值框中输入数值"00:10.00"，表示幻灯片在 10 秒后会自动换片。

11.3 放映与输出演示文稿

放映演示文稿主要起到展示幻灯片内容的作用，同时，在制作过程中放映，还起到检查演示文稿设置错误的作用。而输出可以使演示文稿不仅能直接在计算机中放映，还可以方便用户通过其他方式方法使用和浏览。本节将主要介绍在演示文稿中设置幻灯片放映，以及输出演示文稿的操作方法，下面进行详细介绍。

11.3.1 放映演示文稿

制作幻灯片的主要用途是放映，结合演讲展示演示文稿内容，让广大观众能够认识和了解其中的内容；同时在制作过程中可通过放映功能帮助查错，演示不断完善和美化文稿。本节将详细讲解放映演示文稿的各种方法和相关设置的操作方法，下面介绍具体内容。

1. 直接放映

直接放映是演示文稿最常用的放映方式，PowerPoint 2016 中提供了从头开始放映和从当前幻灯片开始放映两种直接放映方式。

● 从头开始放映：从头开始放映幻灯片即是从第 1 张幻灯片开始，依次放映每张幻灯片，常用方法为：在任意幻灯片中，选择【幻灯片放映】/【开始放映幻灯片】组，单击"从头开始"按钮，即可从第 1 张幻灯片开始放映幻灯片；或者直接按【F5】键，也可从头开始放映幻灯片。

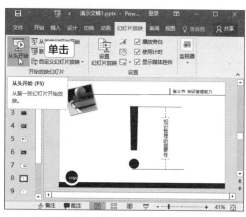

● 从当前幻灯片开始放映：在某些特定环境

下，可能只需要从演示文稿中的某张幻灯片开始放映，选择除第 1 张幻灯片以外的任意幻灯片，在【幻灯片放映】/【开始放映幻灯片】组中单击"从当前幻灯片开始"按钮，即可从所选的幻灯片开始放映；或按【Shift+F5】组合键，也可实现相同的效果。

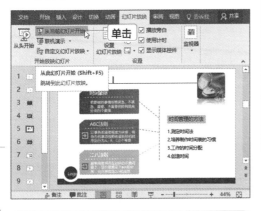

2. 自定义放映

放映幻灯片时，可能只需放映演示文稿中的一部分幻灯片，这时可通过自定义放映来实现，具体操作如下：❶选择【幻灯片放映】/【开始放映幻灯片】组，单击"自定义幻灯片放映"按钮，在打开的下拉列表中选择"自定义放映"选项。打开"自定义放映"对话框，单击右侧的"新建"按钮，打开"定义自定义放映"对话框，在"幻灯片放映名称"文本框中输入名称；❷再在左侧的"在演示文稿中的幻灯片"列表框中选择需要的幻灯片；❸单击"添加"按钮，将幻灯片添加到"在自定义放映中的幻灯片"列表框中；❹单击"确定"按钮；❺返回"自定义放映"对话框，在"自定义放映"列表框中已显示出新创建的自定义放映名称，选择该选项；❻单击"放映"按钮，即可播放自定义顺序的幻灯片。

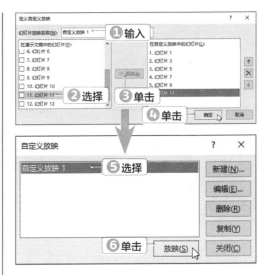

3. 控制幻灯片放映

幻灯片在放映的过程中，可以对其进行播放切换、添加注释和退出播放等一些操作，控制幻灯片的放映。下面介绍详细方法。

- 切换控制：在 PowerPoint 中控制切换的方法有多种，最常用的是单击鼠标，但这种方法只能切换到下一页；第二种方法是通过上下左右方向键或【PageUp】键、【PageDown】键控制；第三种方法是使用动作按钮或者超链接；第四种方法是可在幻灯片放映时单击左下角的"上一张"和"下一张"按钮；第五种方法是单击鼠标右键，在打开的快捷菜单中选择菜单命令。

- 添加注释：在幻灯片放映的过程中，可通过指针选项对幻灯片进行注释。要使用指针选项，可在幻灯片放映时单击左下角的▅按钮，选择绘笔即可；或者单击鼠标右键，在打开的快捷菜单中选择"指针选项"选项，再在子菜单中选择绘笔选项。

- 退出放映：在放映幻灯片时若要退出幻灯片，可以按【Esc】键退出放映；或者单击鼠标右键，在打开的快捷菜单中执行"结束放映"命令。

第3部分

11.3.2 排练计时——为音乐会宣传册放映计时

排练计时

为了更好地掌握幻灯片的放映情况，用户可通过设置排练计时得到放映整个演示文稿和放映每张幻灯片所需的时间，以便在放映演示文稿时根据排练的时间和顺序进行放映，从而实现演示文稿的自动放映。下面将在"音乐会宣传册 .pptx"演示文稿中对幻灯片设置排练计时，操作步骤如下。

素材：素材 \ 第 11 章 \ 音乐会宣传册 .pptx

效果：效果 \ 第 11 章 \ 音乐会宣传册 .pptx

STEP 1 单击排练计时按钮

打开"音乐会宣传册 .pptx"演示文稿，选择【幻灯片放映】/【设置】组，单击"排练计时"按钮。

技巧秒杀

使用动作按钮控制排练计时

如果在幻灯片中插入了动作按钮，在对幻灯片进行排练计时的时候，单击设置的动作按钮，可实现幻灯片之间的切换，在一些特殊的演示文稿中可以使用此功能。使用动作按钮切换幻灯片时，"录制"工具栏中的时间也将从头开始为该张幻灯片的放映进行计时。

STEP 2 进入排练计时状态

开始放映幻灯片，进入放映排练状态，同时打开"录制"工具栏并自动为该幻灯片计时。

单击鼠标或按【Enter】键控制幻灯片中下一个动画或下一张幻灯片出现的时间。切换到下一张幻灯片时，"录制"工具栏中的时间将从头开始为该张幻灯片的放映进行计时。

STEP 3 完成计时

放映结束后，打开提示对话框提示排练计时时间，并询问是否保留幻灯片的排练时间，单击"是"按钮进行保存。

STEP 4 查看应用样式效果

选择【视图】/【演示文稿视图】组，单击"幻灯片浏览"按钮，打开"幻灯片浏览"视图，在每张幻灯片的右下角会显示幻灯片播放时需要的时间。

11.3.3 导出幻灯片——将音乐宣传册打包并创建视频

在职场办公中，演示文稿制作完成后，有时需要将其发送到其他计算机中，通过其他计算机放映幻灯片，这时就需要进行导出操作。下面介绍将"音乐会宣传册.pptx"演示文稿中的幻灯片打包并创建为视频文件的方法，操作步骤如下。

导出幻灯片

素材：素材\第11章\音乐会宣传册.pptx

效果：效果\第11章\演示文稿CD\

STEP 1 选择操作

❶选择【文件】/【导出】菜单命令；❷在"导出"界面中选择"将演示文稿打包成CD"选项；❸在右侧的"将演示文稿打包成CD"界面中单击"打包成CD"按钮。

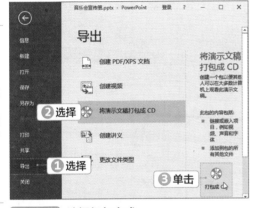

STEP 2 选择打包方式

❶打开"打包成CD"对话框，单击"复制到文件夹"按钮；❷打开"复制到文件夹"对话框，单击"浏览"按钮。

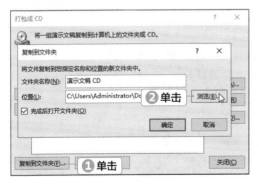

STEP 3 选择打包保存位置

❶打开"选择位置"对话框，选择打包文件保存的位置；❷单击"选择"按钮。

STEP 4 打包成CD文件夹

返回"复制到文件夹"对话框，单击"确定"按钮，完成演示文稿的打包操作。当文件是第一次打包时，将打开确认是否打包链接的对话框，单击"是"按钮，PowerPoint将演示文稿打包成文件夹，并自动打开该文件夹，在其中可查看打包结果。

STEP 5 选择操作

❶选择【文件】/【导出】菜单命令；❷在"导出"界面中选择"创建视频"选项；❸在右侧的"创建视频"界面中设置视频清晰度为"高

清"；❹单击"创建视频"按钮。

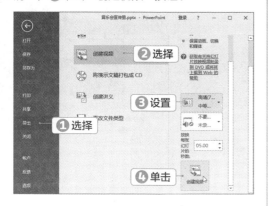

❶打开"另存为"对话框，在其中选择文件保存的位置；❷单击"保存"按钮，完成将幻灯片创建为视频的操作。

高手竞技场——设置多媒体与动画

1. 完善"旅游策划"演示文稿

打开"旅游策划.pptx"演示文稿，为演示文稿插入音频和视频，并在其中制作交互与超链接，要求如下。

- 选择第 1 张幻灯片，在幻灯片中插入音频文件"背景音乐.mp3"，将音频图标移动至页面右上角，裁剪音频，并在"音频选项"组中设置音量为"低"，音频"开始"为自动，跨幻灯片播放、循环播放和在放映时隐藏。
- 选择第 5 张幻灯片，在幻灯片中插入视频文件"宣传片.mp4"，调整视频大小至适合幻灯片中显示的大小。为视频添加播放暂停动画效果，为图片按钮"视频播放"和"视频关闭"设置视频触发器。
- 选择第 2 张幻灯片，为目录小标题前的标志设置超链接，分别链接到对应的幻灯片。
- 选择第 2 张幻灯片右下角的上一页和下一页按钮，分别为其设置超链接动作，上下翻页，并复制到除首页和尾页外的其他幻灯片中。
- 选择第 3 页幻灯片，在幻灯片左下角插入形状动作按钮"动作按钮：转到主页"，在打开的窗口中将按钮链接到第 2 张幻灯片，为形状设置"透明，彩色轮廓 - 蓝色，强调颜色 5"形状样式，复制形状按钮至第 4~6 张幻灯片中。

2. 设置并放映"工作报告"演示文稿

为"工作报告.pptx"演示文稿设置动画,并放映与输出演示文稿,要求如下。

- 打开"工作报告.pptx"演示文稿,选择第 1 张幻灯片,设置切换动画效果为"悬挂",为其他幻灯片设置切换动画效果,调整相应的效果选项。
- 选择第 2 张幻灯片,为"工作回顾"添加"浮入"动画,双击动画刷,为其他两个标题设置相同的动画效果;将"工作回顾"的"开始"设置为"与上一动画同时",另外两个标题设置为"上一动画之后"。
- 放映幻灯片,查看动画效果,确定无误后将演示文稿第 1、2 张幻灯片发布到"模板"文件夹中。
- 将文件打包成 CD,并尝试导出为视频、PDF 和图片格式的文件。

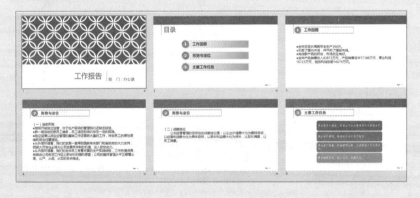

第4部分

第 12 章

Office 三大组件综合应用

/ 本章导读

　　Office 2016 三大组件各有特色，在职场办公中应用广泛，虽然其用途各不相同，但在使用过程中，三大组件是可以协作的，通过组件间的协同制作，可以给日常办公带来很大的便利。本章将对 Office 2016 三大组件间的协同制作，以及三大组件在职场办公中的真实案例分别进行介绍。

12.1 使用 Word 编排调查分析报告

Word 2016 因为其优越的文字处理能力，在职场办公中应用广泛，常用于报告、总结和策划等文档的制作。调查分析报告作为企业发展必不可少的文档，作用是指出行业的发展状况，为企业未来的发展指明方向。下面将综合使用 Word 2016 的各项功能为旅游行业制作"调查分析报告"文档，主要包括设置并应用样式、制作封面和目录、插入图片和形状、插入表格与图表、插入 SmartArt 图形、插入页眉和页脚等。

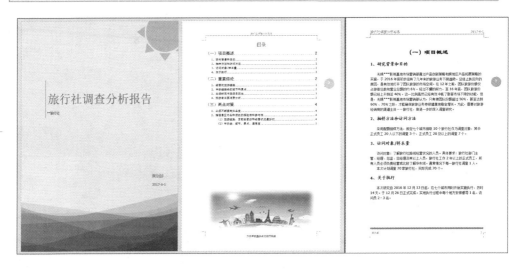

 素材：素材 \ 第 12 章 \ 调查分析报告 .docx、封面背景 .jpg、背景 1.jpg

效果：效果 \ 第 12 章 \ 调查分析报告 .docx

12.1.1 设置并应用样式

要编排"调查分析报告 .docx"文档，首先需对文本内容的样式进行设置，并对需要修改的样式进行编辑，包括设置标题和其他文本的对齐格式、字体格式与段落格式等，然后将设置的样式应用到文档的相应内容。具体操作如下。

设置并应用样式

STEP 1 应用标题 1 样式

❶单击鼠标将光标定位到"（一）项目概述"文本中；❷选择【开始】/【样式】组，在快速样式列表框中选择"标题 1"选项，完成样式的应用。

第 4 部分

STEP 2　应用其他标题样式

　　分别为相应级别的标题应用"标题 1""标题 2""标题 3""标题 4"样式，效果如下图所示。

STEP 3　修改样式

　　❶单击鼠标将光标定位到第 4 页标题文本"2.1 旅游线路"；❷在样式列表框中选择"标题 3"选项；❸单击鼠标右键，在弹出的快捷菜单中选择"修改"命令。

STEP 4　设置字符格式

　　❶打开"修改样式"对话框，在"格式"栏中设置字体为"华文宋体"，字号为"小三"；❷单击"确定"按钮，完成样式的修改。

STEP 5　完成样式设置

　　在编辑区查看修改样式后的效果，完成样式的设置。

12.1.2　制作封面和目录

　　封面是对文档内容的精简介绍，而目录是对文档内容的概括，所以封面和目录在文档中的作用尤为重要。下面介绍为"调查分析报告 .docx"文档制作封面和目录的方法，具体操作如下。

STEP 1　插入封面

　　❶在第 1 页"（一）项目概述"文本前单击定位光标；❷选择【插入】/【页面】组，单击"封面"按钮；❸在打开的下拉列表框的"内置"栏中选择"边线型"选项。

制作封面和目录

技巧秒杀

自行设计制作封面

　　除了插入 Word 自带的封面效果，还可以在封面所在的页面自己设计封面，制作个性化效果的封面。

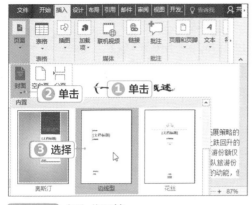

第
4
部
分

STEP 2　插入分页符

❶ 在第 1 页"（一）项目概述"文本前单击定位光标；❷ 选择【布局】/【页面设置】组，单击"分隔符"按钮，在打开的下拉列表的"分页符"栏中选择"分页符"选项。

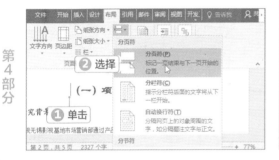

STEP 3　插入目录

　　将光标定位至第 2 页空白页第一行的位置，在【引用】/【目录】组中单击"目录"按钮；再在打开的下拉列表的"内置"栏中选择"自动目录 1"选项。将文本"目录"居中设置，完成目录的插入。

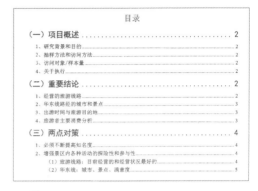

操作解谜

插入封面及更新目录

　　此时，插入封面是为了后面再次对封面进行美化。对于提取的目录，如果页码发生了变化，可以定位到目录中，单击上方的"更新目录"按钮进行目录及页码更新。

12.1.3　插入图片和形状

　　在文档中插入图片和形状，主要起装饰、美化的作用，根据需要还可以对样式和艺术效果等进行编辑。下面介绍在封面中插入图片和形状，美化整个封面效果，具体操作如下。

插入图片和形状

STEP 1　插入图片

❶ 在第 1 页的封面上方单击鼠标定位光标；❷ 选择【插入】/【插图】组，单击"图片"按钮；❸ 打开"插入图片"对话框，选择"封面背景 .jpg"选项；❹ 单击"插入"按钮，完成图片插入。使用相同的方法为第 2 页目录页下端插入图片"背景 1.jpg"。

STEP 2 设置图片位置、大小和环绕文字

❶选择"封面背景"图片，在【图片工具格式】/【排列】组中单击"环绕文字"按钮；❷在打开的下拉列表中选择"衬于文字下方"选项。调整图片以及标题的大小和位置。使用相同的方法为图片"背景 1"设置相同的效果，并移动到第 2 页底端。

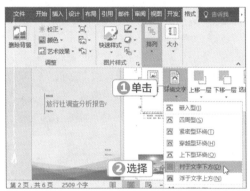

STEP 3 设置图片样式

❶选择第 2 页中的图片，在【图片工具格式】/【图片样式】组中单击"快速样式"按钮；❷在打开的下拉列表中选择"柔化边缘矩形"选项，完成图片样式的设置。

STEP 4 在封面插入形状

❶选择【插入】/【插图】组，单击"形状"按钮；❷在打开的下拉列表的"基本形状"栏中选择"太阳形"选项；❸按【Shift】键的同时拖动鼠标指针绘制形状。

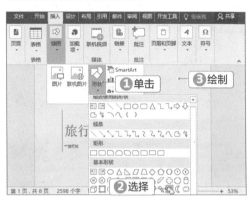

STEP 5 设置形状样式

选择【绘图工具】/【格式】/【形状样式】组，单击"其他"按钮；打开的下拉列表的"预设"栏中选择"半透明 - 橙色，强调颜色 6，无轮廓"选项。

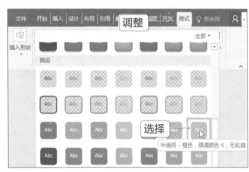

STEP 6 调整形状

拖动形状中的小黄点调整形状，移动绘制的太阳到页面右上角并改变其大小。

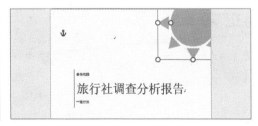

12.1.4 插入表格与图表

在调查统计类文档中，常常会用数据进行说明，而使用表格与图表可以清晰地展示数据信息。下面在文档中插入对应的数据表格和图表，使调查分析报告更具说服力，具体操作如下。

插入表格与图表

STEP 1 插入表格

❶ 在 "3、出游时间与旅游目的地" 的段落末尾 "3% 去省外景点。" 后单击鼠标定位光标；❷ 选择【插入】/【表格】组，单击 "表格" 按钮；❸ 在打开的下拉列表的 "插入表格" 栏中选择插入 6x5 表格。

STEP 2 设置表格样式并输入文本内容

选择【表格工具 设计】/【表格样式】组，单击 "其他" 按钮；在打开的下拉列表中选择 "网格表 5- 深色，着色 5" 选项。然后在表格中输入文本内容，效果如下图所示。

市城边，10%去省外景点。在周末出游的人中，97%去城市周边景点，3%去省内景点。而不定时间出游的人中，87%去省内景点，10%去城市周边景点，3%去省外景点。

出游地点出游时间	城市周边	省内景点	省外景点	国内旅游	各出游时间人数占总出游人数百分比
黄金周	8%	47%	2%	43%	56%
寒暑假	25%	61%	10%	14%	12%
周末	97%	3%			30%
不定时间	10%	87%	3%		2%

4、旅游者主要消费分析

STEP 3 设置对齐方式

使用鼠标拖动全选表格，选择【表格工具 布局】/【对齐方式】组，单击 "水平居中" 按钮。

STEP 4 设置斜线表头

❶ 选择【表格工具 设计】/【边框】组，设置 "笔画粗细" 为 "0.5磅" 选项，"笔颜色" 为 "白色，背景 1"；❷ 单击 "边框" 的下拉按钮，在打开的下拉列表中选择 "斜下框线" 选项，并将 "出游地点" 右对齐，将 "出游时间" 左对齐。

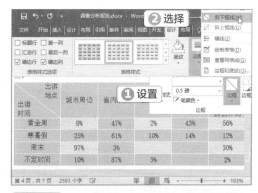

STEP 5 插入图表

❶ 在 "（三）两点对策" 文本前单击鼠标定位光标，选择【插入】/【插图】组，单击 "图表" 按钮，在打开的 "插入图表" 对话框的 "所有图表" 选项卡中选择 "饼图" 选项；❷ 在右侧窗口中选择 "圆环图" 选项；❸ 单击 "确定" 按钮。

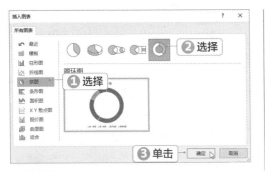

❶选择【图表工具 设计】/【图表样式】组，单击"快速样式"按钮；❷在打开的下拉列表中选择"样式 10"选项。

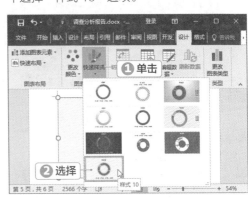

STEP 6　编辑数据

在自动打开的 Excel 表格中输入如下图所示的文本内容及数值，关闭 Excel。

▲	A	B	C	D	E
1		消费费用占比			
2	交通	41%			
3	食宿	38%			
4	娱乐	16%			
5	购物	5%			

12.1.5　插入 SmartArt 图形

在 Word 中过多的文字描述会显得十分密集，适当地使用 SmartArt 图形展示文档中特定的内容，可使文档更加美观，而且可以突出重点内容，引起观者的注意，具体操作如下。

插入 SmartArt 图形

STEP 1　插入 SmartArt 图形

单击鼠标，定位光标在文本"2、华东线路经的城市和景点"后，选择【插入】/【插图】组，单击"SmartArt"按钮，打开"选择 SmartArt 图形"对话框，❶在左侧选择"列表"选项，然后在中间列表框中选择"基本列表"选项；❷单击"确定"按钮。

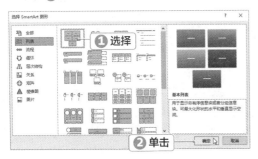

STEP 2　设置文字环绕

❶选择【SmartArt 工具 格式】/【排列】组，单击"环绕文字"按钮；❷在打开的下拉列表中选择"四周型"选项。调整图形的大小及位置。

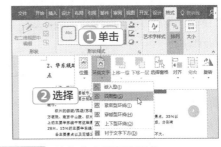

STEP 3　输入文字并更改颜色

❶ 在图形中输入如下图所示的文字；❷选择【SmartArt 工具 设计】/【SmartArt

样式】组，单击"更改颜色"按钮；❸在打开的下拉列表的"彩色"栏中选择"彩色 – 个性色"选项。

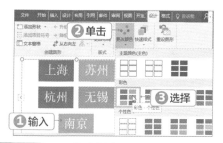

STEP 4　设置快速样式

❶选择【SmartArt 工具 设计】/【SmartArt 样式】组，单击"快速样式"按钮；❷在打开的下拉列表中选择"中等效果"选项。

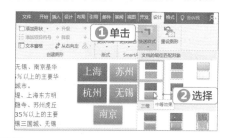

12.1.6　插入页眉和页脚

页眉页脚在文档中主要起着补充信息、标注页码的作用，除了手动键入相应内容外，还可插入 Word 内置的页眉页脚，具体操作如下。

STEP 1　插入页眉

❶选择【插入】/【页眉和页脚】组，单击"页眉"按钮；❷在打开的下拉列表框的"内置"栏中选择"网格"选项，此选项可自动获取文档的标题和日期。

操作解谜

插入页眉和页脚的时机

在制作长文档的过程中，页眉和页脚的插入可以在制作文档的任意时候进行，该操作不会对文档正文产生影响。一般在文档制作前，或完成文档内容的制作后进行。

STEP 5　更改布局

❶选择【SmartArt 工具 设计】/【版式】组，单击"更改布局"按钮；❷在打开的下拉列表中选择"其他布局"选项，再在打开的"选择 SmartArt 图形"对话框中选择"循环"选项，然后在对话框右侧选择"不定向循环"选项。完成 SmartArt 图形的设置。

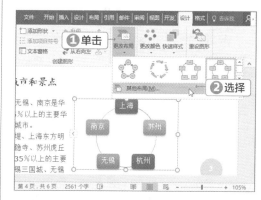

插入页眉和页脚

STEP 2　插入页脚

❶选择【页眉和页脚工具 设计】/【页眉和页脚】组，单击"页脚"按钮；❷在打开的下拉列表框的"内置"栏中选择"怀旧"选项，

此选项可自动获取文档的作者和添加页码。

STEP 3 完成页眉页脚的插入

单击"关闭页眉和页脚"按钮，完成页眉页脚的插入。

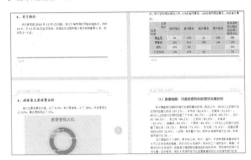

12.2 使用 Excel 计算并分析销售统计表

Excel 的作用主要是对数据进行统计处理，并对得到的结果进行展示分析，常用于财务、工程造价和销售统计等领域。下面将综合使用 Excel 2016 的各项功能对"销售统计表 .docx"工作簿进行制作，包括设置文本格式和表格样式、使用函数计算数据、设置色阶、设置数据条和迷你图、创建数据透视表和透视图、创建图表等。

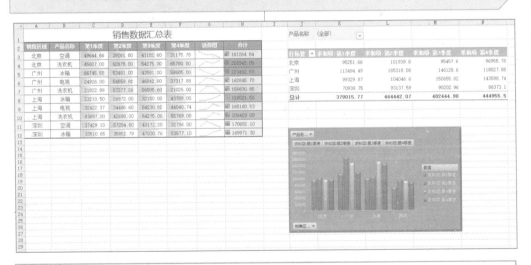

素材：素材 \ 第 12 章 \ 销售统计表 .xlsx、背景 1.jpg

效果：效果 \ 第 12 章 \ 销售统计表 .xlsx

12.2.1 设置文本格式和表格样式

为表格设置文本格式和表格样式不仅可以使表格更加美观，还更利于查阅，找到重点，具体操作如下。

设置文字格式和表格样式

STEP 1 合并居中文本

❶打开"销售统计表.xlsx"工作簿，选择 A1:G1 单元格区域；❷在【开始】/【对齐方式】组中单击"合并后居中"按钮，将单元格区域合并居中。将合并后单元格中的文本内容的字号设置为"18"，并进行加粗设置。

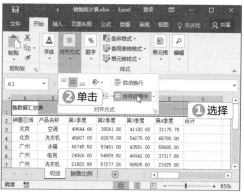

STEP 2 添加边框

选择 A2:G12 单元格区域，在【开始】/【字体】组中为其添加"所有框线"和"粗外侧框线"两种边框效果，然后将文本内容设置为左对齐。

销售数据汇总表						
销售区域	产品名称	第1季度	第2季度	第3季度	第4季度	合计
北京	空调	49644.66	39261.80	41182.60	31175.78	
北京	洗衣机	45607.00	62678.00	54275.00	65780.00	
广州	冰箱	66745.50	53481.00	43581.00	59685.00	
广州	电视	24926.00	54559.82	46042.00	37317.88	
广州	洗衣机	21822.99	57277.26	56505.60	21025.00	
上海	冰箱	23210.50	26872.00	32150.00	43789.00	
上海	电视	32422.37	34486.60	54230.82	44040.74	
上海	洗衣机	43697.00	42688.00	64275.00	55769.00	
深圳	空调	37429.10	57284.80	43172.20	32796.00	
深圳	冰箱	33510.65	35862.79	47030.76	53577.10	

STEP 3 设置单元格样式

❶选择 A2:G2 单元格区域，在【开始】/【样式】组中单击"单元格样式"按钮；❷在打开的下拉列表的"主题单元格样式"栏中选择"橙色，着色 6"选项。

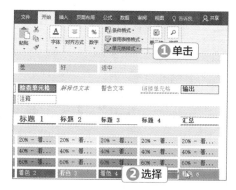

12.2.2 使用函数计算数据

在 Excel 中使用函数，可快速对数据进行各种运算。在本例中，表格中的合计是根据每个季度的销量来计算的，下面将在工作表中对合计金额进行求和计算，具体操作如下。

使用函数计算数据

STEP 1 插入求和函数

❶选择 G3 单元格；❷在【公式】/【函数库】组中单击"自动求和"的下拉按钮；❸在打开的下拉列表中选择"求和"选项，此时 Excel 会在单元格中插入 SUM 函数并自动选择左侧需要求和的单元格区域，按【Enter】键完成求和。

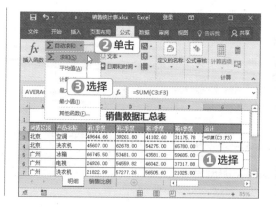

第4部分

STEP 2 复制求和

　　将光标定位在 G3 单元格右下角，向下拖动鼠标，将函数复制到 G4:G12 单元格区域中，计算出其他产品的合计数据。

12.2.3　设置色阶、数据条和迷你图

　　在表格中设置色阶、数据条和迷你图，可以直观地比较数据的大小，便于观察表格中繁琐的数据，具体操作如下。

设置色阶、数据条和迷你图

STEP 1 设置色阶

　　❶选择 G3:G12 单元格区域；❷在【开始】/【样式】组中单击"条件格式"按钮；❸在打开的下拉列表中选择"色阶"选项，再在打开的子列表中选择"红 - 黄 - 绿色阶"选项。

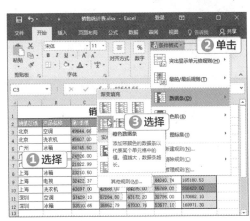

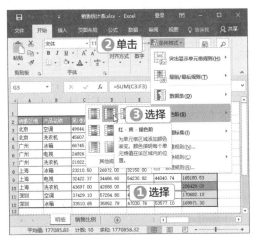

STEP 2 设置数据条

　　❶选择 C3:F12 单元格区域；❷在【开始】/【样式】组中单击"条件格式"按钮；❸在打开的下拉列表中选择"数据条"选项，再在打开的子列表的"渐变填充"栏中选择"橙色数据条"选项。

STEP 3 插入列

　　❶选择 G2 单元格，在【开始】/【单元格】组中单击"插入"的下拉按钮；❷在打开的下拉列表中选择"插入工作表列"选项。在 G3 单元格输入"迷你图"文本。

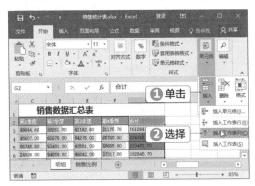

STEP 4 设置迷你图

❶ 选择 G3 单元格，在【插入】/【迷你图】组中单击"折线"按钮；❷ 在打开的"创建迷你图"对话框的"数据范围"参数框中选择 C3:F3 单元格区域；❸ 单击"确定"按钮，完成迷你图的插入。

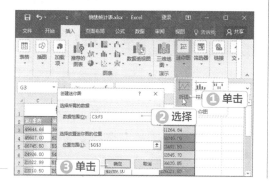

STEP 5 设置其他迷你图

选择 G3 单元格，将鼠标指针置于单元格右下方，向下拖动至 G12 单元格，将迷你图设置复制到 G4:G12 单元格区域。

12.2.4 创建数据透视表和透视图

数据透视表可以方便地对表格中的数据进行分析和处理，而且对原表格数据不会产生任何影响。数据透视图不仅拥有与数据透视表相同的优点，而且可将数据以图形化展示。下面在表格中创建数据透视表和透视图，具体操作如下。

创建数据透视表和透视图

STEP 1 插入透视表

❶ 选择 J1 单元格，在【插入】/【表格】组中单击"数据透视表"按钮；❷ 打开"创建数据透视表"对话框，在"表/区域"参数框中选择 A2:F12 单元格区域；❸ 单击"确定"按钮，完成插入数据透视表。

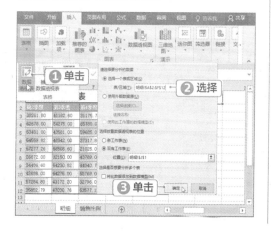

技巧秒杀

将数据透视表单独放置

在"创建数据透视表"对话框中选中"新工作表"单选项，可将创建的数据透视表放置在新工作表中，默认情况下是放置在当前工作表中。

STEP 2 添加报表字段

返回工作表可以看到创建的空白数据透视表，并打开"数据透视表字段"窗格，此时需要在透视表中添加数据。在窗格中的"选择要添加到报表的字段"列表框中单击选中"产品名称"复选框，将其拖动到"筛选"文本框中。用同样的方法将"销售区域"拖动到"行标签"文本框中，将"第 1 季度""第 2 季度""第 3 季度""第 4 季度"分别拖动到"值"文本框中，在工作表中可以看到创建的数据透视表。

STEP 3 插入透视图

选择数据透视表中的任意单元格，在【数据透视表工具 分析】/【工具】组中单击"数据透视图"按钮，在打开的"插入图表"对话框中选择"簇状柱形图"选项，单击"确定"按钮，创建一个针对数据透视表的数据透视图。

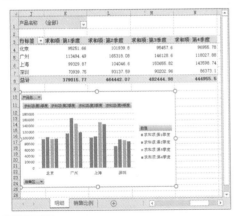

STEP 4 设置透视表样式

❶ 选择数据透视表中的任意单元格；

❷ 选择【数据透视表工具 设计】/【数据透视表样式】组，单击"其他"按钮⊡，再在打开的下拉列表框的"中等色"栏中选择"浅橙色，数据透视表样式中等深浅 14"选项，完成透视表样式的设置。

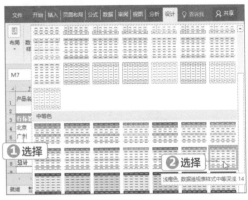

STEP 5 设置透视图样式

选择数据透视图，在【数据透视图工具 设计】/【图表样式】组中为透视图设置"样式 14"样式，再在【数据透视图工具 格式】/【形状样式】组中为透视图设置形状填充色为"橙色，个性色 6，深色 25%"，然后在【数据透视图工具 格式】/【艺术字样式】组中为透视图设置文本填充色为"白色，背景 1"，完成透视图样式的设置。

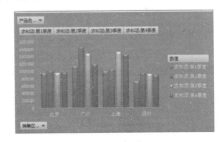

12.2.5　创建图表

Excel 中的图表都是依据工作表中的数据而生成的，从而使数据的变化或对比变得一目了然，易于观察和分析。下面在 Excel 中创建销保比例图表，具体操作如下。

创建图表

❶打开"销售比例"工作表，选择 A3:C7 单元格区域；❷在【插入】/【图表】组中单击"插入饼图或圆环图"按钮；❸在打开的下拉列表中选择"三维饼图"选项，插入图表。

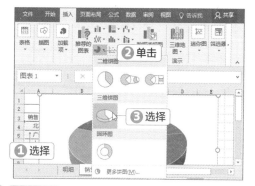

STEP 2 选择数据

❶选择【图表工具 设计】/【数据】组，单击"选择数据"按钮，打开"选择数据源"对话框，在左侧"图例项（系列）"列表框中撤销选中"销售额合计"选项；❷单击"确定"按钮。

STEP 3 设置图表样式

选择图表，在【图表工具 设计】/【图表样式】组中设置快速样式"样式 3"，在【图表工具 格式】/【形状样式】组中设置透视图形状填充色为"橙色，个性色 6"，完成图表样式的设置。

12.3 使用 PowerPoint 制作并放映系统计划书

随着多媒体办公的深入，PowerPoint 在现代化办公中的应用越来越广泛，当需要向多人表述自己的观点时，最好的方式就是使用 PowerPoint 演示文稿。下面将使用 PowerPoint 2016 对"系统计划书 .pptx"演示文稿进行制作，主要包含添加图片和形状、插入图表和 SmartArt 图形、添加超链接和动作按钮、插入并设置视频、设置并放映动画等。

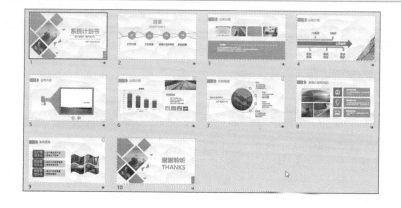

| 素材：素材 \ 第 12 章 \ 系统计划书 .pptx、公司简介 .mp4、图片素材 |
| 效果：效果 \ 第 12 章 \ 系统计划书 .pptx |

12.3.1　添加图片和形状

添加图片和形状

　　下面将打开提供的 PowerPoint 2016 素材文件，在幻灯片中插入图片和形状，并使用样式将其美化，具体操作如下。

STEP 1　插入图片

　　❶打开"系统计划书 .pptx"演示文稿，选择第 7 张幻灯片，在【插入】/【图像】组中单击"图片"按钮，打开"插入图片"对话框，找到图片存储的位置，选择"图片 1.jpg"选项；❷单击"插入"按钮。

STEP 2　设置图片样式

　　❶选择【图片工具 格式】/【图片样式】组，单击"快速样式"按钮；❷在打开的下拉列表中选择"棱台形椭圆，黑色"选项。

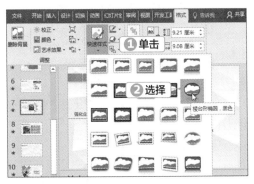

STEP 3　设置边框颜色

　　❶选择【图片工具 格式】/【图片样式】组，

单击"图片边框"的下拉按钮；❷在打开的下拉列表的"标准色"栏中选择"浅蓝"选项，调整图片位置至下图所示的位置。

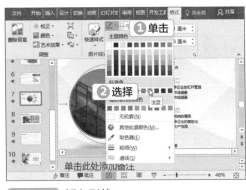

STEP 4　插入形状

　　❶选择第 9 张幻灯片，在【插入】/【插图】组中单击"形状"按钮；❷在打开的下拉列表的"星与旗帜"栏中选择"波形"选项，并绘制形状。

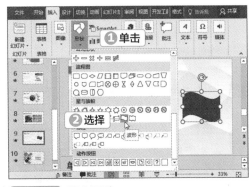

STEP 5　填充图片

　　❶选择【绘图工具 格式】/【形状样式】组，单击"形状填充"的下拉按钮；❷在打开的下

285

拉列表中选择"图片"选项。选择"浏览来自本机的图片"选项，找到图片位置并插入"图片2"图片。

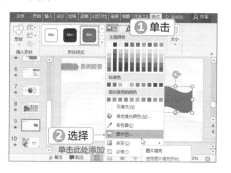

STEP 6 设置其他形状

使用上述两步相同的方法，插入3个相同的形状，并分别填充为"图片3""图片4""图片5"，调整形状位置和大小，将4个形状进行组合，得到的效果如下图所示。

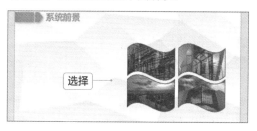

12.3.2 插入图表和 SmartArt 图形

在计划书中经常会列出目标与事项，使用繁杂的文字和罗列数据的方式往往难以表达清楚，且不符合演示文稿美观、简洁的要求，而使用图表和 SmartArt 图形则可以达到此要求，具体操作如下。

插入图表和 SmartArt 图形

STEP 1 插入图表

选择第6张幻灯片，在【插入】/【插图】组中单击"图表"按钮，再在打开的"插入图表"对话框中选择"簇状柱形图"选项，单击"确定"按钮。

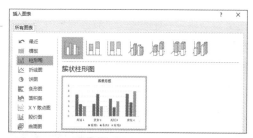

STEP 2 编辑图表数据

在打开的 Excel 表格中进行如下图所示的编辑和设置。

STEP 3 设置图表样式

选择【图表工具 设计】/【图表样式】组，单击"快速样式"按钮，为图表设置"样式16"样式。调整图表的位置和大小。

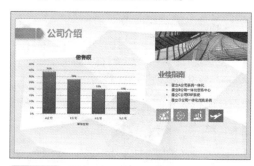

STEP 4 插入 SmartArt 图形

❶选择第9张幻灯片，在【插入】/【插图】组中单击"SmartArt"按钮，打开"选择SmartArt 图形"对话框，在左侧选择"列表"选项；❷在右侧选择"垂直块列表"选项；❸单击"确定"按钮。

STEP 6 设置 SmartArt 图形样式

❶选择【SmartArt 工具 设计】/【Smart Art 样式】组，单击"快速样式"按钮；❷在打开的下拉列表中选择"中等效果"选项；❸调整 SmartArt 图形的位置和大小。

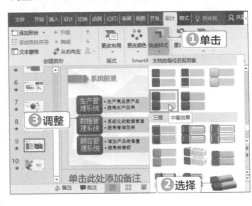

STEP 5 输入文本

在 SmartArt 图形中依次输入如下图所示的文本内容。

12.3.3 添加超链接和动作按钮

在幻灯片的放映中，除了依次播放一张一张幻灯片外，还可以在其中使用超链接和动作按钮跳转至任意幻灯片，实现特殊放映效果，具体操作如下。

添加超链接和动作按钮

STEP 1 插入超链接

❶选择第 2 张幻灯片，双击选中公司介绍上面的"01"标志后的背景形状；❷在【插入】/【链接】组中单击"链接"按钮；❸在打开的"插入超链接"对话框中链接到本文档中的"幻灯片 3"位置；❹单击"确定"按钮。使用相同的方法为其余目录设置超链接，依次分别链接到"幻灯片 7""幻灯片 8""幻灯片 9"。

STEP 2 插入动作按钮

❶选择第 3 张幻灯片；❷在【插入】/【插图】组中单击"形状"按钮，在打开的下拉列表的"动作按钮"栏中选择"动作按钮：转到主页"选项；❸按【Shift】键的同时拖动鼠标在页面右上角绘制形状。

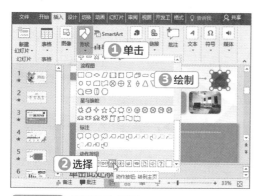

STEP 3 链接动作按钮

打开"操作设置"对话框,在"超链接到"下拉列表中选择"幻灯片"选项,再在打开的"超链接到幻灯片"对话框中将按钮链接到"幻灯片 2"。

STEP 4 设置按钮样式

选择【绘图工具 格式】/【形状样式】组,单击"其他"按钮▼,在打开的下拉列表的"预设"栏中选择"透明,彩色轮廓 – 水绿色,强调颜色 5"选项。

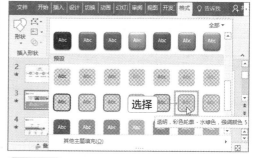

STEP 5 复制按钮

调整按钮的大小和位置,将按钮复制粘贴到第 4~9 张幻灯片中。

12.3.4 插入并设置视频

在幻灯片中使用视频可以丰富演示文稿,起到更好的宣传和介绍作用。下面将在演示文稿中插入视频,然后裁剪视频并设置视频的播放方式,具体操作如下。

插入并设置视频

STEP 1 插入视频

❶选择第 5 张幻灯片,在【插入】/【媒体】组中单击"视频"按钮;❷在打开的下拉列表中选择"PC 上的视频"选项,打开"插入视频文件"对话框,选择"公司简介 .mp4"选项,单击"插入"按钮。

STEP 2 剪裁视频

❶调整视频的位置及大小，选择【视频工具 播放】/【编辑】组，单击"剪裁视频"按钮，打开"剪裁视频"对话框，在"开始时间"数值框中输入"00:05"；❷在"结束时间"数值框中输入"00:15"；❸单击"确定"按钮。

STEP 3 设置动画

为视频对象设置"淡入"动画，将开始方式设置为"上一动画之后"，并调整其顺序在"暂停"效果选项之前。

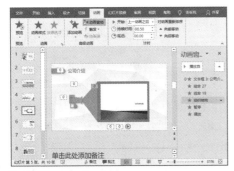

STEP 4 添加动画

❶选择【动画】/【高级动画】组，单击"添

加动画"按钮；❷在打开的下拉列表的"媒体"栏中选择"播放"选项，使用相同的操作添加"暂停"动画。

STEP 5 设置触发器

❶单击"公司简介"播放动画选项右侧的下拉按钮，在打开的下拉列表中选择"计时"选项，打开"播放视频"对话框，单击"计时"选项卡，单击"触发器"按钮；❷单击选中"单击下列对象时启动效果"单选框；❸在右侧的下拉列表框中选择"播放"选项；❹单击"确定"按钮。使用相同的方法设置暂停的触发效果。

12.3.5　设置并放映动画

为幻灯片加入动画，可让幻灯片放映更有节奏和动感，使幻灯片之间的播放衔接更加流畅，但过度使用动画，可能会起到相反的效果。下面将为幻灯片中的对象设置动画，然后设置各幻灯片的切换动画后进行放映，具体操作如下。

设置并放映动画

STEP 1 添加动画

❶选择第 6 张幻灯片，选择其中的"销售

额"图表；❷在【动画】/【动画】组中单击"其他"按钮，再在打开的下拉列表的"进入"

栏中选择"浮入"选项，完成动画的添加。

动画，在【动画】/【动画】组中单击"效果选项"按钮🔼；❷在打开的下拉列表中选择"自左侧"选项。然后在"动画窗格"窗格中将"图片7"动画选项拖动至"椭圆3"动画选项上面，调整动画播放顺序。

STEP 2　选择效果选项

❶选择第9张幻灯片，分别为SmartArt图形和组合形状设置"擦除"和"轮子"动画，在【动画】/【高级动画】组中单击"动画窗格"按钮；❷打开"动画窗格"窗格，单击SmartArt图形动画选项右侧的下拉按钮；❸在打开的下拉列表中选择"效果选项"选项。

STEP 5　设置动画开始方式

❶单击"图片7"动画选项右侧的下拉按钮；❷在打开的下拉列表中选择"从上一项之后开始"选项，为上面提到的对象设置相同的效果。

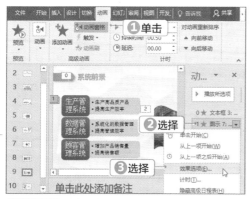

STEP 3　设置 SmartArt 动画逐个展示

❶打开"擦除"对话框，单击"SmartArt动画"选项卡；❷在"组合图形"下拉列表框中选择"逐个"选项；❸单击"确定"按钮。

STEP 4　设置效果选项

❶选择第/张幻灯片，为图片设置"飞入"

STEP 6　添加切换动画

❶选择第1张幻灯片；❷在【切换】/【切换到此幻灯片】组中单击"切换效果"按钮；❸在打开的下拉列表框的"华丽型"栏中选择"涡流"选项，添加切换动画。

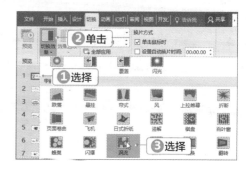

STEP 7 设置切换效果

❶在【切换】/【切换到此幻灯片】组中单击"效果选项"按钮；❷在打开的下拉列表中选择"自右侧"选项。再为其他幻灯片设置切换动画。

STEP 8 放映演示文稿

选择【幻灯片放映】/【开始放映幻灯片】组，单击"从头开始"按钮，或者按【F5】键进入幻灯片放映视图，查看放映效果。

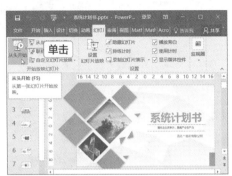

高手竞技场——Office 三大组件综合应用

1. 制作"改革计划书"文档

打开"改革计划书 .docx"文档，在文档中设置文本样式、插入对象、插入表格、制作封面和设置页眉页脚，要求如下。

- 打开"改革计划书 .docx"文档，分别为标题设置相应的"标题 2""标题 3"样式，设置正文首行缩进 2 字符。
- 为文档插入"镶边"封面，并删除"地址"模块。
- 在第 2 页插入"背景 2"图片，并设置样式为"复杂框架黑色"，环绕方式为"紧密型环绕"。
- 在第 3 页插入并编辑 SmartArt 图形，制作组织结构图；在第 5 页插入并编辑图表，制作销售额统计图。

- 在最后一页设置表格样式为"网格表 4- 着色 5"，插入一行后进行合计计算。
- 为文档插入"空白"页眉，输入文本"公司改革计划书"；插入"边线型"页脚。

2. 根据 Word 中的表格创建"销售表"表格

新建"销售表 .xlsx"工作簿，将"改革计划书 .docx"文档中的产品销售表复制到工作簿中，并在工作簿中进行编辑，要求如下。

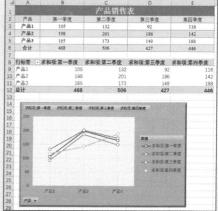

- 打开"改革计划书 .docx"文档，复制选择"产品销售表"表格，打开"销售表 .docx"工作簿进行粘贴。
- 选择 B6:E6 单元格区域，删除文本内容，使用自动求和计算季度销量合计。
- 在 A2 单元格中输入"产品"文本，设置文本居中；选择 A8 单元格，插入数据透视表，选择 A2:E5 单元格区域，将产品放入"行"中、季度放入"值"中。
- 插入数据透视图"折线图"，设置图表样式为"样式 5"，形状填充为"蓝色，个性色 5，淡色 40%"，形状效果为"预设 1"。

3. 根据大纲创建"策划书"演示文稿

打开"策划书 .pptx"演示文稿，根据大纲制作文稿，要求如下。

- 打开"改革计划书 .docx"文档，在大纲视图中为文档设置相应的标题级别，完成后保存文档。
- 打开"策划书 .pptx"演示文稿，在【插入】/【幻灯片】组中根据"改革计划书"大纲新建幻灯片，将文本内容复制粘贴到相应位置，删除不需要的没有主题的幻灯片。
- 选择第 6 张幻灯片，在【插入】/【文本】组中单击"对象"按钮，在打开的"插入对象"对话框中插入 Word 对象"销售预测表 .docx"。